国家林业和草原局普通高等教育"十三五"规划教材

高等院校水土保持与荒漠化防治专业教材

水土保持监测学

刘　霞　张荣华　张志强　主编

中国林业出版社
China Forestry Publishing House

内容提要

水土保持监测学是对水土流失发生、发展、危害、防治措施与效果的调查、观测、分析与评价的一门应用科学。本教材从水土保持监测涉及的基本概念、基本原理等理论出发，按照我国主要的水力侵蚀、风力侵蚀、冻融侵蚀及其他侵蚀、人为活动导致的生产建设项目土壤侵蚀等侵蚀类型的监测层次，以侵蚀因子、影响因子和措施因子为主线，分章节重点叙述地面定位监测、遥感监测和调查监测的原理、技术、方法、设施设备、指标与内容，并注重监测新技术、新方法及其应用案例的介绍。本教材是高等院校水土保持与荒漠化防治专业、环境生态类专业的教学用书，也可作为科学研究、工程技术人员的参考书。

图书在版编目（CIP）数据

水土保持监测学 / 刘霞，张荣华，张志强主编.

北京：中国林业出版社，2025.3. -- （国家林业和草原局普通高等教育"十三五"规划教材）（高等院校水土保持与荒漠化防治专业教材）. -- ISBN 978-7-5219-3062-7

Ⅰ．S157

中国国家版本馆 CIP 数据核字第 20255TZ708 号

策划编辑：肖基浒
责任编辑：王奕丹
责任校对：苏　梅
封面设计：睿思视觉视界设计

出版发行　中国林业出版社
　　　　　（100009，北京市西城区刘海胡同 7 号，电话 83223120）
电子邮箱　jiaocaipublic@ 163. com
网　　址　https：//www. cfph. net
印　　刷　北京盛通印刷股份有限公司
版　　次　2025 年 6 月第 1 版
印　　次　2025 年 6 月第 1 次印刷
开　　本　787mm×1092mm　1/16
印　　张　16
字　　数　400 千字
定　　价　49. 00 元

《水土保持监测学》
编写人员

主　　编：刘　霞　张荣华　张志强

副主编：牛　勇　董　智　杨　光　孙　蕾

编写人员：(按姓氏笔画排序)

牛　勇(山东农业大学)

刘　霞(南京林业大学)

刘　亮(南京林业大学)

刘自强(南京林业大学)

孙　蕾(南京林业大学)

许　行(北京林业大学)

齐　斐(江苏省水利科学研究院)

张志强(北京林业大学)

张荣华(山东农业大学)

李　欢(淮河水利委员会淮河流域水土保持监测中心站)

苏芳莉(沈阳农业大学)

杨　光(内蒙古农业大学)

杨文利(南昌工程学院)

初　磊(南京林业大学)

范建荣(中国科学院成都山地灾害与环境研究所)

郭晓军(中国科学院成都山地灾害与环境研究所)

高国雄(西北农林科技大学)

袁　利(淮河水利委员会淮河流域水土保持监测中心站)

贾建波(中南林业科技大学)

董　智(山东农业大学)

黎建强(西南林业大学)

　　大自然是人类赖以生存发展的基本条件。尊重自然、顺应自然、保护自然，是全面建设社会主义现代化国家的内在要求。牢固树立和践行绿水青山就是金山银山的理念，站在人与自然和谐共生的高度谋划发展，是新时代对水土保持工作的根本要求。我国人口众多，水土资源相对匮乏，是世界上水土流失最为严重的国家之一，水土流失类型多样、分布广泛、成因复杂，空间分异性强，严重威胁到区域的生态、生产与生活安全。水土流失的产生和发展，既有自然因素叠加造成的自然侵蚀，也有不合理的生产建设活动造成的人为水土流失。目前，全国的水土流失形势依然严峻，据 2023 年全国水土流失动态监测结果，全国水土流失面积 262.76 万 km^2，其中水力侵蚀面积 107.14 万 km^2，占水土流失总面积的 40.77%；风力侵蚀面积 155.62 万 km^2，占水土流失总面积的 59.23%，因此，水土保持工作任重道远。

　　水土保持是江河保护治理的根本措施，是生态文明建设的必然要求。加强水土保持监测，不仅是保护生态安全、维护粮食安全的需要，也是山水林田湖草沙一体化保护和系统治理的需求，更是推动绿色低碳发展、建设美丽中国的重要组成部分。《中华人民共和国水土保持法》中明确提出："县级以上人民政府水行政主管部门应当加强水土保持监测工作，发挥水土保持监测工作在政府决策、经济社会发展和社会公众服务中的作用。"因此，水土保持监测是法律赋予的职责，是一项重要的政府职能和社会公益事业，也是一项重要的水土保持基础性工作。我国的水土保持监测工作起步于 20 世纪 20 年代，中华人民共和国成立以前，水土保持监测工作主要以零星的径流小区、水土保持实验区定位观测和局部区域水土保持考察调查为主；中华人民共和国成立以后，我国先后实施了 4 次全国性水土流失调查（普查）工作，相继开展了水土保持地面监测网络体系建设、水土保持监测管理信息系统建设、区域水土流失动态监测、生产建设项目水土保持监测等专项工作，并出台了《水土保持监测技术规程》（SL 277—2002）、《水土保持遥感监测技术规范》（SL 592—2012）、《生产建设项目水土保持监测与评价标准》（GB/T 51240—2018）和《水土保持监测技术规范》（SL/T 277—2024）等系列行业技术规范与标准。

　　为加强水土保持监测领域专业人才的培养，适应新时代水土保持高质量发展对水土保持监测的要求，高等院校水土保持与荒漠化防治专业相继开设了水土保持监测相关课程，但在专业教材体系建设上还有所欠缺。为此，南京林业大学牵头，联合北京林业大学、山东农业大学、内蒙古农业大学、西北农林科技大学、西南林业大学、中南林业科技大学、沈阳农业大学、南昌工程学院、中国科学院成都山地灾害与环境研究所、淮河水利委员会淮河流域水土保持监测中心站、江苏省水利科学研究院等院校及科研单位的专业教师和技术骨干，组成教材编写团队，召开编写会议，制订教材大纲，研讨教材内容，完成了本教材的编写。

本教材以我国主要土壤侵蚀类型的监测划分层次，按照水力侵蚀、风力侵蚀、冻融侵蚀及其他侵蚀、人为活动导致的土壤侵蚀(如生产建设项目水土流失)顺序展开，以侵蚀因子、影响因子和措施因子为主线，分章节重点叙述定位监测、遥感监测和调查监测的原理、技术和方法，并注重监测新技术、新方法及其应用案例的介绍。

本教材内容具有4个特点：①理论与实践相结合，既论述了水土保持监测涉及的基本概念、基本原理和基本方法，又以监测项目为案例介绍了监测技术与方法的应用，理论性与实践性强。②监测类型与侵蚀因子相结合，既重点介绍了影响水土流失的因子及其监测方法、监测设施设备，又以土壤侵蚀类型为纲、侵蚀因子为线，构建起完整的监测体系。③定位监测与区域监测相结合，以地面定位监测为主导，结合空天地一体化监测技术，形成了以水土流失动态监测为核心的区域监测体系。④生态建设项目与生产建设项目监测相结合，既有生态建设项目的监测指标与内容，也有生产建设项目的监测指标与内容，体现了内容的丰富性与多样性。

各章节编写分工为：第1章由刘霞、张志强、董智编写；第2章由牛勇、张荣华、孙蕾、苏芳莉编写；第3章由刘霞、张荣华、张志强、刘亮编写；第4章由董智、杨光、高国雄编写；第5章由范建荣、郭晓军、初磊、黎建强、刘自强编写；第6章由齐斐、孙蕾、许行编写；第7章由李欢、袁利、贾建波、杨文利编写；第8章由张荣华、牛勇、李欢编写。全书由刘霞、张志强和张荣华统稿，山东农业大学张光灿教授、淮河水利委员会淮河流域水土保持监测中心站姚孝友正高级工程师对本书进行了校核。

本教材是针对高等院校水土保持与荒漠化防治专业开设的水土保持监测、水土保持监测与评价等课程而编写的本科生教学用书，也可作为环境生态类专业本科生、研究生、函授生的授课教材，还可作为从事农、林、牧、水利及环境保护的科学研究者、工程技术人员的参考书。

本教材编写过程中引用了一些相关领域研究成果与数据资料，因篇幅所限，未能一一在参考文献中列出，在此谨向文献的作者们表示诚挚的感谢！

限于作者的知识水平和实践经验，本教材缺点、遗漏，甚至谬误在所难免，恳请读者批评指正，以期不断完善与改进教材内容。

刘　霞

2024 年 12 月于南京

目 录

前 言

水土保持监测学是水土保持与荒漠化防治专业的一门核心课程，也是水土保持与荒漠化防治学科的一个重要分支，涉及气象学、地质地貌学、土壤学、水力学、水文学、土壤侵蚀原理、风沙物理学、林业生态工程学、水土保持工程学、测量与遥感技术等课程。水土保持监测学是对水土流失发生、发展、危害、防治措施与效果的调查、观测、分析与评价的一门应用科学。通过水土保持监测，准确、及时、全面地反映水土流失、水土保持状况及发展趋势，可为政府决策、经济社会发展和社会公众服务提供科学依据。

1.1 水土保持监测概述

1.1.1 水土保持监测的概念

《中国水利百科全书·水土保持分册》中，水土保持是指防治水土流失，保护、改良与合理利用水土资源，维护和提高土地生产力，以利于充分发挥水土资源的生态效益、经济效益和社会效益，建立良好生态环境的事业。《中华人民共和国水土保持法》中，水土保持是指对自然因素和人为活动造成水土流失所采取的预防和治理措施。《辞海》中，"监"有监视、督察之意，"测"有测量、估计之意，监测一词的含义可理解为"监视、调查、测定、监控"等。监测一般指借助一些仪器设备和方法，监视、调查和测量事物的动态变化，通过对影响事物因素代表值的测定，反映事物状态及其变化趋势。

国内学者对水土保持监测的认识比较一致。曾大林认为：监测是水土保持工作的基础，水土保持监测工作重点应放在信息源建设上，即放在本底数据库建设和动态变化数据的采集、更新上。许峰认为：水土保持监测是指以水土流失及水土保持措施为主要内容的对生态环境质量的动态监测，即对土壤侵蚀的发生、发展状况、环境影响及其控制的测定和分析。杨勤科等认为：水土保持监测是利用地面观测、调查、遥感解译和模拟计算等技术手段，周期性连续收集水土保持信息的工作。即水土保持监测是以土壤侵蚀及其治理为对象，利用地面观测、调查、遥感解译和模拟计算等技术手段，在坡面、小流域和区域尺度上，周期性连续采集土壤侵蚀的因子、类型、强度和治理状况等方面信息的工作。《水土保持术语》中，水土流失监测是对水土流失发生、发展、危害及水土保持效益定期进行的调查、观测和分析工作。郭索彦、李智广和赵辉等认为：水土流失监测是运用多种手段和方法，对水土流失的成因、数量、强度、影响范围、危害及其防治成效进行的动态监测和评估，为水土流失预防监督、综合治理、生态修复和科学研究提供基础信息，为国家生态建设决策提供科学依据。

综上所述，水土保持监测是以水土流失及其防治为对象，对水土流失发生、发展、危害及防治措施与效果的调查、观测、分析和评价。

1.1.2 水土保持监测的目的、作用与原则

1.1.2.1 水土保持监测的目的

水土保持监测目的就是准确、及时、全面地反映水土流失、水土保持现状及发展趋势。具体包括3个方面：

①把握不同区域、不同尺度的径流、泥沙及影响因素，评估水土流失现状，开展水土流失预测预报。

②查清水土流失类型、强度与分布、危害及影响因子，获得水土流失综合防治措施类型、数量与质量，分析动态变化、发生发展规律，评估水土保持措施防治效果。

③跟踪生产建设项目实施过程中地表扰动、土壤资源保护、水土流失及其影响因子、水土保持措施实施动态，评估生产建设项目水土流失防治效果。

1.1.2.2 水土保持监测的作用

《中华人民共和国水土保持法》中明确提出：县级以上人民政府水行政主管部门应当加强水土保持监测工作，发挥水土保持监测工作在政府决策、经济社会发展和社会公众服务中的作用。因此，水土保持监测是法律赋予的法定职责，是一项重要的政府职能和社会公益事业，也是一项重要的基础性工作。

1.1.2.3 水土保持监测的原则

（1）宏观性与微观性相结合

水土保持监测既要服务于国家和大流域，也要服务于区域、省市县（区）、中小流域及生产建设项目，既要为政府决策和社会经济发展提供信息服务，也要满足社会公众行使知情权、参与权和监督权的需要。因此，水土保持监测应遵循宏观性监测与微观性监测相结合的原则，根据服务对象需要，科学合理地确定监测范围、尺度、重点内容。宏观性监测涉及遥感、地理信息系统、大数据等技术，一般需要微观性监测成果作为基础，而微观性监测包括径流场、控制站、典型调查等方法，通常也需要在掌握宏观性监测成果的基础上有针对性地开展。两者相辅相成，既有区别又有联系。

（2）完整性与代表性相结合

无论是宏观性监测还是微观性监测，都需要对监测范围内的水土流失及其防治情况开展完整性监测。同时，也需要通过选取足够有代表性的对象或者地块进行监测，通过样本数据推算整个区域的水土流失及其防治情况，即由样本推算总体。因此，水土保持监测既要遵循完整性原则，也要遵循代表性原则。

（3）持续性与时效性相结合

水土保持监测的对象和内容多样，且随时随地都在变化，对这种随机事件的监测，只有通过长期、持续的定位观测，才能透过现象获得规律性认识。持续性原则还体现在监测对象、监测指标基本保持不变，采用的监测方法和手段要保持延续或不同方法之间应具有可比性等方面。在开展长期持续监测的同时，还要注意监测的时效性或及时性。对于全

国、大流域等范围的监测对象，其水土流失及防治情况变化缓慢，一般可采用周期性方式，5~10 年普查一次。对于一些突发性事件，如暴雨、山洪、滑坡、泥石流等引发的严重水土流失灾害及建设周期短的生产建设项目，其水土流失状况一般采用即时性监测方式。持续性与时效性是水土保持监测在时间维度上的两面属性，相互依存，相互联系，缺一不可。

（4）系统性与专题性相结合

水土保持监测是一项复杂的系统工程，监测内容包括水土流失影响因素、水土流失状况、水土流失灾害、水土保持措施及效果等，无论是对某一侵蚀类型和侵蚀形式的监测，还是对坡面、小流域和区域等不同尺度的监测，或是对水土保持重点工程和生产建设项目的监测，均应包含这几个内容并有机地组成完整的水土保持监测系统。进行水土保持监测也需要根据特定目的开展一些专题性监测或者专项监测，如黄土高原淤地坝监测、东北黑土区侵蚀沟监测、南方红壤丘陵区崩岗侵蚀监测等。系统性监测往往可以由多个专题性监测组合形成，而专题性监测也需要在系统性监测的总体架构和指导下开展，因此，水土保持监测应遵循系统性与专题性相结合的原则。

1.1.3 水土保持监测的分类体系

根据侵蚀外营力、监测内容、监测技术手段、监测工作等不同，水土保持监测可以划分不同的分类体系。

1.1.3.1 按侵蚀外营力分类

根据侵蚀外营力，水土保持监测可分为水力侵蚀监测、风力侵蚀监测、重力侵蚀监测、混合侵蚀监测、冻融侵蚀监测。

（1）水力侵蚀监测

对降水、径流作用下产生的水力侵蚀形式、状况、危害及其影响因素，以及防治措施与效果进行监测。

（2）风力侵蚀监测

在干旱、半干旱及部分半湿润地区，对风力作用下产生的风力侵蚀形式、状况、危害及其影响因素，以及防治措施与效果进行监测。

（3）重力侵蚀监测

对重力作用下产生的重力侵蚀形式、状况、危害及其影响因素，以及防治措施与效果进行监测。

（4）混合侵蚀监测

对水力和重力共同作用下产生的混合侵蚀形式、状况、危害及其影响因素，以及防治措施与效果进行监测。

（5）冻融侵蚀监测

在寒温带冻土区，对冻融作用下产生的冻融侵蚀形式、状况、危害及其影响因素，以及人为扰动后的防治措施与效果进行监测。

1.1.3.2 按监测内容分类

根据监测内容，水土保持监测可分为水土流失影响因子监测、水土流失状况监测、水土流失危害监测、水土保持措施及效果监测。

（1）水土流失影响因子监测

对发生水土流失的动力和环境条件开展监测，包括自然因素和人为活动因素。自然因素有气象、地质地貌、土壤、植被、水文等；人为活动因素有土地利用、生产建设活动、经济社会发展水平等。

（2）水土流失状况监测

对水土流失类型、形式、分布、面积、强度，以及水土流失发生、运移、堆积的数量特征和趋势开展监测。

（3）水土流失危害监测

对水土资源破坏、泥沙淤积危害、洪水（或风沙）危害、水土资源污染和社会经济危害等开展监测。

（4）水土保持措施及效果监测

对实施治理的规模、水土保持措施的类型、分布、保存面积（数量）、质量等级及水土保持效果等开展监测。

1.1.3.3　按监测技术手段分类

根据监测技术手段，水土保持监测可分为地面监测和遥感监测。

（1）地面监测

地面监测是在地面上应用各种设施、设备等开展水土流失及其影响因子、水土保持措施及其防治效果的监测技术，包括定位观测、水土保持调查（参见 1.1.3.4）。

（2）遥感监测

遥感监测是通过航空、航天、地面遥感平台进行数据采集，获取水土流失影响因子信息，对水土流失状况、水土保持措施及其防治效果进行监测识别的技术。

1.1.3.4　按监测工作分类

根据监测工作的不同，水土保持监测可划分为定位观测、水土保持调查、区域水土流失动态监测、生产建设项目水土保持监测等。

（1）定位观测

以小区或小流域为对象，通过在不同侵蚀类型区建设监测站（点），开展水土流失及其影响因子观测。定位观测又可分为水力侵蚀观测、风力侵蚀观测和冻融侵蚀观测等。

（2）水土保持调查

水土保持调查包括水土保持情况普查和水土保持专项调查。

①水土保持情况普查　按照监测范围可分为全国性、流域性、区域性的普查，普查内容包括水土流失面积、强度和分布，水土保持措施类型、面积、分布和质量。

②水土保持专项调查　按照监测对象和目的可分为水土保持措施、水土流失危害、人为水土流失活动、水土流失主要土地利用类型、水土流失典型事例等调查。

a. 水土保持措施调查：对水土保持工程措施、生物措施和耕作措施等的调查。

b. 水土流失危害调查：对水土流失造成的江河湖库泥沙淤积、土地资源破坏、土地生产力下降，以及严重水土流失灾害事件造成的生命财产损失情况等的调查。

c. 人为水土流失活动调查：对生产建设项目造成的水土流失情况的调查。

d. 水土流失主要土地利用类型调查：对易发生水土流失的典型土地利用类型的调查，如山丘区的坡耕地和板栗林、马尾松林、速生桉等林地。

e. 水土流失典型事例调查：对典型暴雨、山洪、侵蚀沟、滑坡、崩岗、泥石流等特殊灾害及其影响范围和程度等开展的水土流失调查。

（3）区域水土流失动态监测

以遥感和信息技术为主，辅以地面监测手段，基于模型法开展不同侵蚀类型面积、强度和分布的监测，分析不同阶段水土流失状况变化及原因，评价区域水土流失防治效果。

（4）生产建设项目水土保持监测

采用资料收集、地面监测、遥感监测等手段，对生产建设项目的水土流失影响因素、水土流失状况、水土流失危害和水土保持措施等开展监测，分析生产建设活动对水土资源的影响。

1.2 水土保持监测理论基础

1.2.1 流域水文学

1.2.1.1 径流及其组分

径流是指沿地表或地下运动汇入河网，向流域出口断面汇集的水流。从降水到达地面时起，到水流流经出口断面的整个物理过程，称为径流形成过程。根据降水类型的不同，可以把径流划分为降雨径流和冰雪融水径流。液态降水形成降雨径流，固态降水则形成冰雪融水径流。根据形成过程及径流途径的不同，径流又可划分为地表径流、壤中流、地下径流。

1.2.1.2 径流形成过程

径流的形成是一个非常复杂的物理过程，根据各个阶段的特点，把流域径流形成划分为流域蓄渗、坡面汇流、河网汇流 3 个过程。

（1）流域蓄渗

降雨开始时，除一少部分降落在河床上的雨水直接进入河流形成径流，大部分降水并不立刻产生径流，而是首先消耗于植物截留、枯枝落叶吸收、下渗、填洼与蒸发。

①植物截留 是指降雨过程中植物枝叶拦蓄降水的现象。在降雨过程中，植物枝叶吸附的雨水量，即截留量不断增加，直至达到最大截留量。截留贯穿在整个降雨过程中，积蓄在枝叶上的雨水不断被新的雨水替代。雨止后，截留水量最终耗于蒸发。

植物截留量与降水量、降水强度、风、植被类型、植被郁闭度、枝叶的干燥程度等因素有关。不同的植被有着不同的截留量。叶表面积越大，截留量越大，尤其是叶片表面的状况对截留量有很大影响；郁闭度越高，林分的截留量也越大。

林内降雨由穿透降雨和滴落降雨组成。在降雨过程中，穿过植物枝叶空隙直接到达地面的降雨称为穿透降雨；由枝叶表面滴落到地面的降雨称为滴落降雨。

②枯枝落叶吸收 穿过林冠层的降水到达地表土壤之前，还要遇到枯枝落叶层的阻拦。枯枝落叶层一般都较为干燥，具有较强的吸水能力。枯枝落叶层吸收雨水能力取决于

枯枝落叶的特性和含水量大小。一般情况下，枯枝落叶层越干燥，吸收的雨水量越大。

③下渗、填洼与蒸发 当雨水穿过枯枝落叶层到达土壤表面时，水分便开始下渗。下渗发生在降雨期间和降雨停止后地面尚有积水的地方。渗入土壤中的水分最终消耗于蒸发和蒸发散，还有一部分向深层渗透进入地下水。

在降雨过程中，当降雨强度小于土壤的入渗强度（能力）时，所有到达地表的雨水会全部渗入土壤。当土壤中所有孔隙都被雨水充满后，多余的水分将在地表形成径流，这种产流方式称为蓄满产流。当降雨强度大于土壤的入渗强度时，多余的雨水（超渗雨）便在地表形成地表径流，这种产流方式称为超渗产流。

流域中各处的土壤特性、土层厚度、土壤含水量、地表状况等因素各不相同，所以，流域内各点出现超渗产流和蓄满产流的时间不同。出现产流的地方雨水在流动过程中还要填满流路上的洼坑（称为填洼），这些洼坑积蓄的水量称为填洼量。填洼量不仅影响到坡面漫流过程，也影响到径流总量。

降雨过程中，渗入土壤的水分不断增加，当某一界面以上的土壤水分达到饱和时，在该界面上就会有水分沿土层界面侧向流动，形成壤中流。当降雨继续进行，下渗水分到达地下水面后，会以地下水的形式沿坡地土层汇入河槽，形成地下径流。

（2）坡面汇流

降雨在坡面上经过截留、入渗、填洼后，以片状流、细沟流的形式沿坡面向溪沟流动的现象称为坡面汇流（或坡面漫流）。坡面汇流通常先发生在蓄渗容易得到满足的地方，如透水性较低的地面或较潮湿的地方，然后发生范围会逐渐扩大。

流域中大部分地区满足填洼后即开始产生大量的地表径流，沿坡面流动进入正式的汇流阶段。在汇流过程中，坡面水流一方面继续接受降水的直接补给而增加地表径流；另一方面又在运行中不断地消耗于下渗和蒸发，使地表径流减少。地表径流的产流过程与坡面汇流过程通常是交织在一起的，前者是后者发生的必要条件，后者是前者的继续和发展。地表径流经过坡面汇流而注入河网，一般说仅在大雨或高强度的降雨后，地表径流才是构成河流流量的主要源流。

壤中流主要发生在近地面透水性较弱的上部土层中，是在临时饱和带内的非毛管孔隙中侧向运动的水流，其运动服从达西定律。通常，壤中流汇流速度比地表径流慢，但比地下径流快得多。壤中流在总径流中的比例大小与流域土壤特点和地质条件有关。当表层土层薄且透水性好，下伏有相对不透水层时，可能产生较多的壤中流，此时其在总径流中的比例较大。

地下径流运动缓慢，变化也慢，对河流补给的时间长，补给量稳定，是构成基流的主要成分。但地下径流是否完全通过本流域的出口断面流出，取决于地质构造条件。

上述3种径流的汇流过程，构成了坡地汇流的全部内容。就其特性而言，它们的量级有大小，过程有缓急，出现时刻有先后，历时有长短之差别。对于一个具体的流域而言，它们并不一定同时存在于一次径流形成过程中。在径流形成中，坡地汇流过程对各种径流成分起着时程上的第一次再分配作用。降雨停止后，坡地汇流仍将持续一定时间。

（3）河网汇流

各种径流成分经过坡地汇流注入河网后，沿河网向下游干流出口断面汇集的过程即河网汇流过程。这一过程自坡地汇流注入河网开始，直至将最后汇入河网的降雨输送到出口断面为止。

坡地汇流注入河网后，河网水量增加、流量增大、水位上涨，成为流量过程线的涨洪段。此时，河网水位上升速度大于其两岸地下水位的上升速度，当河水与两岸地下水之间有水力联系时，一部分河水将补给地下水，增加两岸的地下蓄水量，这一过程称为河岸容蓄。同时，河网本身具有一定的滞蓄作用，可以滞蓄一部分水量，导致涨洪阶段出口断面以上坡地汇入河网的总水量必然大于出口断面的流量，这部分超出的水量称为河网容蓄。

当降雨和坡地汇流停止时，河岸容蓄和河网容蓄的水量达最大值，而河网汇流过程仍在继续进行。当上游补给量小于出口排泄量时，即进入一次洪水过程的退水段。此时，河网蓄水开始消退，流量逐渐减小，水位相应降低，涨洪时容蓄于两岸土层的水量又补充入河网，直到降雨在最后排到出口断面为止。此时河槽泄水量与地下水补给量相等，河槽水流趋向稳定。

上述的河岸调节及河槽调节统称为河网调蓄作用。河网调蓄是对净雨量在时程上的又一次再分配，故出口断面的流量过程线比降雨过程线舒缓得多。

河网汇流的水分运行过程，是河槽中不稳定水流运动过程，是河道洪水波的形成和运动过程，而河流断面上的水位、流量的变化过程是洪水波通过该断面的直接反映，当洪水波全部通过出口断面时，河槽水位及流量恢复到原有的稳定状态，一次降雨的径流形成过程即宣告结束。

径流形成时，通常将流域蓄渗过程，以及形成地面汇流及早期的表层流过程，称为产流过程，坡地汇流与河网汇流合称为汇流过程。

1.2.1.3 径流影响因素

影响径流形成和变化的因素主要有气候因素、流域下垫面因素和人类活动因素。

（1）气候因素

气候因素包括降水、蒸发、气温、湿度、风等。降水是径流的源泉，径流过程通常是由降水过程转换来的，降水和蒸发的总量、时空分布、变化特性直接导致径流组成的多样性、径流变化的复杂性。气温、湿度和风是通过影响蒸发、水汽输送和降水而间接影响径流的。

①降水 是产生径流的重要因素。降水的形式、总量、强度、降水过程等对径流有直接影响。

不同的降水形式形成的径流过程完全不同，由降雨形成的径流主要发生在雨季，其过程一般陡涨陡落、历时短，而由融雪水形成的径流一般发生在春季，其过程较为平缓，历时较长。

河川径流的直接和间接水源都是大气降水，因此，径流量的多少取决于降水量的大小，即河川径流量与降水量呈正相关。降水强度对径流的形成具有十分显著的作用，暴雨强度越大，植物截留、下渗损失越小，雨水便能够在较短的时间内向河槽汇集形成较大的洪水。

降雨过程（雨型）对径流也有较大影响，若降雨过程先小后大，则降雨开始时的小雨会使流域蓄渗达到一定程度，后期较大的降雨便可几乎全部形成径流，易形成洪峰流量较大的洪水；若降雨过程先大后小，情况则正好相反。

②蒸发　是影响径流的重要因素之一。大部分的降水都会以蒸发的形式损失掉，而没能参与径流的形成，在北方干旱地区，80%~90%的降水消耗于蒸发；在南方湿润地区，也有30%~50%的降水消耗于蒸发。根据水量平衡方程，区域蒸发量越大，径流量越小。对于某一次降雨来说，如果降雨前蒸发量大，土壤含水量就相对较低，土壤中可容纳的水量就相对较多，因此径流量便会相应地减少。

（2）流域下垫面因素

流域下垫面因素主要包括地理位置、面积与形状、地质、地貌、地形、土壤与植被等因素。

若流域所处的地理位置不同，气候条件差别很大，那么这种受气候条件制约的径流便会有其特殊性。流域的地形地貌一方面通过影响气候因素间接影响径流，另一方面还通过影响流域的汇流条件来直接影响径流。如地面坡度较大，径流的流速大，雨水下渗的机会就少，则径流量较大。

流域的面积越大，自然条件越复杂，各种因素对径流的影响有可能相互抵消，也有可能相互增长，因此，较大流域的径流量大，但变化较小。流域的形状不同，汇流条件也不同。流域的形状主要影响径流过程线的形状，如扇形流域，洪峰流量大，流量过程线尖瘦；而羽状流域，洪峰流量小，流量过程线平缓。

地质条件和土壤特性决定着流域的下渗能力、蓄水能力和蒸发潜力，从而影响径流组成及其流量。若某一流域有着较为发达的断层、节理、裂隙，水分的下渗量就大，则会表现为地表径流量较小，地下径流量较大。土壤特性主要通过直接影响下渗和蒸发来影响径流，如渗透性能好的土壤，下渗量大而地表径流量小。

植被对径流的影响比较复杂。从蒸发角度看，森林植被蒸发散量较大，因此，根据水量平衡方程，森林流域较无林或少林流域的总径流量小。从截留和下渗角度看，森林流域的植物截留、枯枝落叶层吸水作用较强，并且森林土壤的下渗和蓄水能力较大，因此，森林流域与无林或少林流域相比，其地表径流量较小，而壤中流或地下径流量较大。由此可以认为，森林流域能够减缓洪水的洪峰流量和增加河川枯水期的径流量。

（3）人类活动因素

人类活动因素对径流的影响主要是通过改变下垫面条件，进而直接或间接地影响径流的质量、数量和径流过程。人为活动对径流有正反两方面的影响。

正面来看，人类可以通过修建各种水利和水土保持工程，如水库、淤地坝、水窖等蓄水工程，拦蓄地表径流、消减洪峰流量、调节径流过程；可以通过整地措施减缓原地面坡度、截短坡长、提高地表糙率，从而增加下渗量，延长汇流时间，削减洪峰，使流量过程线变得平缓；还可以通过植树造林，增加森林覆盖面积，利用森林来保持水土、涵养水源、增加枯水径流，进而实现对径流的调节。

反面来看，不合理的人类活动，如过度砍伐森林、陡坡开荒、没有任何保护措施地大面积开采地下各种资源等，都能造成严重的水土流失；另外，工业废弃物任意排放，农业生产中各种农药、化肥无节制地大量使用，生活垃圾的大量增加，不但会破坏土壤对径流的调节作用，还会严重污染水质。

1.2.2 风沙物理学

1.2.2.1 土壤风蚀及其过程

土壤风蚀是指土壤或土壤母质在一定风力作用下，土壤结构遭受破坏及土壤颗粒(土粒)发生位移的过程。它是干旱、半干旱地区及部分半湿润地区土地沙漠化过程的首要环节，而干旱、半干旱地区广泛分布的风蚀地貌主要是受风和风沙流的吹蚀、磨蚀作用，同时受暂时性的流水作用、风化作用等因素的综合影响而形成的。

(1)起动风速

风是土壤风蚀发生和土粒运动的驱动力，但并不是所有的风均能使土壤颗粒起动，只有当风速作用力大于土壤颗粒惯性力时，地表土壤颗粒才会开始脱离静止状态而进入运动状态。这种使土壤颗粒(或沙粒)沿地表开始运动所必需的最小风速称为起动风速(或临界风速)。一切速度超过起动风速的风都称为起沙风或可蚀性风。

土壤颗粒的起动风速与其粒径大小、表土湿度、下垫面状况等有关。一般地表土壤颗粒粒径越大，表土湿度越大，下垫面越粗糙，植被覆盖度越大，其起动风速也越大。在一定粒径范围内，起动风速随粒径增大而增大，起动风速与粒径的平方根成正比。但特别大和特别细粒径的土壤颗粒都不易起动。在沙粒粒径相同时，沙粒湿度越大，受表面吸附水膜黏着力的影响，沙子黏滞性和团聚作用增强，起动风速也会相应增大。不同的地表状况因粗糙度不同，对风的扰动作用不同，相应的起动风速也就不相同，通常地面越粗糙，起动风速越大。

(2)土壤风蚀过程

在可蚀风的作用下，松散地表土粒开始形成风蚀。风蚀过程主要包括土壤团聚体和基本粒子的分离起跳(脱离表面)、搬运和沉积3个阶段。这3个阶段同时发生，相互联系，不可分割，共同构成了风蚀过程。

当有效风速达到临界值时，某些土壤颗粒开始前后摆动。当风力或运动的土粒碰撞强到足以迫使稳定的表面土粒运动时，土壤颗粒得以从土体中分离。随着土粒起跳，地表物质开始发生位移，即风蚀形成。能够被风分离并移动的最大颗粒的粒径，取决于颗粒垂直于风向的切面面积及其本身的质量。粒径在 0.05~0.5 mm 的颗粒都可以被风分离，其中 0.1~0.15 mm 的颗粒最易被分离。

当风速达到并超过起动风速时，被起动的土壤颗粒开始移动，产生风沙运动，形成风沙流。依据颗粒运动的主要动量来源的不同及风力、颗粒大小和质量的不同，可将颗粒运动基本形式划分为蠕移、跃移和悬移3种。土壤颗粒(或沙粒)沿地表滚动或滑动的形式称为蠕移。以蠕移形式运动的土壤颗粒(或沙粒)称为蠕移质，粒径在 0.5~1.0 mm 的沙粒最容易以蠕移形式运动。蠕移质数量约占风沙流中总沙量的25%。

土壤颗粒受风力作用从地面起跳到气流中并随气流运行一段距离后落回地面的运动形式称为跃移。以跃移形式运动的土壤颗粒(或沙粒)称为跃移质。跃移质数量占风沙流中总沙量的1/2以上，甚至达到3/4。

土壤颗粒悬浮于空气中保持一定时间而不与地面接触，并以与气流相同的速度向前运移的运动形式称为悬移。以悬移形式运动的颗粒称为悬移质。悬移质一般低于风沙流中总沙量的5%。

在风蚀现象中，这3种运动形式往往是同时发生的。其中，跃移是最主要的模式。从搬运方式来看，蠕移质搬运距离很近，若被磨蚀作用崩解成细小颗粒，可转变成悬移和跃移形式；跃移质多沉积在被蚀地块附近，在灌丛、土埂的背后堆成沙垄，如沙丘沙中的粗粒堆积于沙丘迎风坡；细粒沉积在背风坡；悬移质及受打击崩解而进入气流中的悬浮颗粒的搬运距离最长，这部分颗粒数量虽少，但多是含有大量土壤养分的黏粒及腐殖质。

风吹土粒重新返回并停留在地表的现象称为沉积过程，它是反映土粒迁移机制的重要过程。在土粒搬运过程中，由于地表障碍物的阻滞而使土粒在障碍物附近发生堆积的现象称为遇阻堆积；由于地表结构、下垫面性质改变而使风沙流过饱和沉积的现象称为停滞堆积；由于风速减弱，紊流漩涡的垂直分速小于重力产生的沉速时，悬移质发生降落并在地面堆积的现象称为沉降堆积。

（3）土壤风蚀量

一定条件下，单位时间、单位面积上风蚀的土壤重量称为土壤风蚀量。风蚀过程主要是从地面分离的土粒被搬运损失的过程，因而，风蚀量可用一定条件下风的搬运量表示。在一定条件下，土壤风蚀量的多少主要取决于风速的大小，与摩阻流速的三次方成正比。因此，同样的风速可搬运较多的小颗粒或较少的大颗粒，其搬动总质量基本不变。在整个风蚀过程中，在一定的风速条件下发生的风蚀会使细土颗粒被吹失，较粗土粒残留，在风力不再增大的情况下，则处于相对稳定状态，或风蚀很弱，只有当风力再度增强，达到能搬运残留于地表上较大土粒的起动风速时，风蚀才能得以进一步加强。

自然界影响风搬运能力的因素十分复杂，它的强弱不仅取决于风力的大小，还受土粒的粒径、形状、相对密度、湿润程度、地表状况和空气稳定度等影响。因此，关于风蚀量的研究，目前多是在特定条件下研究风蚀量与风速的关系，并推导出一些经验公式来近似计算，但随着风洞实验和计算机模拟技术手段的日渐完善，出现了更多地涉及多个因子的风蚀模型或方程，可通过测定方程中的参数来计算土壤的风蚀量。

1.2.2.2 风沙输移与沙丘移动

（1）风沙输移

由风沙运动产生的气固两相流称为风沙流。风沙流在单位时间内通过单位面积（或单位宽度）所搬运的沙量，称为风沙流的固体流量，也称输沙量 [$g/(cm^2 \cdot min)$ 或 $g/(cm \cdot min)$]。输沙量是衡量风蚀和沙害程度的重要指标之一，也是防治风蚀与防沙治沙工程设计的主要依据。

输沙量的影响因素相当复杂，归纳起来，大体上可以划分为风、沙物质量和下垫面3类。

①输沙量与风的关系　风有方向、大小（或强弱）、多少（或频率），其中风速大小对输沙量的影响最大。风速越大，气流的输沙能力越大。野外和室内风洞实验及理论计算均表明，输沙量与风速呈幂函数关系，幂指数≥3，高者可达到6。

②输沙量与沙物质量的关系　地面上沙物质量的多少，直接影响气流中的输沙量。一般在同等风速下，若地面沙物质量丰富，气流的输沙能力极易达到饱和或过饱和；若地面沙物质量缺乏，气流的输沙能力未达到饱和，仍具有一定的载沙能力，这种风沙流称为非饱和风沙流。非饱和风沙流不但仍具有一定的风蚀能力，而且含沙气流的磨蚀能量惊人，

对地面的破坏力很强。

③输沙量与下垫面的关系 下垫面主要包括地表物质组成和结构特征。大量的风洞实验和野外观察结果表明,在一定的风力作用下,松散的床面上的输沙量比坚硬细石床面上的输沙量要小得多。

此外,输沙量还受沙粒的粒径、比重、湿润程度、地表植被覆盖度等因素的影响。粒径较小的和相对密度较小的沙粒要比粒径较大的和相对密度较大的沙粒所需的起动风速大。所以说,粒径(或相对密度)小的沙粒输沙量要比粒径(或相对密度)大的沙粒大。不过一般的沙丘沙绝大多数为石英砂,沙粒相对密度对输沙量的影响通常很小。当沙子比较湿润时,沙粒间的黏结力增大,起动风速也随之增大,所以在相同的条件下,干沙比湿沙的输沙量大。当沙面上长有植被时,首先植被可以削弱地表风力,其次各种沙生植物的根系对沙子也有一定的固结作用。此外,当沙面植被覆盖度较高时,植被可以起到隔离风沙流与沙表面的作用,因此,有植被的沙面输沙量要比流沙小。

（2）沙丘移动

沙丘的移动是相当复杂的,它受风速、起沙风风向、沙丘高度、沙丘密度、土壤水分、植被状况等多种因素影响。在风力作用下,沙粒从沙丘迎风坡被吹扬搬运,而在背风坡堆积。这种运动只有在起沙风的作用下才发生。从我国沙区的观测资料上看,起沙风仅占各地全年风的很小一部分,而沙丘移动的方向、方式和强度正是取决于这一小部分起沙风的状况。

①沙丘移动方向 一般随着起沙风方向的变化而变化。移动的总方向和起沙风的年合成风向基本一致。根据气象资料,我国沙漠地区影响沙丘移动的风主要为东北风和西北风两大风系。受两大风系的影响,沙丘移动表现在新疆塔克拉玛干沙漠广大地区及东疆、甘肃河西走廊西部等地。在东北风的作用下,沙丘自东北向西南移动;其他各地区沙丘都是在西北风作用下自西北向东南移动。

②沙丘移动方式 取决于风向及其变化规律,分为下面 3 种方式(图 1-1)。

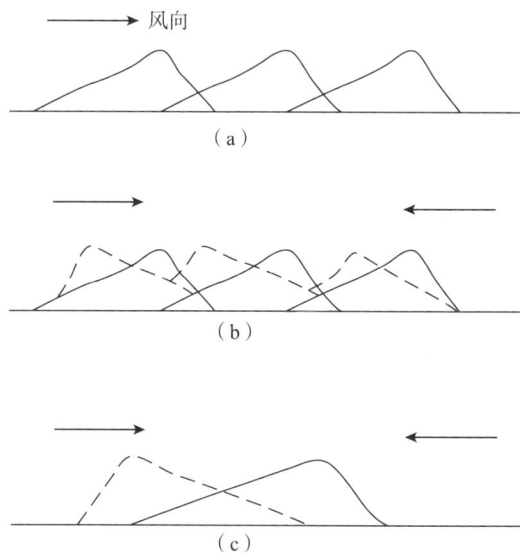

图 1-1 沙丘移动的 3 种方式

a. 前进式：是在单一风向作用下产生的移动方式。如我国的塔克拉玛干沙漠和腾格里沙漠的西部，主要是受单一的西北风和东北风的作用，沙丘均以前进式运动为主。

b. 往复前进式：是在两个方向相反且风力大小不等的风作用下产生的。沙丘来回往复，但向其中风力较大风向的下风向移动。如我国沙漠中部和东部各沙区（毛乌素沙地等），都处于两个相反方向的冬、夏季风交替作用下，沙丘移动具有往复前进的特点。冬季在主风西北风作用下，沙丘由西北向东南移动；夏季受东南季风的影响，沙丘则产生逆向运动。不过，由于东南风的风力一般较弱，不能完全抵偿西北风的作用，故总的说来，沙丘慢慢地向东南移动。

c. 往复式：是在两个方向相反且风力大致相等的风作用下产生的。这种情况一般较少，沙丘将停在原地摆动或仅稍向前移动。

③沙丘移动速度 主要取决于风速和沙丘本身的高度。沙丘移动速度与其高度成反比，而与输沙量成正比。沙丘移动速度除了主要受风速和沙丘本身高度的影响外，还与风向频率、沙丘的形态、沙丘的密度和沙丘的水分状况及植被等多种因素有关。

沙丘移动时常常侵入农田、牧场，埋没房屋，侵袭道路（铁路、公路），给农牧业生产和工矿、交通建设造成很大危害，因此，在风蚀区或风沙区需要对沙丘移动速度、方式、方向进行长期监测。在实际工作中，通常采用野外插标杆、重复多次地形测量、多次重合航片量测等方法，以掌握各个地区沙丘移动的情况。

1.2.3 土壤侵蚀原理

1.2.3.1 土壤侵蚀类型及其划分

土壤侵蚀是指土壤或其他地面组成物质在水力、风力、冻融或重力等外营力作用下，被破坏、剥蚀、搬运和沉积的过程。依据土壤侵蚀研究和防治侧重点的不同，土壤侵蚀划分为不同类型。常用的土壤侵蚀类型划分方法有3种：一是按土壤侵蚀外营力的种类划分；二是按土壤侵蚀发生的时期划分；三是按土壤侵蚀发生的速率划分。水土保持监测主要涉及按侵蚀外营力种类划分的土壤侵蚀类型。

（1）按侵蚀外营力的种类划分

依据土壤侵蚀外营力的种类划分土壤侵蚀类型，是土壤侵蚀研究和防治工作中最常用的方法。土壤侵蚀外营力主要有水力、风力、重力、水力和重力混合、温度（冻融）、冰川、化学和生物等作用力。

按侵蚀外营力种类划分的土壤侵蚀类型有水力侵蚀、风力侵蚀、重力侵蚀、冻融侵蚀、混合侵蚀、冰川侵蚀、化学侵蚀和生物侵蚀等。目前，水土保持监测工作主要涉及水力侵蚀、风力侵蚀、重力侵蚀、混合侵蚀、冻融侵蚀和人为活动导致的土壤侵蚀。

（2）按侵蚀发生的时期划分

以人类在地球上出现的时间为分界点，将土壤侵蚀划分为两大类，即古代侵蚀和现代侵蚀。古代侵蚀是人类出现在地球上以前发生的侵蚀；现代侵蚀是人类出现在地球上以后发生的侵蚀。现代侵蚀是地球内营力和外营力的作用，并伴随着人们不合理的生产活动所发生的土壤侵蚀现象。这些侵蚀有时较为强烈，会给生产建设和人类生活造成严重影响。

（3）按侵蚀发生的速率划分

依据土壤侵蚀发生的速率大小和是否对土地资源造成破坏，将土壤侵蚀划分为正常侵蚀（也称自然侵蚀）和加速侵蚀。正常侵蚀是指土壤侵蚀速率小于或等于土壤形成速率的侵蚀；加速侵蚀是指土壤侵蚀速率大于土壤形成速率的侵蚀。加速侵蚀的发生多与人类不合理的生产活动有关（如滥伐森林、陡坡开垦、过度放牧等），加之自然因素的影响，土壤侵蚀速率较大，导致土地资源损失和破坏。一般情况下所称的土壤侵蚀指发生在现代的加速侵蚀。

1.2.3.2 土壤侵蚀形式及其过程

土壤侵蚀形式是指在同一种土壤侵蚀类型中（或一定外营力种类作用下），因土壤侵蚀发生发展的自然条件不同，形成不同地表形态的过程或现象。各种土壤侵蚀类型中表现有不同的侵蚀形式。

（1）水力侵蚀

水力侵蚀是指在降雨雨滴击溅、地表径流冲刷和水分下渗的共同作用下，土壤或其他地面组成物质被破坏、剥蚀、搬运和沉积的全部过程。常见的水力侵蚀形式主要有雨滴击溅侵蚀（溅蚀）、面蚀、沟蚀和山洪侵蚀等。

①雨滴击溅侵蚀 在降雨过程中，雨滴打击裸露地表导致土壤结构破坏和土壤颗粒产生位移的现象称为雨滴击溅侵蚀，简称溅蚀。雨滴降落到裸露的地表，特别是耕地上时，具有一定的质量和速度，必然对地表产生冲击，使土体颗粒破碎、分散和飞溅，引起土体结构破坏。

溅蚀大致可分为4个阶段，即干土溅散阶段、湿土溅散阶段、泥浆溅散阶段和地表结皮（板结）阶段。溅蚀可以发生在任何裸露的地表，主要发生在没有植被覆盖或植被稀少的土地上。溅蚀发生在平地上时，土地结构破坏，因此，雨后的土壤会产生板结，使土壤的透水保肥能力降低；溅蚀发生在斜坡上时，泥浆顺坡流动，地表土粒会不断向坡下产生位移。

②面蚀 斜坡上分散的地表径流冲蚀地表土粒，导致表层土壤比较均匀流失的现象称为面蚀。斜坡上降雨不能被土壤完全吸收时，会在地表上产生积水（填洼），之后在重力作用下形成地表径流（产流）。初始地表径流处于未集中的分散状态，分散的地表径流（漫流）冲蚀地表土粒形成面蚀。面蚀带走大量地表土粒和营养成分，导致土壤肥力和土地生产力下降。在没有植被保护的地表，风直接与地表摩擦，将土粒带走，也可产生明显的面蚀。

面蚀多发生在坡耕地及植被稀少的斜坡上，其严重程度取决于植被、地形、土壤、降水和风速等因素。按坡面的地质和土壤条件、土地利用、地表覆被和侵蚀程度的不同，面蚀可分为层状面蚀、砂砾化面蚀、鳞片状面蚀和细沟状面蚀。

坡面水流形成初期，水层很薄，往往处于分散状态，没有固定的流路且流速较慢，冲刷力较弱，只能较均匀地带走土壤表层中细小的颗粒物质和一些松散的物质，即形成层状侵蚀。当地表径流沿坡面漫流时，径流汇集面积不断扩大，同时接纳沿途降水，流量和流速不断增加。到一定距离后，坡面水流的冲刷能力明显增大，产生坡面冲刷，引起地面凹陷，随之径流相对集中，侵蚀力变强，在地表上逐渐产生密集的细沟，形成细沟侵蚀。细沟的出现，通常标志着面蚀的结束和沟道水流侵蚀(沟蚀)的开始。

③沟蚀　斜坡上集中的地表径流冲蚀地表，切入地面形成沟壑的过程称为沟蚀。沟蚀通常是在面蚀(尤其是细沟状面蚀)基础上的进一步发展。分散的地表径流受地形影响逐渐集中，形成具有固定流路的地表水流(称为集中的地表径流或股流)。水流冲刷地表，切入地面带走土壤、母质甚至基岩，从而产生沟蚀，形成侵蚀沟。

沟蚀一般发生在坡耕地、荒地及植被较差的水文网上。根据沟蚀发生的区域、严重程度和外貌特征的不同，可将侵蚀沟分为黄土区的侵蚀沟(浅沟、切沟、冲沟和河沟)和土石山区的侵蚀沟(荒沟、崩岗沟和沟挂地)。虽然沟蚀涉及的范围不如面蚀广泛，但其对土地的破坏程度远比面蚀严重，沟蚀的发生还会破坏道路、桥梁或其他建筑物。

侵蚀沟的发育和形成，通常经历沟道在长、深、宽上的发育和停止过程。按侵蚀沟发育的沟谷形态和侵蚀特征的不同，上述过程可分为4个阶段，即溯源侵蚀(浅沟)阶段、纵向侵蚀(切沟)阶段、横向侵蚀(冲沟)阶段和停止(坳沟或河沟)阶段。由于地质条件的差异，不同侵蚀沟的外貌及土质状况是不同的，但典型侵蚀沟的形态基本相似，即由沟顶、沟沿、沟底及水道、沟坡、沟口和冲积扇组成。

④山洪侵蚀　山区、丘陵区富含泥沙的河流洪水(山洪)对沟道堤岸冲淘，对河床冲刷或淤积的过程称为山洪侵蚀。山洪侵蚀对河床的冲刷作用称为正侵蚀，山洪侵蚀对河床的淤积作用称为负侵蚀。山洪的暴发具有突发性，有流速大、水量暴涨暴落、冲刷破坏力强的特点，常造成局部性洪灾。按水力成因划分，山洪可分为暴雨型、冰雪融水型、坝堤溃水型和混合型等。其中，主要的或常见的山洪类型是由较大强度降雨所形成的暴雨型山洪。

山洪具有强大的动能，可将沿途的土沙等松散物质侵蚀、搬运到下游，并在沟口开阔位置沉积。暴雨时，坡面的地表径流较分散，但分布面积广、总量大，经坡地侵蚀沟汇集，局部形成流速快、冲力强的暴发性洪水冲淘沟道，产生沟道下切侵蚀和严重侧蚀。山洪进入平坦地段，水面变宽，流速降低，易在沟口及平地淤积泥沙形成洪积扇，或沙压土地，导致土地难以再利用。另外，在水力侵蚀形式中，还有海岸浪蚀和库岸浪蚀。

(2)风力侵蚀

风力侵蚀是指土壤颗粒或沙粒在气流冲击作用下脱离地表，被搬运和堆积的一系列过程，以及随风运动的沙粒在打击岩石表面的过程中，使岩石碎屑剥离出现擦痕与蜂窝状磨损的现象。气流中的含沙量随风力的大小变化而改变，风力越大，气流中含沙量越高。当气流中含沙量过饱和或风速降低时，土粒或沙粒会与气流分离而沉降，堆积成沙丘或沙垅。

在风力侵蚀中，土壤颗粒和沙粒脱离地表、被气流搬运和沉积3个过程相互影响、交织进行。按风力作用形成的地表形态的不同划分，风力侵蚀形式主要有沙丘(堆)及沙丘链、沙波纹、石漠与砾漠、风蚀洼地、风蚀谷与风蚀残丘和风蚀垄槽(雅丹)等。

(3)重力侵蚀

重力侵蚀是以重力作用为主引起的一种土壤侵蚀类型。它是坡面表层土石物质及中浅层基岩，在本身所受重力作用(很多情况下还受下渗水分、地下潜水或地下径流的影响)下失去平衡，发生位移和堆积的现象。

重力侵蚀多发生在坡度 25°以上的山地和丘陵坡地上，在沟坡和河谷陡坡上也常有发生，由人工开挖坡脚形成的临空面、修建渠道和道路形成的陡坡也是重力侵蚀多发地段。根据土石物质破坏的特征和位移方式的不同划分，重力侵蚀形式主要有陷穴、泻溜、滑坡、崩塌、崩岗、地爬(土层蠕动)、山剥皮等。

（4）混合侵蚀

混合侵蚀是在水流冲力和重力共同作用下产生的一种土壤侵蚀类型，在生产上常称为混合侵蚀为泥石流。泥石流是一种含有土沙、石块等固体物质的特殊洪流，是山区的一种特殊侵蚀现象，它不同于一般的暴雨径流，是在一定暴雨(或有大量融雪水、融冰水)条件下受重力和流水综合作用而形成的。

泥石流在运动过程中，可由滑坡、崩塌等形式的重力侵蚀来获得大量松散固相物质补给，还可经冲击、磨蚀沟床而增加固体物质。泥石流中固相物质含量高，容重大，具有暴发突然、来势凶猛、历时短暂、破坏力极强的特点。泥石流按其中所含固体物质的种类可分为石洪(石流)、泥流和泥石流。

（5）冻融侵蚀

冻融侵蚀是指由于土壤及其母质孔隙中或岩石裂隙中的水分在冻结时体积膨胀，使裂隙变大、增多而导致整块土体或岩石发生碎裂，并顺坡向下方产生位移的现象。

岩石裂隙或孔隙中的水分在结冰时体积膨胀，使裂隙加宽加深，当冰融化时，水分沿裂隙更深地渗入岩体内部。这样，冻结、融化频繁进行，导致岩体崩裂成碎屑和位移，形成冻融侵蚀。在冻融侵蚀过程中，水同时可溶解岩石中的矿物质，产生化学侵蚀。冻融侵蚀在我国青藏高原及北方寒温带分布较多，时常于春季发生在陡坡、沟壁、河床、渠道等处。

1.2.3.3 土壤侵蚀影响因素

土壤侵蚀影响因素是影响土壤侵蚀发生发展的各种因素总称。影响土壤侵蚀的因素分为自然因素和人为活动因素两大类。在现代侵蚀过程中，自然因素和人为活动因素相互制约又密切联系。自然因素(或称潜在因素)是土壤侵蚀发生发展的先决条件，人为活动因素中不合理的人类活动是加剧土壤侵蚀的主要或重要原因。

（1）自然因素

影响土壤侵蚀的自然因素主要有气候因素(如降雨、风力、气温等)、地形因素(如坡度、坡长和坡形等)、土壤因素(如质地、结构、孔性等)和植被因素(如类型、盖度、根系等)。

①气候因素 是影响土壤侵蚀的主要外营力，主要有降雨、风力、气温(温差)等。影响水力侵蚀最主要和直接的因素就是降雨，其中的关键因素是降雨强度、降水量及前期降雨等；影响风力侵蚀的主要因素是风速和风向。

②地形因素 是影响土壤侵蚀的间接和重要因素，影响水力侵蚀的地形因子主要有坡度、坡长、坡形、坡向和沟道密度(地面破碎程度)等，其中，地面坡度和沟道密度对土壤侵蚀的影响较大。在一定坡度范围内，地面坡度越大，水力梯度和重力梯度越大，土壤侵蚀量也就越大；在一定区域内，沟壑密度越大，土壤侵蚀越严重。

③土壤因素 土壤作为侵蚀作用的主要对象，其本身的各种性质对土壤侵蚀会有明显

的影响，其中，土壤抗蚀性、抗冲性和透水性是影响土壤抵抗侵蚀能力的重要性质。其性质越强，土壤抵抗侵蚀的能力越强。

土壤抗蚀性是土壤抵抗水力、风力对其分散破坏和悬浮的能力。土壤抗冲性是土壤抵抗水力、风力对其冲击破坏和推移的能力。土壤透水性是水在土壤孔隙中渗透流动的性能，与地表径流的形成和水力侵蚀密切相关。

影响土壤抵抗侵蚀能力的土壤因素主要有土壤质地、土壤结构及其稳定性、土壤孔性、土壤剖面构造、土层厚度、地表结皮、土粒质量、土壤湿度和土壤有机质含量等。在现代侵蚀过程中，土壤已不是单纯的自然因子，尤其是耕种土壤的经营状况，对增加或削弱土壤抵抗侵蚀能力起着重要作用。

④植被因素　植被对土壤侵蚀具有明显的防控作用，一方面体现在可直接有效抵御或削减土壤侵蚀的外营力（水力和风力等），另一方面体现在可改良土壤和固结土体，提高土壤的抗蚀性、抗冲性和透水性。

影响土壤侵蚀的植被因素主要有群落类型、植被组成与结构、植被盖度、地表覆被与土壤根系状况等。在现代侵蚀过程中，植被已不是单纯的自然因素，人类对植被的破坏或养护也可起到加速或控制侵蚀的作用。

（2）人为活动因素

人类既有加剧土壤侵蚀的活动，也有控制土壤侵蚀产生积极作用的活动。人类加剧土壤侵蚀的活动主要为对地表植被与土壤的破坏，如滥垦、滥伐、过牧、采用不合理的耕作方式等。此外，采矿、修路、建水库等生产建设活动也会造成新的土壤侵蚀。在现代侵蚀过程中，人为活动因素引起的土壤侵蚀已居主导地位。人类控制土壤侵蚀产生积极作用的活动主要为改变地形条件（如建设梯田、谷坊、拦沙坝等）、改良土壤性状（如施肥、深耕等）和改善植被状况（如造林种草、封山育林、间作套种等）等。

1.2.3.4　土壤侵蚀特征指标

（1）土壤侵蚀量与土壤流失量

土壤侵蚀量指土壤、母质及地表松散物质在外营力作用下产生分离和位移的物质量。单位时间、单位面积内的土壤侵蚀量称为土壤侵蚀模数（也称土壤侵蚀速率或土壤侵蚀速度）。

土壤流失量指仅在水力侵蚀中，由地表径流导致的土壤面蚀部分（包括层状面蚀、沙砾化面蚀、鳞片状面蚀和细沟状面蚀），因此，土壤流失量也就是由于发生土壤面蚀所流失的土沙数量。

（2）流域产沙量与流域输沙量

产沙量指某区域或地段内土壤侵蚀物质以一定方式被搬运、输移而进入水体的泥沙量。流域产沙量指某流域内的土壤侵蚀物质以一定方式被搬运、输移而进入水体的泥沙量。

流域输沙量指单位时间内从流域出口断面（河流断面）输出的泥沙量。流域输沙模数是指单位时间、单位流域面积上的输沙量。

流域的土壤侵蚀、产沙和河流输沙是相互联系又有区别的水沙过程。一般而言，侵蚀量大于产沙量，产沙量大于输沙量。因为侵蚀产物不会全部进入水体（河流、库塘），只有进入水体的物质才构成产沙，进入河流的物质的相当一部分须经过多次水流转运才会通过出口断面形成输沙。

（3）土壤侵蚀程度与土壤侵蚀强度

土壤侵蚀程度指土壤原生剖面已被侵蚀的厚度或状况。土壤侵蚀程度是反映土壤侵蚀总的结果、目前的发展阶段及土壤肥力水平的指标。土壤侵蚀程度常以完整的土壤剖面为标准（无明显侵蚀），利用土壤剖面比较法确定土壤侵蚀程度等级，一般分为无明显侵蚀、轻度侵蚀、中度侵蚀、强度侵蚀及剧烈侵蚀5个等级。

土壤侵蚀强度指土壤侵蚀发生的可能性及其危害程度的大小。土壤侵蚀强度可反映土壤侵蚀的潜在危险性，既包括土壤潜在侵蚀诱发的可能性大小，也包括侵蚀发生后所产生的危害程度。土壤侵蚀强度等级通常分为微度、轻度、中度、强烈、极强烈及剧烈6个等级。我国不同土壤侵蚀类型和侵蚀形式的土壤侵蚀强度分级标准可参见《土壤侵蚀分类分级标准》（SL 190—2007）等标准。

（4）容许土壤流失量

容许土壤流失量指在长时期内保持土壤肥力和维持土地生产力基本稳定的最大土壤流失量，即容许土壤流失量是不至于导致土地生产力降低而允许的年最大土壤流失量。我国不同土壤侵蚀类型区的容许土壤流失量参见《土壤侵蚀分类分级标准》（SL 190—2007）等标准。

1.2.4 地球空间信息学

地球空间信息学是采用现代探测与传感技术、摄影测量与遥感对地观测技术、卫星导航定位技术、卫星通信技术和地理信息系统等技术，研究地球空间目标与环境参数信息的获取、分析、管理、存储、传输、显示和应用的一门综合和集成的信息科学和技术。简言之，地球空间信息学是利用各种手段，通过一切途径来获取和管理有关空间基础信息的空间数据的科学技术领域。

地球空间信息学作为地球信息科学的重要分支，其三大研究领域分别为全球导航卫星系统（global navigation satellite system，GNSS）、遥感（remote sensing，RS）和地理信息系统（geographic information system，GIS）。它既可为地球科学问题的研究提供空间信息框架、数学基础和信息处理的技术方法，又可通过多平台、多尺度、多分辨率、多时相的空天地对地感知和认知手段改变和提高观察地球的能力，为做出准确而全面的判断与决策提供大量可靠的信息。

1.2.4.1 全球导航卫星系统（GNSS）

卫星导航定位技术是采用导航卫星对地面、海洋、空中和空间用户进行导航定位的技术，已逐渐在越来越多的领域取代常规光学测量仪器和电子大地测量仪器。

（1）全球导航卫星系统现状

全球导航卫星系统是在地球表面或近地空间的任何地点，为用户提供全天候的三维坐标和速度及时间信息的空间无线电导航定位系统，包括一个或多个卫星星座及其支持特定工作所需的增强系统。

世界上现有四大全球导航卫星系统，包括美国全球定位系统（global position system，

GPS)、俄罗斯格洛纳斯卫星导航系统(global orbiting navigation satellite system, GLONASS)、欧盟伽利略卫星导航系统(galileo navigation satellite system, Galileo)和中国北斗卫星导航系统(beidou navigation satellite system, BDS)。其中，BDS 和 GPS 已服务全球，性能相当；GLONASS 虽已服役全球，但性能相比 BDS 和 GPS 稍逊，且 GLONASS 轨道倾角较大，导致其在低纬度地区性能较差；Galileo 的观测质量较好，但星载钟稳定性稍差，导致系统可靠性较差。

（2）构成与原理

全球导航卫星系统由导航卫星、地面台站和用户定位设备 3 部分组成。

①导航卫星 GNSS 的空间部分，由多颗导航卫星构成空间导航网。

②地面台站 跟踪、测量和预报卫星轨道，并对卫星上设备工作进行控制管理，设备包括跟踪站、遥测站、计算中心、注入站及时间统一系统等。其中，跟踪站用于跟踪和测量卫星的位置坐标；遥测站接收卫星发来的遥测数据，供地面监视和分析卫星上设备的工作情况；计算中心根据这些信息计算卫星的轨道，预报下一段时间内的轨道参数，确定需要传输给卫星的导航信息，并由注入站向卫星发送。

③用户定位设备 由接收机、定时器、数据预处理机、计算机和显示器等组成，分船载、机载、车载和单人背负等多种形式。

按测量导航参数的几何定位原理，可将导航定位方法分为测角法、时间测距法、多普勒测速法和组合法等。其中，测角法定位和组合法定位因精度较低等原因没有实际应用。时间测距导航定位是用户接收设备中不在同一平面的 4 颗卫星发来信号的传播时间，然后完成一组包括 4 个方程式的数学模型运算，得出用户位置的三维坐标及用户钟与系统时间的误差。多普勒测速定位是用户定位设备根据从导航卫星上接收到的信号频率与卫星发送的信号频率之间的多普勒频移测得多普勒频移曲线，并根据这个曲线和卫星轨道参数，算出用户的位置。

用户利用导航卫星所测得的自身地理位置坐标与其真实的地理位置坐标之差称定位误差，是 GNSS 最重要的性能指标。定位精度主要决定于轨道预报精度、导航参数测量精度及其几何放大系数和用户动态特性测量精度。其中，轨道预报精度主要由地球引力场模型影响和其他轨道摄动力影响；导航参数测量精度主要受威胁和用户设备性能，信号在电离层、对流层折射和多路径误差因素影响，它的几何放大系数由定位期间卫星与用户位置之间的几何关系图形决定；用户的动态特性测量精度是指用户在定位期间的航向、航速和天线高度测量精度。

（3）主要应用

卫星导航定位技术采用同时测定三维坐标的方法，将测绘定位技术从陆地和近海扩展到整个海洋和外层空间，从静态扩展到动态，从单点定位扩展到局部与广域差分，从事后处理扩展到实时定位与导航，绝对和相对精度达到米级、厘米级乃至亚毫米级，从而实现了全球、全天候、高精度的导航定位。

在水土保持监测中，GNSS 常用于定位、导航和测量等方面。在野外调查时，可定位车辆、手机、掌上电脑(PDA)等移动设备，利用电子地图查看自己所在位置；用于车辆、个人的路线导航、规划等，快速到达调查目的地。利用实时动态载波相位差分技术(real-time kinematic，RTK）实时动态测量，精度可以达到厘米级，拥有易操作、测量设备便携、可全天候操作、测量点之间无须通视等优势。

1.2.4.2 遥感（RS）

遥感技术是运用现代光学、电子学探测仪器，不与目标物相接触，远距离把目标物的电磁波特性记录下来，分析、解译、揭示出目标物本身的特征、性质及其变化规律。

（1）分类与特点

按搭载传感器的遥感平台的类型，可以分为航天遥感、航空遥感和地面遥感。航天遥感传感器设置在航天器上，如人造卫星、宇宙飞船、空间实验室等；航空遥感传感器设置在航空器上，如气球、航模、飞机及其他航空器等；地面遥感传感器设置在地面平台上，如车载、船载、固定或活动高架平台等。

按传感器探测的波段划分，可以分为紫外遥感、可见光遥感、红外遥感、微波遥感、多光谱遥感。紫外遥感探测波段在 $0.05 \sim 0.38~\mu m$；可见光遥感在 $0.38 \sim 0.76~\mu m$；红外遥感在 $0.76 \sim 1~000~\mu m$；微波遥感在 $1~mm \sim 1~m$；多光谱遥感在可见光和红外波段范围之内，再分若干窄波段。

按遥感探测的工作方式划分，分为主动式遥感和被动式遥感。主动式遥感由传感器主动地向被探测的目标物发射一定波长的电磁波，然后接受并记录从目标物反射回来的电磁波；被动式遥感传感器不向被探测的目标物发射电磁波，而是直接接受并记录目标物反射太阳辐射或目标物自身发射的电磁波。

当代遥感的发展主要表现在多传感器、高分辨率和多时相特征。

多传感器技术已全面覆盖大气窗口所有部分，光学遥感可包含可见光、近红外和短波红外；热红外遥感的波长在 $8 \sim 14~mm$；微波遥感观测目标物电磁波的辐射和散射，分被动微波遥感和主动微波遥感。

高分辨率主要体现在空间分辨率、光谱分辨率和温度分辨率 3 个方面，其中，长线阵 CCD 成像扫描仪可以达到 $1 \sim 2~m$ 的空间分辨率；成像光谱仪的光谱可达 $5 \sim 6~nm$ 的水平；热红外辐射计的温度分辨率提高至 $0.1 \sim 0.5~K$。

随着小卫星群计划的推行，可以用多颗小卫星实现每 $2 \sim 3~d$ 对地表重复一次采样，获得高分辨率成像光谱仪数据。多波段、多极化方式的雷达卫星，能帮助实现阴雨多雾情况下的全天候和全天时对地观测。卫星遥感与机载和车载遥感技术的有机结合，是实现多时相遥感数据获取的有力保证。

（2）遥感图像处理

遥感图像处理包括图像校正、图像增强、图像镶嵌、图像融合、图像自动判读。

①图像校正　纠正变形的图像或低质量的图像数据，从而更加真实地反映其情景。以消除伴随观测而产生的误差与畸变，以使遥感观测数据更接近于真实值为主要目的。主要包括辐射校正与几何校正两种。

②图像增强　通过增加图像中某些特征在外观上的反差，提高图像的目视解译性能。重点在从视觉上使分析者能便于识别图像内容。主要包括对比度变换、空间滤波、彩色变换、图像运算和多光谱变换等。

③图像镶嵌　将两幅或多幅数字图像(有可能是在不同的摄影条件下获取的)拼接在一

起，构成一幅更大范围的遥感图像。

④图像融合　在统一的地理坐标系中，采用一定算法使多源遥感数据生成新的信息或合成图像的过程。将多种遥感平台、多时相遥感数据间，以及遥感数据与非遥感数据间的信息进行组合匹配、信息补充，融合后的数据更有利于综合分析。

⑤图像自动判读　根据图像特征的差异和变化，通过计算机处理，自动输出地物目标的识别分类结果，是计算机模式识别技术在遥感领域的具体应用，可提高从遥感数据中提取信息的速度与客观性。主要包括监督分类和非监督分类。

（3）主要应用

遥感信息的应用分析已从使用单一遥感资料向多时相、多数据源的融合与分析过渡，从静态分析向动态监测过渡，从对资源与环境的定性调查向计算机辅助的定量自动制图过渡，从对各种现象的表面描述向软件分析和计量探索过渡。

在水土保持监测中，主要利用各种遥感数据，经过图像处理后，提取小流域或区域尺度土地利用、植被覆盖度、水土保持措施、表土湿度等因子，为确定不同土壤侵蚀类型的模数、面积、强度、空间分布及其变化特征等提供信息。

1.2.4.3　地理信息系统（GIS）

地理信息系统是由计算机硬件、软件和不同方法组成的系统，该系统设计用来支持空间数据的采集、管理、处理、分析、建模和显示，以便解决复杂的规划和管理问题。

（1）结构与特点

GIS 包括人员、数据、硬件、软件、应用模型 5 部分。

①人员　人员是最重要的组成部分，包括开发人员、管理人员、使用人员等。

②数据　根据地理实体的空间图形表示形式，可将空间数据抽象为点、线、面 3 类元素，采用矢量和栅格 2 种组织形式进行表达。

③硬件　影响软件对数据的处理速度、使用方便性及可能的输出方式。

④软件　用于执行 GIS 功能的各种操作，包括数据输入、处理、数据库管理、空间分析和图形用户界面操作等。

⑤应用模型　GIS 为解决各种现实问题提供了有效的基本工具，但对于达到某一专门应用目的，必须通过构建专门的应用模型。它是 GIS 与相关专业连接的纽带，需以坚实而广泛的专业知识和经验为基础，对相关问题的机理和过程进行深入的研究，并从各种因素中找出因果关系和内在规律，才能构建出真正有效的 GIS 应用模型。

GIS 主要特点包括具有公共的地理定位基础；具有采集、管理、分析和输出多种地理空间信息的能力；系统以分析模型驱动，具有极强的空间综合分析和动态预测能力，并能产生高层次的地理信息；以地理研究和地理决策为目的，是一个人机交互式的空间决策支持系统。

（2）基本功能

GIS 基本功能包括数据采集与编辑、数据处理与变换、数据存储与管理、空间查询与分析和数据显示与输出。

①数据采集与编辑　GIS 的数据通常抽象为不同的专题或层。数据采集编辑功能就是保证各层实体的物理要素按顺序转化为 X、Y 坐标及对应的代码输入计算机中。

②数据处理与变换 数据处理的任务包括数据变换、数据重构、数据抽取。数据变换指数据从一种数学状态转换为另一种数学状态,包括投影变换、辐射纠正、比例尺缩放、误差改正和处理等。数据重构指数据从一种几何形态转换为另一种几何形态,包括数据拼接、数据截取、数据压缩、结构转换等。数据抽取指数据从全集合到子集的条件提取,包括类型选择、窗口提取、布尔提取和空间内插等。

③数据存储与管理 是建立 GIS 数据库的关键步骤,涉及空间数据和属性数据的组织。空间数据模型包括栅格、矢量、栅格矢量混合模型。空间数据管理模式为空间数据与属性数据一体化存储。数据库技术包括空间索引技术。

④空间查询与分析 主要特点是帮助确定地理要素之间新的空间关系,不仅成为区别于其他类型系统的一个重要标志,而且为用户提供了解决各类专门问题的有效工具,如空间查询、拓扑叠加、缓冲区分析、数字地形分析等。空间查询是 GIS 最基本的功能,包括已知属性查图形、已知图形查属性及多种条件综合查询;拓扑叠加通过将同一地区不同图层的特征叠加,建立新的空间特征,易于进行多条件查询检索、地图裁剪、地图更新和应用模型分析等;缓冲区分析根据数据库的点、线、面实体,自动建立各种类型要素的缓冲多边形,用以确定不同地理要素的空间接近度或邻近性;GIS 通过构造数字高程模型(digital elevation model,DEM)及有关地形分析的功能模块,进行坡度、坡向、地表粗糙度等数字地形分析。

⑤数据显示与输出 GIS 为用户提供了很多用于地理数据表现的工具,其形式既可以是计算机屏幕显示,也可以是诸如报告、表格、图形等硬拷贝图件。GIS 提供了强大的符号、色彩、注记等地图可视化表现形式,可以实现专题图设计、制图综合等。

(3)主要应用

依托 GIS 基本功能,通过利用空间分析技术、建模分析技术、网络技术、数据库和数据集成技术、二次开发环境等,演绎出丰富的应用功能,满足用户的需求。

在水土保持监测中,基于 GNSS 和 RS 获取相关数据信息,利用 GIS 数据综合分析功能,进行统计与量算、规划与管理、预测与监测、辅助决策等,从而实现大尺度水土保持监测。

1.3 水土保持监测发展历程

1.3.1 国外发展过程

1.3.1.1 小区定位观测

1877—1895 年,德国土壤学家埃瓦尔德·欧勒尼(Ewald Wollny)建立第一个坡面径流小区,研究地形、土壤和植被对土壤侵蚀的影响。这是世界范围内首次运用径流小区方法研究水力侵蚀。此后,美国学者于 1912 年开始利用径流小区观测土壤侵蚀,当时小区面积为 4 hm²。由于这种径流小区面积较大,观测较为复杂,1917 年米勒(Miller)教授在密苏里州的研究将小区面积改为 0.005 hm²。随后,被称为美国水土保持之父的贝内特(Bennett)教授,先后在美国建立了 10 个试验站,沿用了 Miller 的小区观测方法开展了水土流失研究。库克(Cook)教授于 1936 年运用径流小区观测资料,开始了美国土壤侵蚀定量研究。1954 年,为了解决大量增加的试验数据的可比性及方程的区域局限性的问题,美国农业部在普渡大学成立了国家水土流失资料中心,并于 1965 年以农业手册 282 号的形式正式发表了通用土壤流失方程 USLE(universal soil loss equation),于 1978 年发表了 537 号新版 USLE 方程,于 1997 年发表了 703 号修订的通用土壤流失方程 RUSLE(revised universal soil loss equation),用于指导土壤侵蚀研究工作。

随着研究深入,径流小区法在美国、欧洲、澳洲、非洲等地土壤侵蚀研究中得到了广泛的应用。目前,径流小区法仍然是各国土壤侵蚀研究工作的基础。

1.3.1.2　区域调查与评价

使用区域调查与评价方法的代表性国家(地区)有美国、澳大利亚和欧洲。

(1)美国的抽样调查与通用土壤流失方程

美国土壤侵蚀调查可追溯至 1934 年的全国侵蚀勘探调查,美国内政部土壤侵蚀局组织 115 位土壤侵蚀专家,进行了为期 2 个月的实地调查,确定了 768.93 万 km^2 农地土壤侵蚀(包括水蚀和风蚀)及强度分级面积,成为美国全国水土保持项目和优先领域设立的基础。1958 年实施全国水土保持需求调查,首次采用抽样调查方法,以县为单位采用 1%~8% 的抽样密度,抽取面积在 0.16~2.59 km^2 的网格作为抽样单元,在抽样单元内调查土壤类型、土地利用分布与面积。1965—1967 年,再次开展全国水土保持需求调查,为了减少费用和数据采集工作量,增加了第二阶段抽样,即在 1958 年抽样单元内,再随机确定采样点,抽样密度仍保持在 1%~8%,调查内容与 1958 年的相同,实现了 1958—1967 年土地利用和水土保持措施变化的评估。

1977 年,依据土壤与水资源保护法案,水土保持局组织实施了全国资源调查。这次调查基本沿用 1967 年抽样调查方法,在全国共抽取 70 000 个基本抽样单元,在每个抽样单元内随机抽取 1~3 个采样点。此次调查开创了两个先河:一是首次利用通用土壤流失方程 USLE、土壤风蚀方程(wind erosion equation,WEQ)对土壤侵蚀进行定量评价;二是首次同时对抽样单元和采样点进行数据采集。随后每隔 5 年,即 1982 年、1987 年、1992 年和 1997 年开展了同样的调查,为了评价 1982—1997 年 15 年的土壤侵蚀动态变化,在 1997 年的调查中采用遥感影像解译和相关资料分析方法,补充了 1982 年未进行调查的抽样单元数据。由于 1982 年以后,调查方法和数据采集内容一致,与 1977 年的调查有差异,因此,1982 年被认为是土壤侵蚀动态监测与评价的起始点。

除上述大规模调查外,20 世纪 90 年代还进行了几次小规模的专题调查,如 1996 年的土壤侵蚀研究调查,1998—1999 年 5 年间隔调查转为每年连续调查的技术与方法研究,以及修订通用土壤流失方程 RUSLE 在调查中的应用等。进入 21 世纪以后,鉴于调查经费和人员数量缩减,以及对资源变化进行连续性动态评估的需求日益增强,5 年一次的资源调查开始转变为每年连续调查。

综上所述,美国国家资源清查具有以下特点:①持续时间长。②调查方法和内容一致、规范,不仅有助于了解现状,更确保了调查结果具有可对比性,能够掌握动态变化。③始于土壤侵蚀调查需求与水土保持需求的满足,它发展至今依然是重点内容之一,但所涉及范围更加广泛,应用领域进一步扩大。④形成的长序列调查成果已经成为政府进行自然资源保护立法、立项和财政预算的重要参考依据。

（2）澳大利亚的土壤侵蚀网格估算

1997—2001年，澳大利亚开展了国家土地与水资源调查，旨在了解全国土地和水资源现状及其变化，为经济可持续发展、资源管理和可持续利用提供决策依据。项目分7个专题实施，第五个专题是农业生产力与可持续能力，包含了土壤侵蚀调查。调查采用网格估算方法，依据不同数据源精度，在全国范围内划分网格，采用修订通用土壤流失方程RUSLE计算土壤侵蚀模数。从调查方法看，虽然实现了无缝隙计算，但存在两个问题：受数据源空间精度限制，估算误差较大，表现为地形因子对空间分辨率反应敏感；没有考虑水土保持措施的影响。从这个角度来说，这种评价应该属于危险性评价。

澳大利亚于20世纪90年代中后期研发了计算环境管理系统（computational environmental management system，CEMS）。CEMS由大气模型、陆地表面模型、风蚀模型、传输和沉积模型、陆地表面数据库等部分组成，主要用于国家范围（30 km×30 km网格）、州和区域范围（5 km×5 km网格）内的土壤流失量、风蚀速率、沙尘释放等的粗略评估，不适用于地块尺度的评估。

（3）欧洲的土壤侵蚀危险性评价

20世纪90年代到21世纪初，为了应用现代数字计算定量评价欧洲土壤侵蚀状况，欧盟联合研究中心欧洲土壤局网络实施了土壤侵蚀危险性评价项目，旨在识别土壤侵蚀易发生区域，为欧盟国家制定土壤保护和退化防治政策提供信息。先后在整个欧洲、欧洲内不同区域或国家采用不同方法进行了侵蚀危险性评价，评价方法概括为专家法和模型法。全欧洲土壤侵蚀危险性评价采用USLE模型计算土壤侵蚀模数，评价两种危险性：潜在危险性和实际危险性。前者是指气候、地形和土壤条件决定的土壤流失量，不考虑植被覆盖与水土保持措施作用，后者增加了当前植被覆盖的影响。

1.3.2 国内发展过程

1.3.2.1 起步阶段

我国水土保持监测工作始于20世纪20年代，1922—1927年，在山西沁源、宁武和山东青岛建立了首批径流小区，观测森林植被对水土流失的影响。1931年陆续在甘肃天水、重庆北碚、福建河田等地建立了水土保持试验站，对水土流失规律、水土保持措施及其效益进行了试验观测。1943年、1945年先后在黄河上游和西南一些省份进行了水土保持考察调查。

该阶段在中华人民共和国成立以前，水土保持监测工作主要以零星的径流小区、水土保持试验区定位观测和局部区域水土保持考察调查为主，水土保持监测缺乏系统规划，处于启蒙阶段。

1.3.2.2 探索阶段

中华人民共和国成立后，政府十分重视水土保持监测工作。1951—1952年，黄河水利委员会在甘肃西峰、陕西绥德建立了水土保持科学试验站，与早期建设的天水站一起成为水土保持科学研究的"三大支柱站"。陕西、山西、甘肃、宁夏、青海、四川、云南、广东等省（自治区）也先后建立了一批试验站，开展坡面水土流失规律、小流域径流泥沙观测研究，并探索治理模式。1982 年，国务院批准发布了《中华人民共和国水土保持工作条例》；1991 年 6 月，《中华人民共和国水土保持法》颁布实施；1993 年，《中华人民共和国水土保持法实施条例》由国务院发布实施。这些法律法规的出台，明确了水土保持监测机构及其主要任务。为适应水土保持事业发展的需要，长江、黄河等流域先后设立水土保持研究所；1988 年开始，中国科学院组建成立中国生态系统研究网络，观测和研究内容涉及水土流失及水、土、气、生等影响因素。1997 年，水利部水土保持监测中心成立，此后，各流域管理机构、各省（自治区、直辖市）陆续成立水土保持监测机构。

1955 年，水利部对全国水力侵蚀面积进行了初步调查，这是第一次全国范围的水土流失调查，也是水土保持监测最早的全国性基础工作项目之一，初步查清了我国水力侵蚀的面积、强度及分布。20 世纪 50~60 年代，黄河水利委员会、中国科学院先后组织开展了多次大规模水土保持综合科学考察和调查。基于这些普查和调查的成果，提出了确定我国土壤侵蚀类型、形式、强度及区划的基本理论和方法，划分了全国水土流失类型区，进行了水土保持区划。20 世纪 70 年代起，随着计算机、遥感、地理信息系统、数据库等先进技术发展，水土保持监测技术手段和设备得到较大改善，遥感调查、信息化等逐步应用于区域水土流失调查和水土保持管理工作中。1985 年，水利部以 20 世纪 80 年代中期陆地资源卫星多光谱扫描仪（multi spectral scanner，MSS）为主要信息源，对水蚀、风蚀和冻融侵蚀开展了全国第一次土壤侵蚀遥感调查，也是我国水土保持监测真正意义上在全国范围内开展。1999 年，水利部以陆地资源卫星专题制图仪（thematic mapper，TM）为主要信息源，开展了全国第二次土壤侵蚀遥感调查。

探索阶段涉及 20 世纪 50~90 年代。其中，50~70 年代水土保持监测工作仍以地面观测和综合调查为主，处于试验调查阶段。80~90 年代虽然开展了系统的水土流失定位观测、全国性土壤侵蚀遥感普查等工作，但缺乏覆盖全国的水土保持监测网络和地面观测，区域调查仍以中、低分辨率遥感数据和人工目视解译方法为主，缺乏全国性的水土保持管理信息系统，处于技术探索发展阶段。

1.3.2.3　发展阶段

发展阶段主要是指进入 21 世纪以来的时间，尤其是 2011 年 3 月 1 日起施行修订后的《中华人民共和国水土保持法》，进一步明确了水土保持监测工作的重要地位和作用，即"发挥水土保持监测工作在政府决策、经济社会发展和社会公众服务中的作用"，为水土保持监测工作确立了明确的法律地位，指明了发展方向。为适应新水土保持法的要求，水土保持监测工作步入快速发展阶段。

（1）水土保持监测网络构建

经过全国水土保持监测网络与信息系统建设工程，全国共建成了 1 个中央级水土保持监测中心、7 大流域管理机构水土保持监测中心站、31 个省级水土保持监测总站、236 个水土保持监测分站和 738 个水土保持监测点（其中，观测场 40 个、小流域控制站 338 个、坡面径流场 316 个、风蚀监测点 31 个、重力侵蚀监测点 4 个、混合侵蚀监测点 5 个、冻融侵蚀监测点 4 个），覆盖全国的水土保持监测网络初步形成。全国水土保持监测网络的层次式网络结构示意如图 1-2 所示。

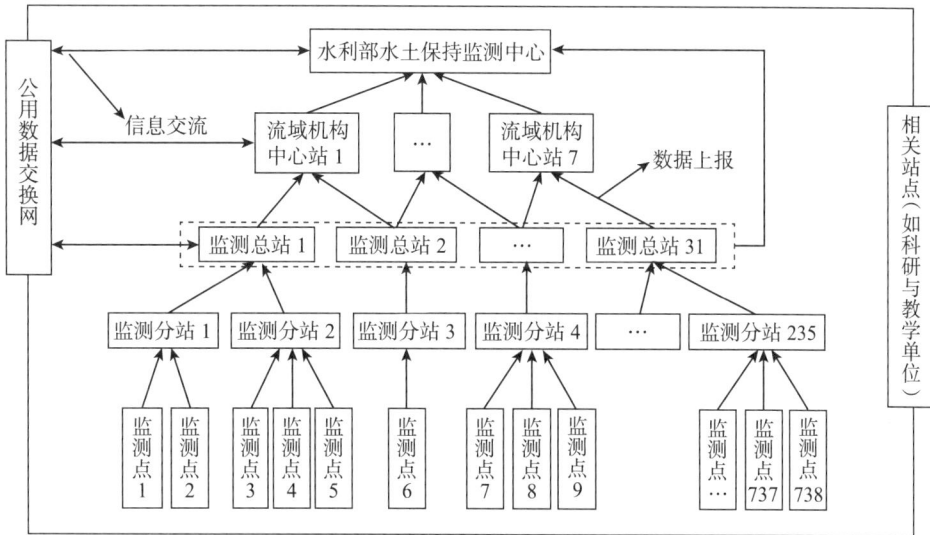

图 1-2 全国水土保持监测网络的层次式网络结构示意

（2）区域水土流失监测工作

2005—2007 年，水利部、中国科学院、中国工程院联合开展了"中国水土流失与生态安全综合科学考察"。这是中华人民共和国成立以来最全面、最系统、最深入的一次水土流失科学考察活动，形成了《中国水土流失防治与生态安全（总卷）》《水土流失数据卷》《开发建设活动卷》《水土流失影响评价卷》《水土流失防治政策卷》4 个研究报告和东北黑土区、北方土石山区、西北黄土高原区、北方农牧交错区、南方红壤区、长江上游及西南诸河区、西南岩溶区 7 个片区考察报告，准确摸清了我国水土流失现状，全面总结了我国水土流失防治的主要成效和经验，深入分析了当下水土流失防治中存在的主要问题，提出了水土流失防治对策和建议。

2007 年，财政部和水利部批准立项实施"全国水土流失动态监测与公告项目"。2007—2012 年、2013—2017 年，主要对国家级重点治理区、重点预防区等的水土流失动态情况进行持续监测。其中，2010—2012 年，水利部开展第一次全国水利普查，同步开展了我国水土保持情况普查。这也是全国第四次土壤侵蚀普查。采用抽样调查与土壤侵蚀模型相结合的方法，摸清了全国水土流失状况和水土保持措施保存等情况，为国家宏观生态建设决策和水土流失防治提供了科学依据，并于 2013 年发布了《第一次全国水利普查水土保持情况公报》。2018 年起，监测范围由国家重点治理区和重点预防区扩展到全国区域，并每年公布水土流失动态监测成果。

（3）生产建设项目水土保持监测

我国对生产建设造成的水土流失及其引发的危害认识较早，但将生产建设项目人为水土流失监测纳入水土保持监测则是近十几年的事情。广东省东深供水改造工程是最早开展水土保持监测的项目，随后，2002 年广东飞来峡水利枢纽工程也开始开展水土保持监测工作。2002 年，水利部发布了《水土保持监测技术规程》（SL 277—2002），对生产建设项目水土保持监测的原则、内容、时限等做了原则性规定；同年，水利部颁布实施了《开发建设项目水土保持设施竣工验收办法》，规定了生产建设项目水土保持监测报告制度。此后，水利部批复的大中型生产建设项目工作中陆续开展水土保持监测工作。2009 年，水利部发布了《关于规范生产建设项目水土保持监测工作的意见》，对生产建设项目水土保持监测的目的、分类、内容和重点、方式和手段、频率、报告、成果公告、管理等方面进行了规定，生产建设项目水土保持监测开始走上正轨。为规范生产建设项目水土保持监测工作，进一步明确监测工作程序，保证监测工作质量，提高生产建设项目水土保持监测水平，2018 年 11 月，水利部主编发布《生产建设项目水土保持监测与评价标准》（GB/T 51240—2018），生产建设项目水土保持监测工作逐渐步入规范化和常态化阶段。2023 年 1 月，水利部修订出台了《生产建设项目水土保持方案管理办法》，规定了对可能造成严重水土流失的大中型生产建设项目，生产建设单位应当组织对生产建设活动造成的水土流失进行监测，及时定量掌握水土流失及防治状况，科学评价防治成效，按照有关规定向水行政主管部门报送监测情况。

（4）水土保持监测管理系统建设

2002 年，水利部水土保持监测中心组织实施国家"十五"863 计划信息技术领域空间信息应用与产业促进专题项目：重大行业 3S 应用示范—水土保持，对监测信息采集、管理与共享服务进行了全面研究，并初步研究开发了系统软件。同期，长江上游滑坡泥石流预警管理信息系统、黄土高原淤地坝信息管理系统、水土保持定点监测信息采集系统、小流域管理信息系统等相继开发并投入使用。2004 年，在"全国水土保持监测网络和信息系统建设"项目实施中，全面设计、开发并初步形成了"全国水土保持监测管理信息系统"。该系统由动态监测、项目管理、预防监督、辅助规划决策、信息发布五大子系统组成，主要功能包括数据在线上报与审核、空间数据在线编辑和格式转换、数据增量管理、多媒体数据管理、数据查询及报表生成、专题图制作。水土保持监测工作逐步迈入信息化阶段。

思考题

1. 水土保持监测概念、目的及作用是什么？
2. 水土保持监测的分类体系有哪些？
3. 水土保持监测的理论基础是什么？
4. 国内外水土保持监测发展过程是怎样的？

参考文献

曾大林，2000. 对水土保持监测工作的几点认识和设想[J]. 中国水土保持(10)：12-13.

陈倩，易炯，2020. 全球 4 大卫星导航系统浅析[J]. 导航定位学报，8(3)：115-120.

郭索彦，李智广，2009. 我国水土保持监测的发展历程与成就[J]. 中国水土保持科学，7(5)：19-24.

郭索彦，2010. 水土保持监测理论与方法[M]. 北京：中国水利水电出版社.

李智广，2018. 水土保持监测[M]. 北京：中国水利水电出版社.

张洪江，程金花，2014. 土壤侵蚀原理[M]. 北京：科学出版社.

王健，吴发启，2014. 流域水文学[M]. 北京：科学出版社.

丁国栋，赵媛媛，2021. 风沙物理学[M]. 北京：中国林业出版社.

全国人民代表大会常务委员会，2010. 中华人民共和国水土保持法[M]. 北京：中国法制出版社.

王礼先，孙保平，余新晓，2004. 中国水利百科全书·水土保持分册[M]. 北京：中国林业出版社.

许峰，2002. 宏观水土保持监测研究及其进展[J]. 水土保持通报，22(4)：72-76.

许峰，2004. 近年我国水土保持监测的主要理论与技术问题[J]. 水土保持研究，11(2)：19-21.

杨勤科，刘咏梅，李锐，2009. 关于水土保持监测概念的讨论[J]. 水土保持通报，29(2)：97-124.

赵辉，2013. 试论我国水土保持监测的类型与方法[J]. 中国水土保持科学，11(1)：46-50.

中华人民共和国国家质量监督检验检疫总局，中国国家标准化管理委员会，2006. 水土保持术语：GB/T 20465—2006[S]. 北京：中国标准出版社.

中华人民共和国水利部，2008. 土壤侵蚀分类分级标准：SL 190—2007[S]. 北京：中国水利水电出版社.

第 2 章

水土流失影响因素监测

　　水土流失影响因素包括自然因素和人为活动因素，是发生水土流失的动力和环境条件。自然因素主要有气象、地形、地貌、土壤、植被等；人为活动因素主要有土地利用、水土保持措施、生产建设活动等。土壤侵蚀状况与其影响因素密切相关，掌握影响因素变化能够揭示土壤侵蚀发生、发展的原因及其相互作用，可为土壤侵蚀预测预报奠定基础。本章重点介绍自然因素监测和人为活动因素中的土地利用的监测，人为活动因素中的水土保持措施和生产建设项目监测内容见后续章节。

2.1　气象因素监测

　　气象因素是导致水土流失的动力因素，主要包括降水、风、温湿度等要素，地面气象观测场是开展气象要素观测的主要场所。

　　降水是指大气中的水以液态或固态的形式到达地面的现象，包括两部分，一是水平降水，即大气中水汽直接在地面或地物表面及低空的凝结物，如霜、露、雾和雾凇。水平降水不会直接造成土壤侵蚀，一般不做降水处理；二是垂直降水，即由空中降落到地面上的水汽凝结物，如雨、雪、霰、雹等。垂直降水常会造成土壤侵蚀，是主要的观测对象。风是一种因气压分布不均匀而产生的空气流动现象，是造成风力侵蚀的外营力。在干旱、半干旱区域，风力侵蚀造成沙化扩展和生态恶化。在其他区域，风也能加速水力侵蚀、重力侵蚀等的发展。地面观测中测量的风是两维矢量，用风向和风速表示。

2.1.1　降水观测

2.1.1.1　降雨观测

　　（1）观测设备及方法

　　常规降雨观测设备有雨量器、虹吸式雨量计、翻斗式雨量计、激光雨滴谱仪及雷达测雨技术等。

　　①雨量器　是最常见的人工降雨观测设备，可以完成一次降水量或一日降水量的观测。

　　a. 雨量器组成：包括承雨器、漏斗、储水筒、储水瓶、量雨杯。常见的雨量器外壳是金属圆筒，分上下两节。上节承雨器采用直径 20 cm 的正圆形设计，口缘镶有内直外斜、刀刃形的铜圈，以防雨滴溅蚀和筒口变形。下节储水筒内放储水瓶，收集降雨。量雨杯为专用量杯，口径和刻度与雨量器口径成一定比例关系(图 2-1)。

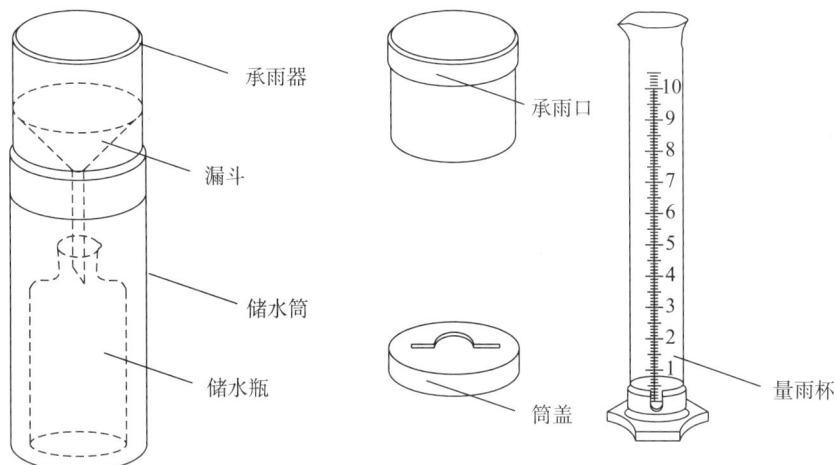

图 2-1　雨量器和量雨杯

b. 降水量观测：观测时间为每日早 8:00。观测降水量时，取出储水筒内的储水瓶，用量雨杯测量。使用量雨杯时，两手指捏住上口使之垂直，读数时保持视线与杯中水面凹面最低处齐平，读至最小刻度，并记录降水量。降水量很大时，可分次量取，累加后得其总量并记录。每次降雨过后，及时测量，尽量减少蒸发。如果早 8:00 雨未停，迅速更换储水瓶。一日所有次雨量累加为日雨量。

c. 注意事项：每日观测时，检查雨量器内有无杂物堵塞，雨量器是否受碰撞变形，漏斗有无裂纹，储水筒是否漏水。每次观测后，储水筒和储水瓶内不可有积水。

②虹吸式雨量计　是常见的半自动降雨观测设备。使用过程中，设备会自动在雨量自记纸上绘制记录降雨信息，但观测人员需要定期收回和更换设备内的雨量自记纸。

a. 组成和工作原理：虹吸式雨量计能连续记录液体降水量和降雨时数，从降雨记录上还可以了解降雨强度。虹吸式雨量计由承雨器、浮子室、自记钟和外壳组成（图 2-2）。降雨从承雨器的承雨口落入，由承雨器的锥形大漏斗汇总，经导水管流入小漏斗和进水管至浮子室，此时浮子室内水位上升。浮子升高并带动固定在浮子杆上的记录笔上升，同时装在钟筒上的自记纸随自记钟旋转，由装有自记墨水的笔尖在自记纸上画出曲线。当笔尖达自记纸 10 mm 线上时，浮子室内液面即达到虹吸管的弯曲部分，发生虹吸作用，水从虹管中自动溢出。浮子下降至笔尖指零线时停住，继续降雨时重复上述过程。

图 2-2　虹吸式雨量计

b. 观测方法：使用前需要进行检查，调整零点，往承雨器里加水，直到虹吸管排水为止。调节笔杆固定螺钉，将笔尖调至零线固定。将 10 mm 清水缓缓注入承雨器，注意自记笔尖移动是否灵活。如摩擦太大，要检查浮子顶端的直杆能否自由移动，自记笔右端的导轮或导向卡口是否能顺着支柱自由移动。继续将水注入承雨器，检查虹吸管位置是否正确。一般可先将虹吸管位置调高些，待 10 mm 水加完，自记笔尖停留在自记纸 10 mm 刻度时，拧松固定虹吸管的连接螺帽，将虹吸管轻轻往下插，直到虹吸作用恰好开始为止，再固定好连接螺帽。此后，重复注水和调节几次，务必使虹吸作用开始时自记笔尖指在 10 mm 处，排水完毕时，笔尖指在零线上。

观测期间，每日早 8:00 观测。无降雨时，自记纸可连续使用 8~10 d，用加注 1.0 mm 水量的办法来抬高笔位，以免每日迹线重叠。有降雨(自记迹线上升≥0.1 mm)时，必须换纸。在自记记录开始和终止的两端须做时间记号，可轻抬自记笔根部，使笔尖在自记纸上划一短垂线。若记录开始或终止时有降雨，则应用铅笔做时间记号。当自记纸上有降雨记录，但换纸时无降雨时，则在换纸前应做人工虹吸(给承雨器注水，产生虹吸)，使笔尖回到自记纸"0"线位置。若换纸时正在降雨，则不做人工虹吸。在降雨微小时，自记迹线上升缓慢，只有累计量达到 0.05 mm 或以上时，才计算降水量。其余不足 0.05 mm 的各时栏空白。

在雨季，每月应将承雨器内的自然排水进行 1~2 次测量，并将结果记在自记纸背面，以备使用资料时参考。如有较大误差且非自然虹吸所造成，则应设法找出原因，进行调整或修理，如检查虹吸管与浮子室侧管连接处是否紧密衔接，检查虹吸管内壁和浮子室内是否黏附油污，以防漏水或漏气而影响正常虹吸，浮子直杆与浮子室顶盖上的直柱是否保持清洁，无锈蚀。两者应保持平行，以减小摩擦，避免产生不正常记录。在初结冰前，应把浮子室内的水排尽；若在冰冻期长的地区，应将内部机件拆回，室内保管。

③翻斗式雨量计　是全自动降雨观测设备，自行对降水量进行观测记录，节约人力成本，可大量投入观测任务。该设备需要人工定期将承雨器内的杂物清理干净。

翻斗式雨量计(图 2-3)是基于电子计数原理的一类降雨观测设备，其工作原理是：雨水由最上端的承雨口进入承雨器，落入接水漏斗，经漏斗口流入翻斗。当积水量达到一定高度(如 0.1 mm)时，翻斗失去平衡而翻倒。而每一次翻斗倾倒，都使开关接通电路，向记录器输送一个脉冲信号。记录器控制自记笔将雨量记录下来，如此往复即可将整个降雨过程测量下来。

承雨器

翻斗

图 2-3　翻斗式雨量计

④激光雨滴谱仪　是一种以激光为探测媒介的地面降雨观测设备。通过获取降水粒子遮挡激光信号强度和粒子通过时间参数，计算出降水粒子的尺度和速度，进而反演出多种降水信息。除可以对降水量进行常规观测外，对于雨滴的大小、速度甚至固态和混合态的降水也可以进行观测。部分型号设备可以此根据天气分类标准，直接输出天气代码，如毛毛雨、小雨、中雨、大雨、冰雹、雪、雾等信息。激光雨滴谱仪光学配件性能优越，可以工作在各种恶劣的环境中，适于长期野外观测使用。

⑤雷达测雨技术　是利用物体对电磁波的散射作用来对云、雨、雪、雹等进行观测。当雷达天线发射出去的电磁波在空间传播时，若遇到云、雨、雪、雹等目标物，就有一部分辐射能会被反射回来，并被雷达天线接收，在显示器上就会出现许多亮度不等的区域，即云、雨、雪、雹等的回波图像。通常测雨雷达可以定量输出降雨结构，包括降雨的水平结构(如降雨面积大小、降雨强度高低、不同降雨性质的分布等)和降雨的垂直结构(如降雨回波的垂直分布或降雨率垂直廓线垂直分布等)。根据

载具的不同，测雨雷达可以分为星载测雨雷达和地基测雨雷达。地基测雨雷达常常受地理位置的限制和地形的遮挡，而星载测雨雷达则可用于更大范围内的降雨时空分布的测量。雷达测雨技术可以较好地完成大尺度的降雨观测任务，突破地面雨量站点空间分布局限性等问题。

（2）降雨特征指标

降雨特征指标主要有降水量、降雨强度、降雨历时、降雨动能、最大 30 min 雨强、次降雨、次降雨侵蚀力等指标。

①降水量　指某一时段内，从天空降落到地面上的液态水，未经蒸发、渗透和流失而在水平面上积聚的水层深度。单位为毫米（mm），书写时一般保留一位小数。可根据 24 h 或 12 h 降雨总量划分降雨等级，具体见表 2-1 所列。

表 2-1　降雨等级划分标准

降雨等级	24 h 降雨总量/mm	12 h 降雨总量/mm
微量降雨（零星小雨）	<0.1	<0.1
小雨	0.1~9.9	0.1~4.9
中雨	10.0~24.9	5.0~14.9
大雨	25.0~49.9	15.0~29.9
暴雨	50.0~99.9	30.0~69.9
大暴雨	100.0~249.9	70.0~139.9
特大暴雨	≥250.0	≥140.0

注：来源于《降水量等级》（GB/T 28592—2012）。

②降雨强度　指单位时间的降水量，通常测定 5 min、10 min 和 1 h 内的最大降水量。

③降雨历时　指从降雨开始至结束所经历的时间，一般以 min、h 或 d 计。

④降雨动能　指一次降雨所有雨滴具有的总动能，单位为 MJ/hm^2。

⑤最大 30 min 雨强　指一次降雨的最大 30 min 时段雨强，单位为 mm/h。以记录时间间隔为滑动步长，依次计算每个连续 30 min 的总雨量，然后乘以 2，结果就为每个连续 30 min 的时段雨强，其中最大的一个值即为该次降雨的最大 30 min 雨强（I_{30}）。

⑥次降雨　指连续不断的一个降雨事件。由于降雨有间歇情形，水土保持领域多以间隔 6 h 作为不同场次降雨的划分标准，即降雨过程中如果间歇时间连续超过 6 h，则视为两次降雨事件。

⑦次降雨侵蚀力　指单次降雨引起土壤侵蚀的潜在能力，主要由雨滴降落速度、雨滴大小分布、降水量、雨强强度和降雨动能决定。目前多用一次降雨总动能（E）与该次降雨最大 30 min 雨强的乘积 EI_{30} 表示。出于基础降雨测量数据上的原因，也可使用次降雨最大 15 min 或 60 min 降雨强度参与计算，见式（2-1）至式（2-3）：

$$R_{次} = EI_{30} \tag{2-1}$$

$$E = \sum_{r=1}^{n} e_r P_r \tag{2-2}$$

$$e_r = 0.29 \times [1 - 0.72 \exp(-0.082 i_r)] \tag{2-3}$$

式中，$R_{次}$为次降雨侵蚀力[MJ·mm/(hm²·h)]；I_{30}为次降雨最大 30 min 雨强(mm/h)；E 为次降雨总动能(MJ/hm²)；e_r 为第 r 时段的单位降雨动能[MJ/(hm²·mm)]；P_r 为第 r 时段的降水量(mm)；n 为次降雨的总降雨时段；i_r 为时段雨强(mm/h)。

2.1.1.2 降雪观测

在部分高纬度地区及高海拔地区，降雪是主要的降水形式。积雪融化形成的地表径流会造成水土流失，因此，降雪观测也是气象要素降水观测的重要组成部分。

（1）观测设备及方法

降雪观测设备主要有用于观测降雪量的雨量器、称重式降水量计等，用于观测雪深（或积雪厚度）的量雪尺、超声波测距仪等，以及用于观测雪压的体积量雪器等。

①雨量器　人工观测降雪量可以采用与降雨观测同样的雨量器(图2-1)。冬季降雪时，需将雨量器承雨器取下，换上承雪口，取走储水器，直接用承雪口和外筒接收降雪。观测时，将已有固体降水的外筒用备份的外筒换下，盖上筒盖后，取回室内，待固体降水融化后，用量杯量取。也可将固体降水连同外筒用专用的台秤称量，称量后应把外筒的质量扣除，并折算出降雪量。

②称重式降水量计　随着技术的发展，一些自动观测设备被用于降雪观测，如基于称重原理设计的称重式降水量计(图2-4)。这类仪器具有高精度的电子称重系统，可以进行全类型降水量测量，精度可达 0.01 mm。这类设备具有自动加热、排水功能和数据自计功能，可以适应低温地区的长期无人值守降雪观测任务。

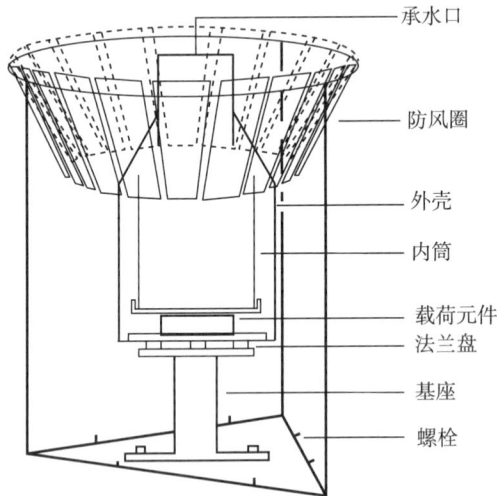

图 2-4　称重式降水量计

③量雪尺　雪深观测单位为厘米(cm)，记录时保留整数，因此，量雪尺是一个有厘米刻度的直尺(常用木材质)。

当气象站四周视野中的地面被雪(包括米雪、霰、冰粒)覆盖超过一半时要观测雪深，当雪深达到或超过 5 cm 时要观测雪压。雪深的观测地段应选在观测场附近平坦、开阔的地方。入冬前，应使选定的地段平整，清除杂草，并做上标志。雪深观测具体要求如下：

符合观测雪深标准的日子，每天 8:00 在观测地点将量雪尺垂直插入雪中到地表为止

(勿插入土中)，依据雪面所遮掩尺上的刻度线，读取雪深的厘米整数，小数四舍五入。使用普通米尺时，若尺的零线不在尺端，计算雪深值应注意加上零线至尺端距离的相当厘米数值。

每次观测测量 3 次，求其平均值。3 次测量的地点彼此相距应在 10 m 以上(丘陵、山地气象站因地形所限，距离可适当缩短)，并做好标记，以免下次在原地重复测量。

平均雪深不足 0.5 cm 记 0；若 8:00 未达到测定雪深的标准，之后因降雪而达到测定标准时，则应在 14:00 或 20:00 补测一次。

若气象站四周积雪面积过半，但观测地段因某种原因而无积雪，则应在就近有积雪的地方选择较有代表性的地点测量雪深。如由于吹雪或其他原因使观测地段的积雪高低不平时，应尽量选择比较平坦的雪面来测定。

丘陵、山地的气象站四周积雪情况达到记录积雪标准，但由于地形影响，测站附近已无积雪存在时，雪深不测量，但应在记录中备注。

④超声波测距仪 主要用于测量雪深的动态变化，即在平坦地面上方设置一个超声波测距仪(图 2-5)。该设备可以测量积雪表面至测距仪间的距离，多用于观测降雪过程或融雪过程。

⑤体积量雪器 是测量雪压用的一种仪器(图 2-6)。由一内截面积为 100 cm^2 的金属筒、小铲、带盖的金属容器组成。

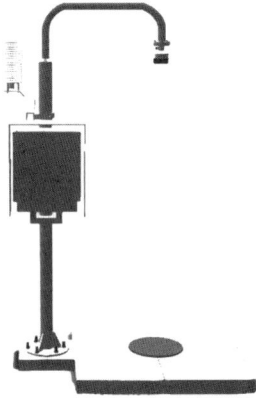

图 2-5 超声波测距仪

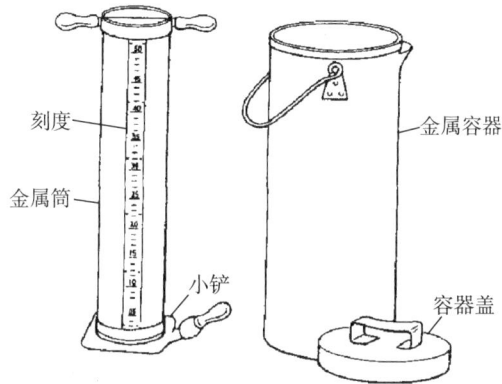

图 2-6 体积量雪器

每月 5、10、15、20、25 日和月末最后 1 d，若雪深已达到 5 cm 或以上时，在雪深观测(或补测)后，应在观测雪深的地点附近进行雪压观测。在规定的观测日期，雪深不足 5 cm(或无积雪)，而在随后的其他日期雪深达 5 cm 或以上，以及前 1 d 雪深观测后，因降雪使得雪深 1 日间又增加 5 cm 或以上时，则在该日雪深观测后补测雪压。

雪压测量取 3 个样本，取其平均值作为该次雪压值。为避免下次在原地重复取样，应在取过样本的地点做好标记。

观测前半小时，把量雪器拿到室外。取样前，应把量雪器清理干净。取样时，拿住把手，将量雪器垂直插入雪中，直到地面。然后拨开量雪器一侧的雪，把小铲沿量雪器口插入，连同量雪器一起拿到容器上，再抽出小铲，使雪样落入专用容器内，加盖拿回室内。

等雪融化后，用量杯测定融雪水的体积。

当雪深超过取样的量雪器金属筒高度时，应分几次取样。在取上层雪样时，注意不要破坏下层雪样。所取样本中不应包含雪下地面上的水层和冰层，但应包含积雪上或积雪层中的冰层，出现此情况时应备注说明。取样时，要注意清除样本中夹入的泥土、杂草。

（2）降雪特征指标

降雪特征指标主要有降雪量、雪深、雪压及小流域积雪量观测等。

①降雪量　指某一时段内，从天空降落到地面上的固态水（降雪）经融化后未经流失而在水平面上积聚的水层深度。单位为毫米（mm），一般保留一位小数。可根据 24 h 或 12 h 降水总量划分降雪等级，具体见表 2-2 所列。

表 2-2　降雪等级划分标准

降雪等级	24 h 降雪量/mm	12 h 降雪量/mm
微量降雪（零星小雪）	<0.1	<0.1
小雪	0.1~2.4	0.1~0.9
中雪	2.5~4.9	1.0~2.9
大雪	5.0~9.9	3.0~5.9
暴雪	10.0~19.9	6.0~9.9
大暴雪	20.0~29.9	10.0~14.9
特大暴雪	≥30.0	≥15.0

注：来源于《降水量等级》（GB/T 28592—2012）。

②雪深　指从积雪表面到地面的垂直深度，以厘米（cm）为单位，取整数。

③雪压　指单位面积上的积雪质量，以克每平方厘米（g/cm²）为单位，取 1 位小数。雪压计算公式见式（2-4）：

$$P = \frac{M}{100} \tag{2-4}$$

式中，P 为雪压（g/cm²）；M 为雪样质量（g）；100 为量雪器内截面积（cm²）。

由于 1 g 水的体积为 1 mL，将雪压值乘以 10，即可得到积雪水量（mm）。

④小流域积雪量观测　对于以小流域为单元的雪深和雪压观测，由于地形、植被等因素的影响，小流域内的积雪分布很不均匀，观测积雪应在小流域内有代表性地布设 3~5 条测雪路线，测雪路线总长应为流域平均宽度的 3~5 倍。在测雪路线上选择 100 m 间隔的测雪点开展雪深、雪压及其他指标的观测。

小流域的平均积雪水量可由各测雪路线平均积雪水量的加权平均值计算得到，具体见式（2-5）：

$$P = \sum_{j=1}^{m} \frac{L_j}{L} \times P_j \tag{2-5}$$

式中，P 为小流域平均积雪水量（mm）；P_j 为第 j 条测雪路线平均积雪水量（mm）；L 为小流域内测雪路线总长度（m）；L_j 为第 j 条测雪路线长度（m）；m 为小流域内测雪路线的数量（条）。

第 j 条测雪路线平均积雪水量 P_j 可由该条测雪路线上各测雪点平均积雪水量的加权平均值计算得到，具体见式(2-6)：

$$P_j = \sum_{i=1}^{n-1} \frac{L_i}{L_j} \times V_i \tag{2-6}$$

式中，P_j 为第 j 条测雪路线平均积雪水量(mm)；L_j 为第 j 条测雪路线长度(m)；L_i 为相邻两个测雪点间的间距(m)；V_i 为相邻两个测雪点积雪水量的均值(mm)；n 为第 j 条测雪路线上测雪点的数量(个)。

2.1.2　风向风速观测

地面观测中测量的风是两维矢量，用风向和风速表示。

(1)观测设备及方法

①EL 型电接风向风速计　是地面气象观测站中常见的风向风速观测设备(图 2-7)。EL 型电接风向风速计是由感应器、指示器、记录器组成的有线遥测仪器。其中，感应器由风向和风速两部分组成，用于获取风向、风速数据并转化为电信号；指示器用于显示电源、瞬时风向、瞬时风速等参数；记录器用于将风向、风速等的参数记录于记录纸上。

设备安装过程中，需要注意感应器应安装在牢固的高杆或塔架上，并附设避雷装置。风速感应器(风杯中心)距地高度 10~12 m。若安装在平台上，

图 2-7　EL 型电接风向风速计主要部件

风速感应器(风杯中心)距平台面(平台若有围墙则为距围墙顶)6~8 m，且距地面高度不得低于 10 m。

人工观测记录时，打开指示器的风向、风速开关，观测 2 min 风速指针摆动的平均位置，读取整数，小数位补零，记入观测簿相应栏中。观测风向指示灯，读取 2 min 的最多风向，用十六方位对应符号记录。静风时，风速记 0.0，风向记 C；平均风速超过 40.0 m/s，则记为>40.0 m/s，做日合计、日平均时，按 40.0 m/s 记录。采用记录器自记时，需定期更换记录纸和记录笔，并对收回的记录纸进行数据整理。数据整理包括时间差订正、各时风速整理、各时风向整理、日最大风速整理等几方面工作。

②便携式风向风速表　在水土保持监测工作中，对于野外、施工场地等不具备固定气象观测条件的地方，可采用便携式风向风速表和手持式气象站(图 2-8)临时观测风向、风速。

在使用时，仪器需高出使用者头部并保持垂直，风速表刻度盘应与当时风向平行，然后转动方位盘的制动套，使方位盘逐步稳定在地球磁力线的方向上，此时注视风标约 2 min，记录其摆动范围的中间位置，并将该方位角作为风向。在观测风向的同时，让风杯转动约 30 s，按下风速按钮，启动仪器，待指针自动停转后，读出风速值(m/s)，用此值在该仪器的订正曲线上查出实际风速，记录时保留 1 位小数即可。

③自动气象站　风的人工观测需要大量的人力、物力支持，因此，应合理地利用自动

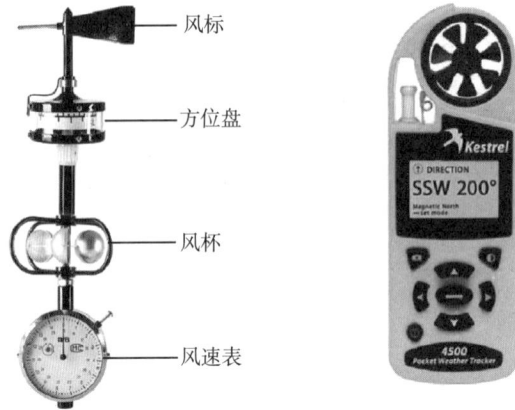

图 2-8 便携式风向风速表(左)和手持式气象站(右)

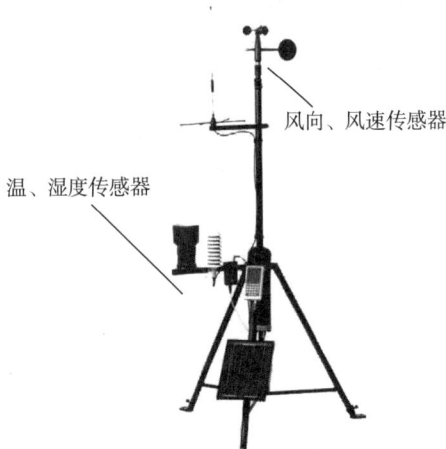

图 2-9 小型自动气象站

观测设施设备,如小型自动气象站(图 2-9),可以获得连续的观测数据。一般,风的测量参数包括平均风速、平均风向、最大风速、极大风速等。由于集成的需要,风向、风速传感器一般作为单独一路或两路采集通道向气象站自带数据采集器发送风向、风速数据。

为保证数据具有精准度,对自动气象站的安装条件有一定要求,如设备安装位置的地形、地貌可以较好地代表监测区域情况;安装地点附近开阔、无障碍物等。同时为保证数据具有连续性,对风向、风速传感器需定期检查和校准。

(2)风向风速特征指标

①风向 指风的来向,最多风向是指在规定时间段内出现频率最多的风向。人工观测,风向用十六方位法;自动观测,风向以度(°)为单位(表 2-3)。

表 2-3 风向方位、符号与相应角度对照

序号	风向方位	风向符号	风向记录度数/°	风向角度范围/°
1	北	N	360	348.76~11.25
2	北东北	NNE	22.5	11.26~33.75
3	东北	NE	45	33.76~56.25
4	东东北	ENE	67.5	56.26~78.75
5	东	E	90	78.76~101.25
6	东东南	ESE	112.5	101.26~123.75
7	东南	SE	135	123.76~146.25
8	南东南	SSE	157.5	146.26~168.75

（续）

序号	风向方位	风向符号	风向记录度数/°	风向角度范围/°
9	南	S	180	168.76~191.25
10	南西南	SSW	202.5	191.26~213.75
11	西南	SW	225	213.76~236.25
12	西西南	WSW	247.5	236.26~258.75
13	西	W	270	258.76~281.25
14	西西北	WNW	295.5	281.26~303.75
15	西北	NW	315	303.76~326.25
16	北西北	NNW	337.5	326.26~348.75
17	静风	C	角度不定，风速≤0.2 m/s	

注：来源于《地面气象观测规范　风向和风速》（GB/T 35227—2017）。

②风速　指单位时间内空气移动的水平距离。风速以米每秒（m/s）为单位，取 1 位小数。风速风向自动观测原始记录格式、风向自动观测数据逐日汇总格式、风速自动观测数据逐日汇总格式见附表 1 至附表 3。

③最大风速　指在某个时段内出现的最大 10 min 平均风速值。

④极大风速（阵风）　指某个时段内出现的最大瞬时风速值。

⑤瞬时风速　指 3 s 的平均风速。

⑥风的平均量　指在规定时间段内的平均值，有 3 s、2 min 和 10 min 的平均值。

⑦大风日数　指某地一段时间（如月、季、年等）内出现瞬时风速大于或等于 17.0 m/s（相当于风力 8 级或以上）的天气日数。

⑧主导风向　指风频最大的风向角的范围。风向角范围一般在连续 45°左右，对于以十六方位角表示的风向，主导风向一般是指连续 2~3 个风向角的范围。某区域的主导风向应有明显的优势，其主导风向角风频之和应大于或等于 30%，否则可称该区域没有主导风向或主导风向不明显。

2.1.3　空气温湿度观测

空气温度（简称气温）是表示空气冷热程度的物理量。空气相对湿度（简称湿度）是表示空气中水汽含量和潮湿程度的物理量。常规地面观测中的气温和湿度，是距地面 1.5 m 处所测得的气温和湿度。土壤侵蚀与温度、湿度变化有关，尤其是重力侵蚀、风力侵蚀和冻融侵蚀受温湿度变化影响大。

（1）观测设备及方法

测量温湿度的仪器主要有干球温度计、湿球温度计、最高温度计、最低温度计、毛发湿度表、通风干湿表、温度计和湿度计、铂电阻温度传感器和湿敏电容湿度传感器等，以下针对其中 4 种展开介绍。

①干、湿球温度计　用于测定空气的温度和湿度的仪器。它由两支型号完全一样的温度计组成。气温由干球温度计测定；湿度是根据热力学原理，由干球温度计与湿球温度计

的温度差值计算得出。在标准气象站内，干、湿球温度计垂直悬挂在百叶箱内支架两侧的环内，球部向下，干球在东，湿球在西，球部中心距地面 1.5 m 高。湿球温度计球部包扎一条纱布，纱布的下部浸到一个带盖的水杯内[图 2-10(a)]。杯口距湿球球部约 3 cm，杯中盛蒸馏水(只允许用医用蒸馏水)，供湿润湿球纱布用。

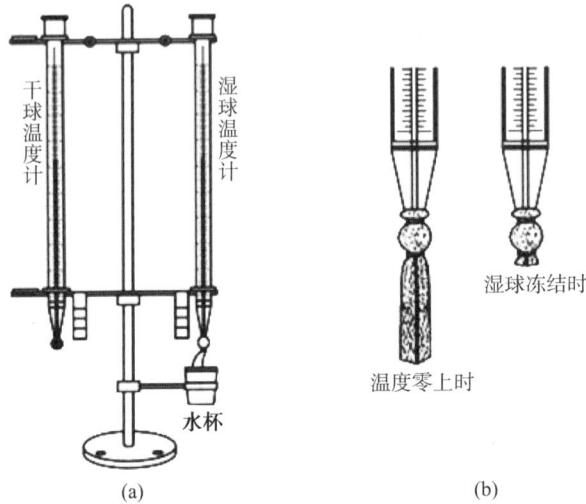

图 2-10 干、湿球温度计

测量读数时，各种温度计读数要精确到 0.1℃。温度在 0℃ 以下时，应加负号("-")。读数记入观测簿相应栏内，并按所附检定证进行器差订正。

当湿球纱布冻结后，应及时从室内带一杯蒸馏水对湿球纱布进行融冰，待纱布变软后，在球下部 2~3 mm 处剪断、扎住[图 2-10(b)]，然后把湿球温度计下的水杯从百叶箱内取走，以防水杯冻裂。

②最高温度计 某段时间内的最高温度可由最高温度计测量，最高温度计的感应部分内有一玻璃针，伸入毛细管，使感应部分和毛细管之间形成一个窄道。当温度升高时，感应部分的水银体积膨胀，挤入毛细管；而温度下降时，毛细管内的水银，由于通道窄不能缩回感应部分，因而能指示出上次调整后这段时间内的最高温度。最高温度计每天 20:00 观测一次，读数记入观测簿相应栏中，观测后将其读数调整至接近当时的干球温度。

③最低温度计 某段时间内的最低温度可由最低温度计测量，其感应液是乙醇，它的毛细管内有一哑铃形游标。当温度下降时，乙醇柱便相应下降，其顶端表面张力会带动游标下降；当温度上升时，乙醇膨胀，乙醇柱经过游标周围慢慢上升，而游标仍停在原来位置上。因此，它能指示上次调整以来这段时间内的最低温度。最低温度计每天 20:00 观测一次，读数记入观测簿相应栏中，观测后调整温度计，使游标回到乙醇柱的顶端即可。

④铂电阻温度传感器 用铂电阻可制成干、湿球温湿度传感器，可以自动观测温湿度。温湿度的自动观测可以大大降低观测成本。目前市场上可供选择的自动温度、湿度计的品种较多，可以根据观测需要选择不同精度和不同自计模式的自动温度、湿度计或传感器。

（2）温湿度特征指标

气温观测的指标有定时气温，日最高、日最低气温等，以摄氏度（℃）为单位，取 1 位小数。湿度观测的指标有相对湿度（空气中实际水汽压与当时气温下的饱和水汽压之比），以%表示，取整数。其中，气温观测指标可对各类型温度计的读数修订后直接使用，而相对湿度需要使用干湿球温度计读数换算或查相对湿度查算表（表 2-4）获取。

表 2-4　相对湿度查算表　　　　　　　　　　　%

t	$t-t_w$/℃						
	0.0	0.1	0.2	0.3	0.4	0.5	0.6
15	100.0	98.8	97.6	96.4	95.2	94.1	92.9
16	100.0	98.8	97.7	96.5	95.4	94.3	93.1
17	100.0	98.9	97.8	96.7	95.5	94.4	93.3
18	100.0	98.9	97.8	96.8	95.7	94.6	93.5
19	100.0	98.9	97.9	96.9	95.8	94.8	93.7

注：t 为干球水银温度计温度读数，℃；t_w 为湿球水银温度计温度读数，℃。

2.1.4　气象观测场

2.1.4.1　场地选择

除了流域点雨量观测，气象因素监测一般设置气象观测场。为保证观测数据具有代表性，选择观测场地时应按照以下要求进行。

①观测场周边环境保持开阔，保证仪器的感应面通风和不受遮阴；观测场周边 10 m 范围内不宜有障碍物；障碍物与降水传感器的水平距离宜大于障碍物与传感器的高度差；障碍物与风杆的水平距离宜大于障碍物（从高出风杆安装基础平面以上起算）自身高度的 3 倍；影响源、人工建造水体与温度传感器的水平距离宜大于 10 m；当太阳高度角大于 20° 时，周围障碍物不宜对温度传感器产生阴影。

②在径流场附近设置气象观测场时，两者应尽量靠近，一般应控制在 100 m 范围内。

③观测场应布设在观测人员易到达的位置，方便观测和维护。

2.1.4.2　场地布设

根据需要，观测场通常分为简易观测场和综合观测场。

（1）简易观测场

简易观测场是用于对降水、风等少量或单个要素临时观测或长期定位观测的场地，观测任务相对单一，观测场地和设备的安装能够满足对应气象要素的观测要求即可。常见的简易观测场有降水简易观测场、风简易观测场等。

以降水简易观测场为例，当仅需要观测降水数据时，观测场地及仪器布置如图 2-11 所示：安装 1 台雨量设备，占地面积不小于 4 m×4 m；安装两台雨量设备，占地面积不小于 4 m×6 m，其他还需满足前述的场地选择的要求。

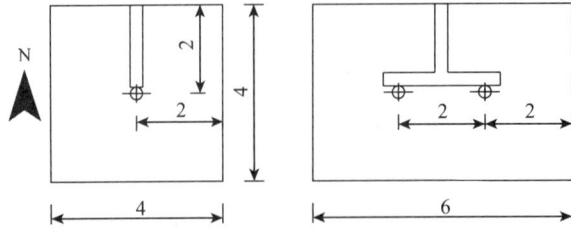

图 2-11 降水简易观测场示意(单位：m)

（2）综合观测场

除观测降水外，还要求观测气温、湿度、地温、风、日照、蒸发等气象要素，观测内容多且仪器布置要相对集中，因此，需要建设气象要素综合观测场。

综合观测场一般为 25 m×25 m 的平整场地。确因条件限制，也可取 16 m(东西向)×20 m(南北向)，高山、海岛站、无人站不受此限。需要安装辐射仪器的气象站，可将观测场南边缘向南扩展 10 m。综合观测场大小确定以满足仪器设备的安装为原则，可根据观测项目适当缩小或增加。

综合观测场内仪器设施的布置要注意互不影响，便于观测。场内仪器布置可参考图 2-12。高的仪器设施安置在北边，低的仪器设施安置在南边。各仪器设施东西排列成行，南北布设成列，相互东西间隔不小于 4 m，南北间隔不小于 3 m。仪器距观测场边缘护栏长度不小于 3 m；仪器安置紧靠东西向小路的南面，观测员应从北面接近仪器；辐射观测仪器一般安装在观测场南面，观测仪器感应面不能受任何障碍物影响。

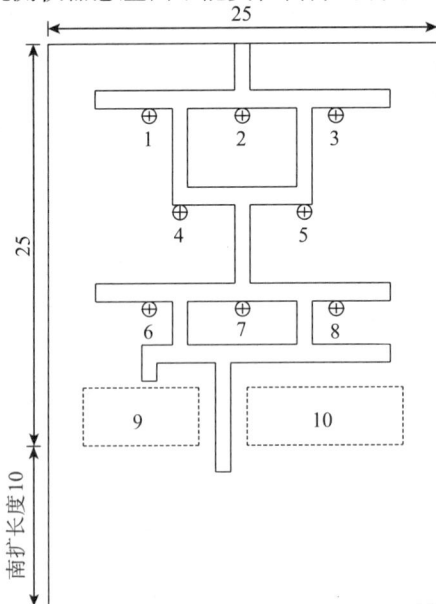

图 2-12 综合观测场示意(单位：m)

注：观测场地内最北端 1、3 位置上分别安装测量风向、风速的仪器设备；位置 2 留待备用；4、5 位置上分别安装自计式温湿度百叶箱；6、8 位置上安装雨量器和自计式雨量计；7 位置上为日照计；观测场最南端 9 位置上安装地温表，10 位置上为蒸发皿或大型蒸发设备安置区域。

观测场四周宜设置 1.2 m 高的稀疏围栏。围栏不宜采用反光太强的材料，围栏门宜开在北面。

观测场应平整，保持有均匀草层(不长草的地区除外)，草高不能超过 20 cm；对草层的养护不能对观测记录造成影响；场内不应种植作物。

为保持观测场地自然状态，场内应铺设 30~50 cm 宽的小路，小路建造不应使用对气象要素测量有影响的材质(如沥青)。有积雪时，除小路上的积雪可以清除外，应保持场地积雪的自然状态。

根据场内仪器布设位置和线缆铺设需要，可在小路下修建电缆沟或埋设电缆管，电缆沟(管)修建或埋设应防水、防鼠，并便于维护。

观测场的防雷措施必须符合气象行业规定的防雷技术标准的要求。

2.2　地形地貌监测

影响水土流失的地形地貌因素主要包括海拔、坡面因子、沟壑密度、地貌类型。地形因子监测主要通过仪器设备测定或基于数字地图提取计算。地貌类型则按照地貌类型划分标准，基于数字地图提取海拔、起伏度、坡度等因子，综合分析确定。

2.2.1　海拔

海拔也称绝对高程，是以平均海平面作为标准高度，单位为米(m)。相对高程是区域内最大与最小海拔之差，反映地势能量的大小。

2.2.1.1　高程系统

高程系统是指相对于不同性质的起算面(大地水准面、似大地水准面、参考椭球面等)所定义的高程体系(图 2-13)。以大地水准面为起算面的称为正高系统；以似大地水准面为起算面的称为正常高系统；以参考椭球面为起算面的称为大地高程系统。某点的正高是该点到通过该点的铅垂线与大地水准面的交点之间的距离。某点的正常高是该点到通过该点的铅垂线与似大地水准面的交点之间的距离。某点的大地高是该点到通过该点的参考椭球面的法线与参考椭球面的交点间的距离，也称椭球高，是一个纯几何量，不具有物理意义。同一个点，在不同的基准下，具有不同的大地高。

我国 1987 年规定：将青岛验潮站 1952 年 1 月 1 日—1979 年 12 月 31 日所测定的黄海平

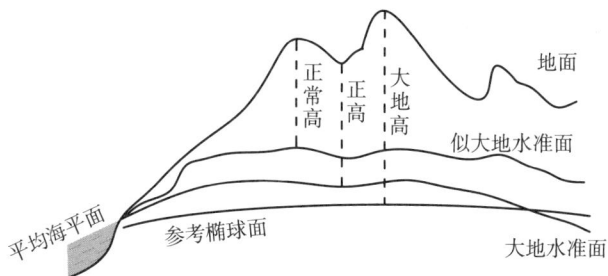

图 2-13　高程体系

均海平面作为全国高程的起算面，并推测得到青岛观象山上国家水准原点高程为 72.260 m。根据该高程起算面建立起来的高程系统，称 1985 国家高程基准，属于以似大地水准面为起算面的正常高系统。我国各地面点的海拔，均指由黄海平均海平面起算的高度。此外，我国在不同历史时期和不同地区采用过不同高程系统，包括 1956 年黄海高程系统（已废止）、吴淞零点、珠江高程基准、广州高程基准、大沽零点高程、渤海高程、波罗的海高程、大连零点高程、废黄河零点高程、坎门零点高程、安庆高程系等。

2.2.1.2　海拔测定与提取

（1）海拔测定

海拔测定目前主要有机械式、气压式、GPS 定位式、水准仪、全站仪、RTK 等方法。

①机械式　精度有限，设备体积大，携带不方便。

②气压式　利用大气压力值和环境温度值，经换算可得到海拔。采用一般气压传感器测量时受环境温度等影响，其测量精度往往达不到要求。

③GPS 定位式　能提供定位信息，但近地面时准确度较差，而且输出的位置信息为经度、纬度和大地高，不能直接得到正常高，实际引用很不方便。

④水准仪　测量首先利用一条水平视线，并借助竖立在地面点上的标尺，测定地面上两点之间的高差，然后根据其中一点的高程推算出另外一点高程。它是最精密的方法，主要用于国家水准网的建立。

⑤全站仪　首先在全站仪的高程测量中进行棱镜设置，与棱镜杆高一致，然后将棱镜立到控制点，棱镜杆对准整平；将此时测出数据置零，即相对高程为零，再去需要测量的点立棱镜进行测量，此时仪器显示数据即为相对高程。

⑥RTK　首先测量大地高，然后运用一个大地水准面模型，将要得到的正常高或正高拟合到高程基准面上。

（2）海拔提取

基于数字地图提取的基本思路是先对地形的形态特征或各地形因子进行定量化描述，然后建立以数字地图为基本信息源进行提取的技术路线，再通过软件实现形成一套易于使用计算机操作的方法。

数字地图主要包括不规则三角网（triangulated irregular network，TIN）和数字高程模型 DEM。TIN 可以采用高程点、等高线和多边形等矢量图层，也可以采用栅格数据，通过 ArcGIS 中的 3DAnalyst 模块创建。DEM 可以由高程点矢量图层，通过 ArcGIS 中的插值工具创建，也可以由 TIN 转换至栅格表面，还可通过使用适宜比例尺遥感立体像，利用数字摄影测量等技术获取，而 DEM 栅格大小由地形图比例尺大小决定。在水土保持监测中，通常采用 DEM 进行地形因子提取。

DEM 建立后，即可获取 DEM 栅格中每个像元的海拔。而基于 DEM 提取对应点的海拔信息，首先需要具有 DEM 和 Shapefile 点图层，然后利用 ArcGIS 中的 Spatial Analyst 模块的 Extract Values to Point 工具进行提取，自动在点图层属性表中生成对应点的海拔属性信息。

2.2.2　坡面因子

按照坡面的形态特征类型，坡面因子可进一步被划分为坡面姿态、坡长、坡形、坡位及坡面复杂度。

2. 2. 2. 1 坡面姿态

坡面姿态涉及坡度、坡向两个要素。

（1）坡度

坡度是坡面倾斜的程度，单位为度（°）。坡度是地貌形态特征的主要因素，又是影响坡面侵蚀的重要因素。有坡度的地面有地势高差，地势高差是产生水流能量的根源。坡面径流产生的能量是径流质量和流速的函数，而径流量的大小和流速则主要取决于径流深和地面坡度高低。

①坡度测定　最常用的测量仪器有经纬仪、坡度仪、测斜仪、手持水准仪等。

经纬仪是测量坡度最精密的仪器，精确到分或秒。而坡度仪、测斜仪、手持水准仪测量坡度较粗糙，能估计到度或分。使用经纬仪测量时由两人配合进行，一人执测尺立于坡顶（或坡脚），另一人执经纬仪立于坡脚（或坡顶）。先将经纬仪安装调平，并用钢尺测量仪器安装高度（照准镜至地面垂直距离），然后观测坡顶的测尺相应高度（即仪器安装高度），固定测镜，在垂直度盘上读数，该读数即为地面坡度。当坡面为变坡时，则采用分段测量的方法。

②坡度提取　是基于 DEM 栅格中的每个像元，利用 ArcGIS 中的 Spatial Analyst 模块的 Slope 工具进行提取。在水土保持监测中，一般会按照 5°、8°、15°、25°、35° 等临界值进行坡度分级，可利用 Spatial Analyst 模块的 Reclassfy 工具实现。

（2）坡向

坡向是坡面的倾斜方向，用于识别表面上某一位置处的最陡下坡方向。坡向是决定地面接收光照和重新分配太阳辐射量的重要地形因子之一，直接造成局部地区气候特征的差异，也直接影响到诸如土壤水分、地面无霜期、作物生长适宜性程度等多项重要的农业生产指标。

在北半球依据太阳入射角，将东南向、南向、西南向和西向坡称为阳坡，把西北向、北向、东北向和东向坡称为阴坡（图 2-14）。其中，东南向和西向坡又称半阳坡，西北和东向坡又称半阴坡。

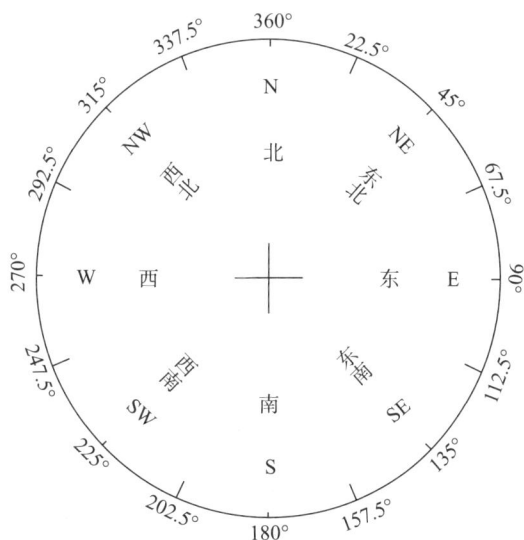

图 2-14　坡向八方位

①坡向测定　多采用罗盘仪进行。将罗盘长轴指向坡面倾斜方向，圆水准居中，此时指北针所指方位角即为坡向。

②坡向提取　是基于 DEM 栅格中的每个像元，利用 ArcGIS 中的 Spatial Analyst 模块的 Aspect 工具进行提取。坡向栅格中各像元的值均表示该像元的坡度所面对的方向。平坡没有方向，平坡的值被指定为-1。

2.2.2.2　坡长

坡长是倾斜坡面的水平长度，单位为米(m)。坡长对侵蚀的影响呈现出较为复杂的关系，主要随降雨径流状况而变化。一般情况下，坡长越长，受雨面积越大，径流流程越长，侵蚀机会越多，侵蚀越大。但在降雨强度小、持续时间短的情况下，径流入渗量会增加，侵蚀量也会减小。

(1)坡长测定

坡长测定直接用卷尺或测绳实测坡长是最普遍的方法，也是最精确的方法。需要注意的是，一般量测坡面的长度均为斜坡长度，若要求出水平长度，还需要进行换算。

(2)坡长提取

坡长提取时，首先基于 DEM 提取每个像元的坡度，然后按照坡长计算公式，利用 Spatial Analyst 模块的 Raster Calculator 工具计算获得。

2.2.2.3　坡形

坡面的形态称为坡形。坡形不同会导致坡面降雨径流的再分配，改变径流的方向、流速和深度，直接影响侵蚀方式和侵蚀强度。

坡形一般分为直线形坡、凸形坡、凹形坡、阶段形坡 4 种(图 2-15)。直线形坡为上下坡度一致的坡面；凸形坡为上缓下陡的坡面；凹形坡为上陡下缓的坡面；阶段形坡为阶梯状，是前 3 种的组合坡面。

(1)坡形测定

坡形测定实质是对坡面的坡度进行测量。通常较大的区域或较长坡长才会有坡形的变化，测量时，垂直等高线顺坡向分段测量坡度，即可判断坡形。注意判别坡度的转折点，这是准确判断坡形的关键。

(2)坡形提取

坡形提取可以利用地表的曲率进行描述和量化。地面曲率是对地形表面一点扭曲变化程度的度量化因子，在水平和垂直两个方向上的分量分别为剖面曲率和平面曲率。剖面曲率与坡面平行，并指示最大坡度的方向，是地面上任一点位坡度的变化率，影响流经其表面径流的加速和减速，是确定坡形和提取沟沿线、沟底线等地形转折线的重要定量指标。平面曲率垂直于最大坡度的方向，是地面上任一点位坡向的变化率，影响流经表面的径流汇聚和分散。

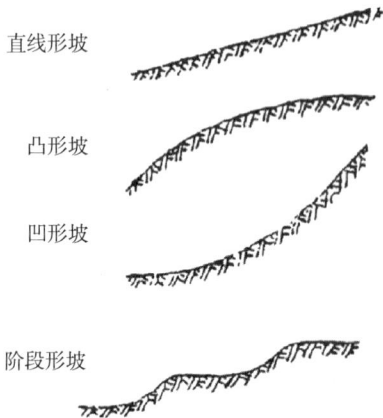

图 2-15　坡形示意

坡形提取基于 DEM 栅格中的每个像元，利用 Spatial Analyst 模块的 Curvature 工具提取，同时获得地面曲率、平面曲率和剖面曲率。曲率为正，说明该像元表面向上凸；曲率为负，说明该像元表面开口朝上凹入；值为 0 说明表面是平的。直线形坡、凸形坡在曲率上的体现是曲率大于 0，凹形坡、阶段形坡的曲率小于 0。

2.2.2.4　坡位

坡位指在倾斜坡面上的位置。坡位的变化实际上也是阳光、水分、养分和土壤条件的生态序列。从山脊到山麓，坡面所获得的阳光不断减少，水分和养分则逐渐增多，整个生境朝着阴暗湿润的方向发展，土壤逐渐由剥蚀过渡为堆积，土层厚度、有机质含量、含水量及各种养分的含量都随着相对高度的降低而增加。

（1）坡位辨识

坡位辨识时，通常可把一个山坡划分为上坡（包括山脊）、中坡、下坡 3 部分。在山体很大、坡面很长时，可划分为山脊、上坡、中坡、下坡和山麓（山谷）5 部分。同一山坡的不同部位，实际上包含着相对高度的差别。

（2）坡位提取

基于 DEM 提取坡向，利用 Reclassfy 工具将坡向分为 8 个坡向和 1 个平坡，再将重分类的坡向转为 Shapefile 矢量格式。基于矢量坡向数据，利用 Spatial Analyst 模块的 Zonal Statistics 工具提取每个坡面的最大高程、最小高程，再利用 Raster Calculator 工具计算每个坡面上、中、下坡位的临界值及各坡面的坡位。其中，1 代表下坡，2 代表中坡，3 代表上坡。

2.2.2.5　坡面复杂度

坡面复杂度涉及地形起伏度、地表粗糙度、地表切割深度 3 个要素。

（1）地形起伏度

地形起伏度是指在所指定的分析区域内所有栅格中最大高程和最小高程的差[式（2-7）]。

$$RF_i = H_{max} - H_{min} \tag{2-7}$$

式中，RF_i 为分析区域内的地形起伏度；H_{max} 为分析窗口内的最大高程值；H_{min} 为分析窗口内的最小高程值。

地形起伏度是反映地形起伏的宏观地形因子，在区域性研究中，利用 DEM 数据提取地形起伏度能够直观地反映地形起伏特征。在水土保持监测中，地形起伏度指标能反映土壤侵蚀类型区的土壤侵蚀特征，是适合区域尺度评价的地形指标。

地形起伏度的提取计算基于 DEM，利用 Spatial Analyst 模块栅格邻域计算工具 Neighborhood Statistics，分别提取分析窗口中的高程最大值和最小值，再利用 Raster Calculator 工具计算获取地形起伏度。窗口分析是 DEM 提取坡面信息的主要分析方法，其原理是对栅格数据中的一个、多个栅格或全部数据，开辟一个有固定分析半径的窗口，并在该窗口内进行诸如极值、均值、标准差等一系列统计运算，或进行差分及与其他层面信息的复合分析。

（2）地表粗糙度

地表粗糙度是反映地表的起伏变化和侵蚀程度的指标，一般定义为地表单元的曲面面积与其在水平面上的投影面积之比，见式（2-8）。

$$R = \frac{S_{曲面}}{S_{水平}} = \frac{1}{\cos\alpha} \tag{2-8}$$

式中，R 为地表粗糙度；$S_{曲面}$ 为地表单元的曲面面积；$S_{水平}$ 为地表单元在水平面上的投影面积；α 为地表单元的坡度。

地表粗糙度是能够反映地形的起伏变化和侵蚀程度的宏观地形因子。在区域性研究中，地表粗糙度是衡量地表侵蚀程度的重要量化指标，在研究水土保持及环境监测时，研究地表粗糙度有很重要的意义。

地表粗糙度的提取计算是基于 DEM，利用 Spatial Analyst 模块提取坡度，再利用 Raster Calculator 工具计算获取地表粗糙度。需要注意的是，提取的坡度为角度，而余弦值（cos）默认为弧度值，计算时需将角度转换为弧度。

（3）地表切割深度

地表切割深度是指地面某点的邻域范围的平均高程与该邻域范围内的最小高程的差值，见式（2-9）：

$$D_i = H_{avg} - H_{min} \tag{2-9}$$

式中，D_i 为地面每一点的地表切割深度；H_{avg} 为一个固定分析窗口内的平均高程；H_{min} 为一个固定分析窗口内的最低高程。

地表切割深度直观反映了地表被侵蚀切割的情况，并对这一地学现象进行了量化，是研究土壤侵蚀及地表侵蚀发育状况时的重要参考指标。

地表切割深度的提取计算是基于 DEM，利用 Spatial Analyst 模块栅格邻域计算工具 Neighborhood Statistics，分别提取分析窗口中的高程平均值和最小值，再利用 Raster Calculator 工具计算获取地表切割深度。

2.2.3　沟壑密度

沟壑密度或称切割裂度，是指单位面积内侵蚀沟（或水文网）的总长度，单位为 km/km^2，是衡量地表破碎度的一个指标。沟壑密度的大小，与降水和径流特征、地形坡度、岩性、土壤的抗侵蚀性能、植被状况、土地利用方式等有关，也是土壤侵蚀状况的方式，可作为土壤侵蚀等级划分时的参考指标。

沟壑密度提取方法包括利用河谷网络提取和沟壑密度计算。

（1）河谷网络提取

利用 Spatial Analyst 模块的水文分析工具 Hydrology，对 DEM 进行填洼判断，用填洼后的 DEM 计算流向流量，提取栅格河网，转为矢量格式，并删除伪沟谷。

①填洼　自然条件下，水流向低处流动，遇到洼地，首先将其填满，然后从该洼地的某一最低出口流出。但在一个连续的栅格中，地形洼地的存在，导致依据水流方向矩阵所提取的排水网络不连续，使自然水流不能畅通无阻地流至区域地形的边缘。因此，对已有的 DEM 数据，首先要进行洼地填充，生成无洼地 DEM。DEM 中的洼地可分为凹陷型洼地和阻挡型洼地。一般情况下，对于阻挡型洼地，可降低阻挡物存在处的高程，使水流穿过障碍物；对于凹陷型洼地，采用常规的将洼地内所有栅格单元垫高至洼地周围最低栅格单元高程的方法。

②平地处理　平地包括处理原始 DEM 中的平地和洼地填平产生的平地。平地区域的存在使得该区域水流方向的确定出现不确定性，因此需要对平地区域进行处理。基本的处

理方法是对平地范围内的单元格增加一微小增量，每个单元格的增量大小是不一样的，这样，这个单元格就有了一个明确的水流方向，以便能够产生合理的汇流水系。

③水流方向追踪　水流方向是水流离开此格网的指向。确定水流方向的算法很多，各算法的假设前提不尽相同，因此得到的结果也有差异。根据基本原理，基本的算法可以大致分为单流向算法、多流向算法及其他算法。单流向算法是将某单元格上产生的径流都流向一个最低的相邻单元格；多流向算法是使径流按一定的比例流向若干相对较低的相邻单元格。根据流向对每个网格进行追踪，并记录追踪路径的距离，即水流长度。

④河网提取　根据河流特征，设置一定的阈值，计算提取河网。阈值代表河水汇流面积，可粗略计算多大的汇流面积会形成河沟。计算提取结果分为 0 和 1 两个值，将 0 值分类结果去掉，1 值即为河网。利用河网栅格数据和流向数据，即可将栅格河网转换为矢量河网。设置的阈值比较关键，可重复该步骤提取符合实际的河网。

（2）沟壑密度计算

利用沟壑数据的属性表，计算沟壑总长度，然后用沟壑总长度除以研究区总面积，即求得沟壑密度。

2.2.4　地貌类型

地貌类型的区域分异性直接影响地表水分与光照强度，从而在一定程度上控制着土壤侵蚀的驱动力因子。地貌形态是水土流失发育的基础，水土流失过程又会对地貌形态进行重新塑造，二者构成一个复杂的耦合系统。

2.2.4.1　分类体系

地貌分类体系是建立在地貌形态成因相关分析的基础上，对地貌形态和成因，按其客观内在逻辑关系进行的系统分析。研究目的不同，地貌分类体系也存在差异。虽然不同地貌分类体系强调的成因侧重点各异，但通常山地、高原、台地、丘陵、平原类型在各个分类体系中都会有，只是在分类体系中所处的级别有所差异。

我国大多数学者认为，中国陆地基本地貌类型按照起伏度形态类型和海拔分级两个指标组合来划分的原则，是符合起伏复杂、多台阶的中国地貌基本特点，是具有中国特色的分类原则。但划分的等级（类型）及其具体高度指标不尽相同，代表性的分类体系如下。

（1）《中国 1∶1 000 000 地貌图制图规范（试行）》基本地貌形态分类方案

中国科学院地理研究所采用海拔、起伏高度两个指标，将我国的地貌划分为 18 个基本形态类型（表 2-5）。

表 2-5　中国地貌基本形态类型

起伏高度		<20 m	<30 m	<100 m	100~200 m	200~500 m	500~1 000 m	1 000~2 500 m	>2 500 m
海拔高度	<1 000 m					小起伏低山	中起伏低山	—	—
	1 000~3 500 m	平原	台地	低丘陵	高丘陵	小起伏中山	中起伏中山	大起伏中山	极大起伏中山
	3 500~5 000 m					小起伏高山	中起伏高山	大起伏高山	极大起伏高山
	>5 000 m					小起伏极高山	中起伏极高山	大起伏极高山	极大起伏极高山

注：来源于《中国 1∶1 000 000 地貌图制图规范（试行）》。

(2)《中国陆地基本地貌类型及其划分指标探讨》划分方案

李炳元等(2008)对《中国 1∶1 000 000 地貌图制图规范(试行)》海拔指标适当调整，以更好地反映我国中间(第二级)地貌台阶上主要山脉的复杂地貌结构(表 2-6)。

表 2-6　中国基本地貌类型

形态类型		海拔				
		低海拔 <1 000 m	中海拔 1 000~2 000 m	高中海拔 2 000~4 000 m	高海拔 4 000~6 000 m	极高海拔 >6 000 m
平原	平原	低海拔平原	中海拔平原	高中海拔平原	高海拔平原	—
	台地	低海拔台地	中海拔台地	高中海拔台地	高海拔台地	—
山地	丘陵(<200 m)	低海拔丘陵	中海拔丘陵	高中海拔丘陵	高海拔丘陵	
	小起伏山地 (200~500 m)	小起伏山	小起伏中山	小起伏高中山	小起伏高山	—
	中起伏山地 (500~1 000 m)	中起伏低山	中起伏中山	中起伏高中山	中起伏高山	中起伏极高山
	大起伏山地 (1 000~2 500 m)	—	大起伏中山	大起伏高中山	大起伏高山	大起伏极高山
	极大起伏山地 (>2 500 m)	—	—	极大起伏高中山	极大起伏高山	极大起伏极高山

(3)《中国陆地 1∶100 万数字地貌分类体系研究》划分方案

周成虎等(2009)采用海拔、起伏度两个指标，将陆地地貌划分为平原、台地、丘陵、山地(表 2-7)。

表 2-7　中国陆地基本地貌形态类型

起伏度	海拔			
	低海拔 (<1 000 m)	中海拔 (1 000~3 500 m)	高海拔 (3 500~5 000 m)	极高海拔 (>5 000 m)
平原(一般<30 m)	低海拔平原	中海拔平原	高海拔平原	极高海拔平原
台地(一般>30 m)	低海拔台地	中海拔台地	高海拔台地	极高海拔台地
丘陵(<200 m)	低海拔丘陵	中海拔丘陵	高海拔丘陵	极高海拔丘陵
小起伏山地(200~500 m)	小起伏低山	小起伏中山	小起伏高山	小起伏极高山
中起伏山地(500~1 000 m)	中起伏低山	中起伏中山	中起伏高山	中起伏极高山
大起伏山地(1 000~2 500 m)	—	大起伏中山	大起伏高山	大起伏高山
极大起伏山地(>2 500 m)	—	—	极大起伏高山	极大起伏极高山

(4)《中国水利百科全书》地貌划分方案

采用高程、相对高度、坡度 3 个指标，将陆地地貌划分为山地、丘陵、高原、平原、洼地(表 2-8)。

表 2-8　陆地地貌的形态类型

名称		高程/m	相对高度/m	坡度/°
山地	极高山	>5 000	>1 000	>25
	高山　高山 中高山 低高山	3 500~5 000	>1 000 500~1 000 100~500	>25
	中山　高中山 中山 低中山	1 000~3 500	>1 000 500~1 000 100~500	10~25
	低山　中低山 低山	500~1 000	500~1 000 100~500	5~10
丘陵		<500	<100	
高原		>600		
平原	高平原	200~600		
	平原	<200		
洼地		海平面以下		

注：来源于《中国水利百科全书·水利工程勘测分册》。

2.2.4.2　划分方法

在水土保持监测时，应根据成图比例尺和工作实际开展地貌类型划分。目前，通常根据形态差异、地表坡度等组合划分为平原和山地两种；按切割程度和起伏度将平原和山地划分为平原、台地、丘陵、小起伏山地、中起伏山地、大起伏山地、极大起伏山地 7 种宏观地貌形态类型；根据地貌的海拔分为低海拔、中海拔、高海拔、极高海拔 4 级，组合成25 个基本地貌形态，见表 2-7。

地貌类型的划分，即按照地貌类型划分标准，基于 DEM，利用 Spatial Analyst 模块提取海拔、起伏度、坡度等需要的因子，综合判定后获取区域地貌类型信息。

2.3　土壤状况监测

土壤是在母质、气候、生物、地形、时间五大自然成土因素的作用下形成的，其中，母质是岩石及其矿物在自然条件下风化作用的结果，是土壤矿质颗粒的主要来源，因此，土壤的理化性质与岩石及其矿物成分有直接关系。

2.3.1　岩石

岩石的种类很多，根据成因可分为岩浆岩、沉积岩和变质岩三大类。

（1）岩浆岩

岩浆岩又称火成岩，由地球内部呈熔融状态的岩浆沿地壳薄弱地带上升侵入地壳或喷出地表后冷凝而成。一般由浅色石英、白云母、长石和深色黑云母、辉石、角闪石等原生矿物组成岩浆岩中的矿物颗粒，之间彼此镶嵌和随机分布。如果这些颗粒粗到足以用肉眼看到的话，它们是以黑白相间呈现的。一般深色的矿物质含铁和镁，更容易风化。因此，深色的岩浆岩，如辉长岩和玄武岩比花岗岩、正长岩等其他浅色岩浆岩更容易分解。常见的岩浆岩包括橄榄岩、辉岩、花岗岩、闪长岩、辉长岩、玄武岩、安山岩、正长岩等。

（2）沉积岩

沉积岩又称水成岩，是地表或接近地表的各种地质作用的沉积物在常温常压条件下经过长时间的堆积、压实和硬结作用形成的岩石。例如，花岗岩风化的石英砂在史前近海滨处堆积，再通过水中钙和铁的结合作用固结成砂岩。相似地，黏土可被压实形成页岩。沉积物的物质来源是各种岩浆岩、变质岩和早期形成的沉积岩。但因它的生成环境与上述岩石不同，所以在矿物成分上有差异，抗风化的能力也不同。沉积岩中的矿物成分主要由母岩的风化产物演变而来，根据成因特点，可分为碎屑成分（母岩机械破碎后继承而来）、黏土矿物（由含硅酸盐矿物的岩石经化学风化分解后形成的新的矿物）、化学和生物成因的新矿物（溶液中沉积的新矿物）3类。常见的沉积岩种类有砾岩类（角砾岩、砾岩等）、砂岩类（石英砂岩、长石砂岩等）、粉砂岩、黏土岩、泥岩、页岩、碳酸岩类（石灰岩、白云岩等）。沉积岩往往呈现出层理构造，是构成土壤母质的主要岩石之一。

（3）变质岩

变质岩是由原来存在的岩浆岩、沉积岩和部分早期形成的变质岩经过变质作用形成的。在地壳发展过程中，由于地壳的构造运动、岩浆活动、地热流的变化等内动力地质作用，使原来已存在的各种岩石所处的物理、化学条件发生了改变，从而使原岩在基本保持固态的情况下发生了成分、结构和构造的改变而形成一种新岩石的地质过程称为变质作用。如花岗岩能变质形成片麻岩，在高温和压力下使花岗岩中随机排列镶嵌的矿物发生晶体变形和重新排列，较轻的浅色矿物从深色矿物中分离出来形成了深浅颜色的条带。片理构造（定向构造）是变质岩中最具特征性的构造。常见的变质岩种类有板岩、千枚岩、片岩、片麻岩、石英岩、大理岩等。

岩石风化后形成的母质深刻影响土壤的性状。例如，土壤的砂质质地可能就是起源于粒度粗的、富含石英的母质，像花岗岩和砂岩。反过来，土壤质地有助于控制地表径流和土壤剖面的渗漏水，进而影响土壤细颗粒和植物营养元素的迁移。

2.3.2 土壤颗粒及其特性

土壤颗粒是指在岩石的风化过程及土壤成土过程中形成的碎屑物质，它是构成土壤固相的基本成分。裸露在地表的岩石在物理、化学、生物的作用下，如冻融作用、热胀冷缩等可使岩石及其矿物解离破碎成更小的颗粒，逐渐形成碎屑状的土壤母质。土壤矿物质颗粒的大小与类型主要受成土的原始岩石的矿物组成、性质，以及物理、化学、生物风化作用强弱的影响。

单个土壤颗粒的直径在 6 个数量级范围内变化，从亚显微黏粒（$<10^{-6}$ m）到巨砾（1 m）。依据土壤颗粒粒径大小对土粒进行分类，可将土壤颗粒分为石砾、砂粒、粉粒、黏粒等。粒级是依据颗粒直径大小不同而表现出的不同性质进行划分的。但由于石砾等大于 2 mm 的颗粒对土壤性质影响较小，一般不认为它属于土壤质地考虑的范围。目前，世界各国采用的粒径划分标准有所不同，常见的有卡庆斯基制、国际制、美国制和中国制（表 2-9）。

下面对砂粒、粉粒和黏粒 3 个方面开展介绍。

①砂粒 肉眼可见，往往呈球状或具有棱角，多是物理风化的产物，用手指搓捏时有明显的粗糙感。大多数砂粒仅由一种矿物组成，通常是石英或其他简单硅酸盐。砂粒的粒径相对较大，导致砂粒之间的孔隙也较大，并且砂粒的粒径大而比表面积很小，因此，在重力作用下，大孔隙砂粒很难固持水分，导致水分迅速渗漏，砂粒也不能相互黏结形成结构。砂质土的通气性好，但比较松散。

②粉粒 多为易风化矿物，其形状与矿物组成和砂粒的相似，但单个颗粒粒径较小，肉眼很难看到。用手指搓捏时没有粗糙感，像面粉一样光滑柔软。与砂粒间的孔隙相比，粉粒间的孔隙体积较小但孔隙数量较多，因此，粉粒能保持水分并降低水分渗漏。然而，即使含水量较高时，粉粒的黏结性或可塑性仍然很弱，因此，粉粒和细砂粒含量较高的土壤很容易发生风蚀或水蚀。在管涌流过程中，粉质土很容易被水冲走。

③黏粒 形状多为微小的片状或平板状，颗粒较小，有巨大的比表面积，使其具有很强的吸水和其他物质的能力。黏粒变干后相互黏结在一起形成坚硬的土体。变湿时有较强的黏结性，有很强的可塑性。黏粒间的孔隙很小且弯曲度高，其中的水分和空气传导速度很慢。虽然黏粒间的孔隙很小，但其数量很多，使黏粒能保持很多水分。

表 2-9 常见的土壤粒级制

当量粒级/mm	中国制（1987 年）	卡庆斯基制（1957 年）		美国制（1951 年）	国际制（1930 年）
>10	石块	石块		石砾	石砾
10~3	石砾				
3~2		石砾			
2~1				极粗砂粒	
1~0.5	粗砂粒	物理性砂粒	粗砂粒	粗砂粒	粗砂粒
0.5~0.25			中砂粒	中砂粒	
0.25~0.2	细砂粒		细砂粒	细砂粒	
0.2~0.1					细砂粒
0.1~0.05				极细砂粒	
0.05~0.02	粗粉粒		粗粉粒	粉粒	粉粒
0.02~0.01					
0.01~0.005	中粉粒		中粉粒		
0.005~0.002	细粉粒		细粉粒		
0.002~0.001	粗黏粒	物理性黏粒		黏粒	黏粒
0.001~0.000 5	细黏粒		粗黏粒		
0.000 5~0.000 1		黏粒	细黏粒		
<0.000 1			胶质黏粒		

2.3.3 土壤物理性质

土壤物理性质一方面受自然成土因素影响，另一方面还受人类的耕作活动影响。土壤物理性质与土壤化学性质和土壤生物活动密切相关，互有影响。水土保持监测中关注的土壤物理性质主要有土壤机械组成、土壤质地、土壤容重、土壤孔隙度、土壤入渗和土壤含水量等。

2.3.3.1　土壤机械组成

土壤机械组成又称土壤颗粒组成，其测定方法分为筛析法、密度计法、移液管法。其中，筛析法适用于粒径为 0.075~60 mm 的土的测定，密度计法和移液管法适用于粒径小于 0.075 mm 的土的测定。当土中大小粒径兼有时，应联合使用筛析法和密度计法或筛析法和移液管法。

（1）筛析法

筛析法是利用孔径不同的筛子（粗筛孔径为 60 mm、40 mm、20 mm、10 mm、5 mm、2 mm，细筛孔径为 2.0 mm、1.0 mm、0.5 mm、0.25 mm、0.1 mm、0.075 mm），将不同粒径的土壤颗粒进行筛分和测量。

将风干、松散的待测砂砾土土样过 2 mm 细筛，分别称出筛上土和筛下土质量。取 2 mm 筛上试样倒入依次叠好的粗筛的最上层筛中，取 2 mm 筛下试样倒入依次选好的细筛最上层筛中，进行筛析。细筛宜放在振筛机上振摇，振摇时间为 10~15min。由最大孔径筛开始，按顺序将各筛取下，在白纸上用手轻叩、摇晃筛，当仍有土粒漏下时，应继续轻叩、摇晃筛直至无土粒漏下为止。漏下的土粒应全部放入下级筛内，并将留在各筛上的试样一一称量。对于含有黏土粒的砂砾土，应先碾散，粗细颗粒充分分离后再进行筛分。计算各粒径土壤颗粒质量比例，并确定土壤质地。

（2）密度计法

密度计法依据斯托克斯定律进行测定，是静水沉降分析法的一种。土粒在液体中靠自重下沉时，较大的颗粒下沉较快，而较小的颗粒下沉则较慢。一般认为，粒径为 0.002~0.2 mm 的颗粒在液体中靠自重下沉时，做等速运动，符合斯托克斯定律。

常用土壤密度计有甲、乙两种。甲种刻度单位以 20℃ 时每 1 000 mL 悬液内所含土质量的克数表示，刻度为 -5~50，分度值为 0.5；乙种刻度单位以 20℃ 时每 1 000 mL 悬液的相对密度表示，刻度为 0.995~1.020，分度值为 0.002。

待测土样应经洗盐、风干、水浴等前处理，土壤溶液过 0.075 mm 筛后，将大于 0.075 mm 的颗粒洗入蒸发皿内，倒去上部清水，烘干称量，并进行细筛筛析。过筛悬液倒入量筒并进行化学离散和搅拌，将密度计放入悬液中，同时开动秒表。可测经 0.5 min、1 min、2 min、5 min、15 min、30 min、60 min、120 min、180 min 和 1 440 min 的密度计读数。

小于某粒径的试样质量占试样总质量百分数应按以下公式（适用于甲种土壤密度计）计算。

$$X = \frac{100}{m_d} C_s (R_1 + m_T + n_w - C_D) \tag{2-10}$$

$$C_s = \frac{\rho_s}{\rho_s - \rho_{w20}} \times \frac{2.65 - \rho_{w20}}{2.65} \tag{2-11}$$

式中，m_d 为干土的质量；C_s 为土粒相对密度校正值；R_1 为甲种密度计读数；m_T 为温度校正值；n_w 为弯液面校正值；C_D 为分散剂校正值；ρ_s 为土粒密度（g/cm³）；ρ_{w20} 为 20℃ 时水的密度（g/cm³）。

（3）移液管法

待测土样中大于 0.075 mm 的各级土壤颗粒由筛析法筛取称量测定。小于 0.075 mm 的粒级颗粒经离散处理后，根据计算得到粒径小于 0.05 mm、0.01 mm、0.005 mm、0.002 mm 和其他所需粒径的颗粒下沉一定深度所需的静置时间。用吸管在特定时段吸取一定量含有各级颗粒的悬液，烘干称其质量，计算各级颗粒含量的百分数，确定土壤的颗粒组成及土壤质地名称，见式(2-12)：

$$X = \frac{m_{dx} V_x}{V'_x m_d} \times 100\% \tag{2-12}$$

式中，m_{dx} 为吸取悬液中(25 mL)土粒的干土质量(g)；m_d 为干土的质量(g)；V_x 为悬液总体积，$V_x = 1\,000$ mL；V'_x 为移液管每次吸取的悬液体积，$V'_x = 25$ mL。

2.3.3.2　土壤质地

按土壤颗粒组成进行分类，将颗粒组成相近而土壤性质相似的土壤划分为一类，并给予一定名称，称为土壤质地。由于土壤颗粒分级标准不同，对应的土壤质地分类有所不同，质地名称也有差异，即使质地名称相同，各粒级土粒含量也不完全一致。

划分土壤质地的目的在于认识土壤特性并合理利用土壤。土壤质地分类标准各国不同，常见的土壤质地分类标准有国际制(图 2-16)、美国制(图 2-17)、卡庆斯基制(表 2-10)及中国制(表 2-11、表 2-12)。

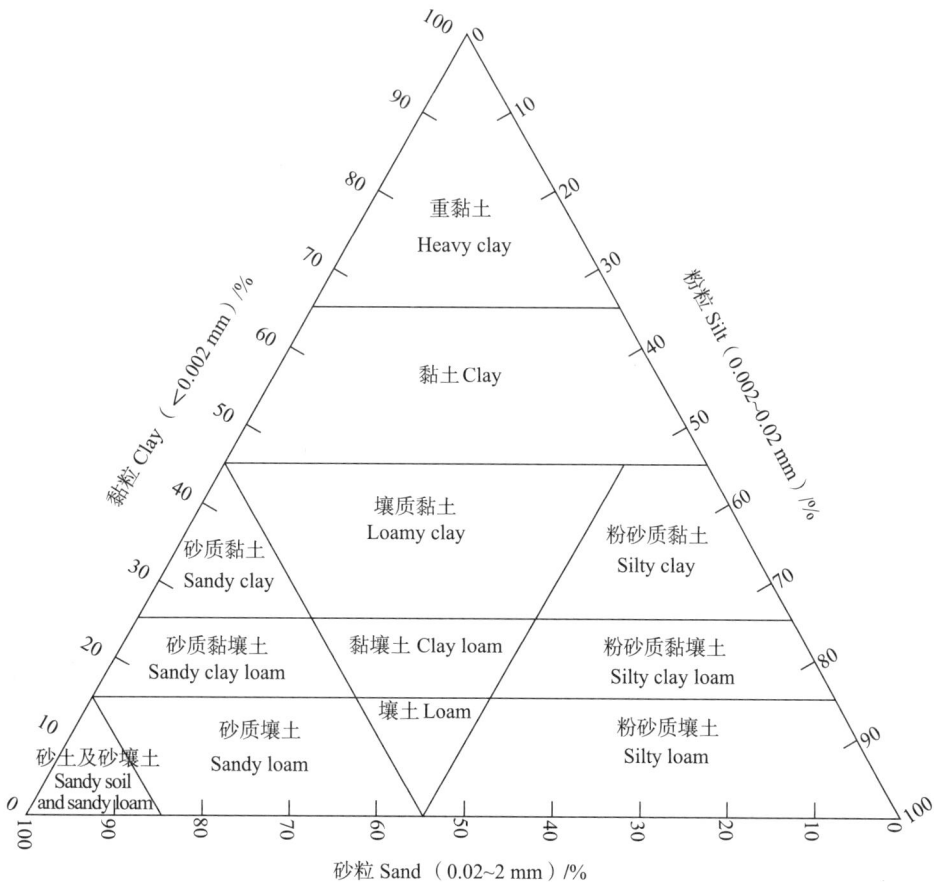

图 2-16　国际制土壤质地分类三角坐标

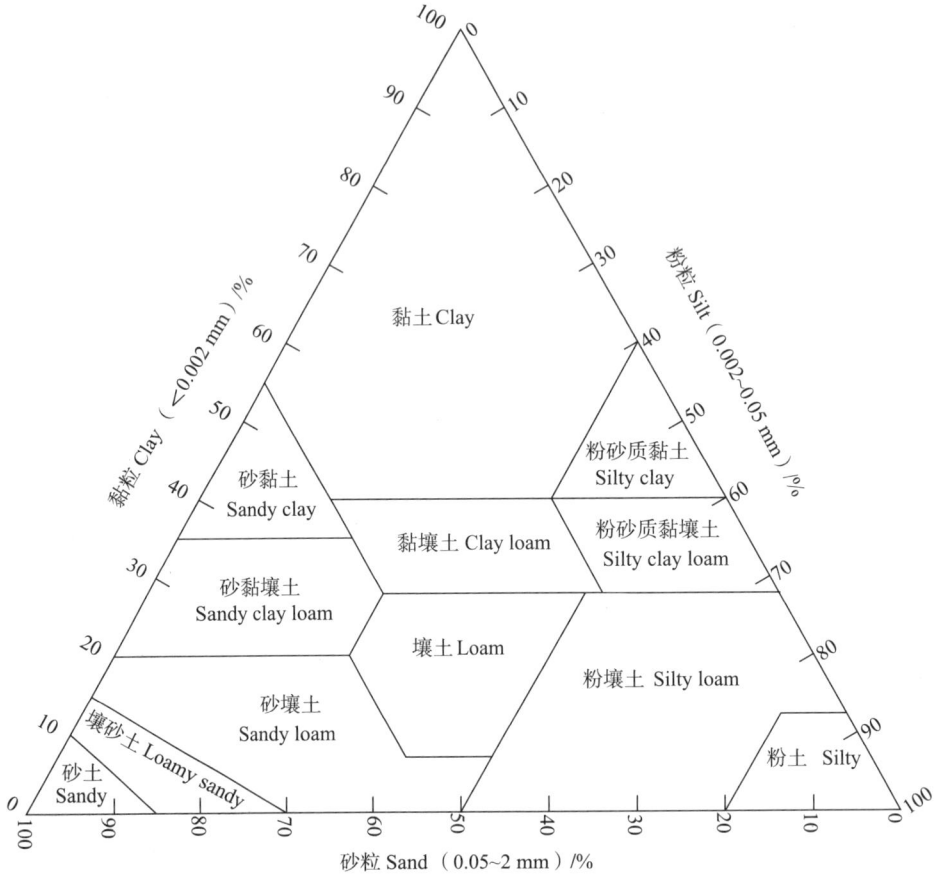

图 2-17 美国制土壤质地分类三角坐标

表 2-10 卡庆斯基土壤质地分类制   %

地质分类		物理性黏粒含量			物理性沙粒含量		
类别	地质名称	灰化土类	草原土及红黄壤类	碱化及强碱化土类	灰化土类	草原土及红黄壤类	碱化及强碱化土类
砂土	松砂土	0~5	0~5	0~5	100~95	100~95	100~95
	紧砂土	5~10	5~10	5~10	95~90	95~90	95~90
壤土	砂壤土	10~20	10~20	10~15	90~80	90~80	90~85
	轻壤土	20~30	20~30	15~20	80~70	80~70	85~80
	中壤土	30~40	30~45	20~30	70~60	70~55	80~70
	重壤土	40~50	45~60	30~40	60~50	55~40	70~60
黏土	轻黏土	50~65	60~75	40~50	50~35	40~25	60~50
	中黏土	65~80	75~85	50~65	35~20	25~15	50~35
	重黏土	>80	>85	>65	<20	<15	<35

表 2-11　中国土壤质地分类(1987 年)

土壤质地		颗粒组成/%		
类别	名称	砂粒(0.05~1 mm)	粗粉粒(0.01~0.05 mm)	黏粒(<0.001 mm)
砂土	极重砂土	>80	—	<30
	重砂土	70~80	—	
	中砂土	60~70	—	
	轻砂土	50~60	—	
壤土	砂粉土	>20	>40	
	粉土	<20		
	砂壤土	>20	>40	
	壤土	<20		
黏土	轻黏土		—	30~35
	中黏土		—	35~40
	重黏土		—	40~60
	极重黏土		—	>60

表 2-12　中国制土壤的石质性程度分级

砾、石含量/%	砾石质性程度	
	砾径(3~30 mm)	石径(>30 mm)
10~30	少砾质××土(质地名称前不冠)	少石质××土
30~50	中砾质××土	中石质××土
>50	多砾质××土	多石质××土

　　尽管不同的土壤质地分类制存在一些差别，但大体上将土壤质地分为砂质土、壤质土、黏质土 3 类。无论采取何种土壤质地分类制度，土壤机械组成均是主要的判断依据。

2.3.3.3　土壤容重

　　田间自然垒结状态下单位容积土体(包括土粒和孔隙)的质量(g/cm^3 或 t/m^3)，称为土壤容重。土壤水分受蒸发等因素影响而时时变化，尤其是季节更替时。因此单位体积湿土的质量不具有完全的参考意义，一般认为土壤容重即一定容积的土壤(包括土粒及粒间的孔隙)烘干后质量与烘干前体积的比值。通常用环刀法来测定土壤容重。具体步骤如下：

　　①在田间选择挖掘土壤剖面的位置，然后挖掘土壤剖面，观察面向阳。挖出的土放在土坑两侧。

　　②用修土刀修平土壤剖面，并记录剖面的形态特征，按剖面层次分层采样，每层重复采 3 个样本。

　　③将环刀托放在已知质量(W)的环刀上，将环刀刃口向下垂直压入土中，直至环刀筒中充满样品为止。若土层坚实，可慢慢敲打，环刀压入时要平稳，用力一致。

　　④用修土刀切开环刀周围的土样，取出已装上土样的环刀，细心削去环刀两端多余的土，并擦净外面的土。

⑤立即把装有样品的环刀两端加盖,以免水分蒸发,并写好标签,带回室内备用。

⑥将充满土样的环刀放入烘箱中,在105℃±2℃下烘至恒重,称重 W_1。

$$\gamma = \frac{W_1 - W}{V} \qquad (2\text{-}13)$$

式中,γ 为土壤容重(g/cm^3);W 为环刀质量(g);W_1 为环刀加干土质量(g);V 为环刀体积(cm^3)。

2.3.3.4 土壤孔隙度

土壤中各种形状的粗细土粒集合和排列成固相骨架。骨架内部有宽狭和形状不同的孔隙,构成复杂的孔隙系统。全部孔隙容积与土体容积的百分比,称为土壤孔隙度。

土壤孔隙按直径的大小可分为毛管孔隙和非毛管孔隙。毛管孔隙具有毛细作用,而且孔隙中水的毛管传导率大,易于被植物吸收利用。它的大小反映了土壤保持水分的能力。非毛管孔隙比较粗大,不具毛细作用,其孔隙中的水分可在重力作用下排出。非毛管孔隙一方面反映土壤通气状况;另一方面在下雨时,通气孔发达的土壤可以快速吸收雨水,使之不致造成地表径流。因此,非毛管孔隙的大小反映了土壤的通气性、透水性和涵养水源能力的高低。

取样方法与容重测定方法相同。在室内将环刀的上、下盖取下,一端换上带网孔并垫有滤纸的底盖,并将该环刀放入盛薄层水的瓷盘中。盘内水深保持在 2~3 mm,浸入时间随土壤质地的不同而不同,砂土 4~6 h,黏土 8~12 h 或更长时间。然后擦干环刀外的水分并立即称重(W_1)。称重后将此环刀连同湿土放水中浸泡,水面高度至环刀上沿,浸泡时间以环刀上面的滤纸充分湿润为止,此时重新擦干环刀外面的水分称重(W_2),再将环刀连同土样一起放在105℃的烘箱中烘至恒重(W_3),计算公式见式(2-14)~式(2-16)。

$$f_C = \frac{W_1 - W_3}{V} \times 100\% \qquad (2\text{-}14)$$

$$f_T = \frac{W_2 - W_3}{V} \times 100\% \qquad (2\text{-}15)$$

$$f_{NC} = f_T - f_C \qquad (2\text{-}16)$$

式中,f_C 为毛管孔隙度(%);f_T 为总孔隙度(%);f_{NC} 为非毛管孔隙度(%);V 为环刀容积(cm^3);W_1 为环刀重加充满毛管水的湿土重(g);W_2 为饱和状态下湿土重加环刀重(g);W_3 为环刀重加干土重(g)。

2.3.3.5 土壤入渗

土壤入渗是降雨、灌溉等的水分经地表进入土壤,在重力势、基质势等作用下运移、存储变为土壤水的动态过程,是地表水与地下水相互转化、消耗过程中的重要环节,也是影响坡面产汇流的重要因素。土壤对水的入渗能力简称入渗能力。

土壤入渗率是土壤入渗能力的定量表示,是指在土面上保持在大气压下的水层、单位时间内通过单位面积土壤的水量。

(1)双环入渗法

双环入渗法通常采用同心环入渗装置。同心环为两个同心铁环,其上下无底,要有足够刚度,以便打入土中不变形。一般常用的同心环外环直径 50.5 cm,内环直径 30.5 cm,

环高 25 cm，打入土中 15 cm。外环环高及打入土中深度与内环高相同。在内环加水测定土壤入渗量，与外环之间加水防止侧渗。内外环中维持同样水层深度，通过记录某一时段的入渗量来计算土壤入渗率变化。双环法测得的土壤入渗速率，是具有一定地表积水的条件下的积水型入渗速率，或称有压入渗速率，与天然降水条件下的入渗速率相比有较大的差异。它的入渗条件是达到试验区基本水平，且在整个入渗过程中，地面不受雨滴的打击破坏作用。双环法具有工具携带方便、结构简单、造价低、适于野外使用、易于对比不同土壤渗透性能等优点。

图 2-18 为改进型双环入渗仪，使用时，将环内水位加至稳定水头后，随即开始读取内、外环所接马氏瓶出水量的读数，读取时间为 1 min、2 min、3 min、4 min、5 min、10 min、15 min、20 min 和 30 min，依此类推直至试验结束。具体读取时间间隔可以根据具体试验情况调整。试验终止条件定为入渗试验后 6 h 或每 10 min 的稳定入渗量在连续30 min 内基本保持相同。

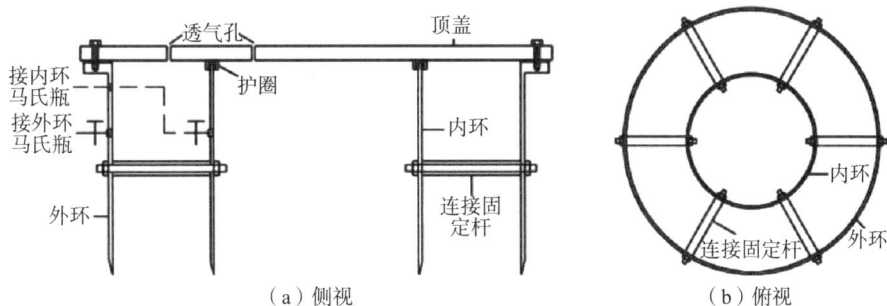

图 2-18 改进型双环入渗仪

在表示双环法测定的土壤水分入渗特征时，主要使用初渗速率（mm/min）、稳渗速率（mm/min）和稳渗时间（min）等指标。初渗速率可以用入渗开始后第 1 min 内入渗速率或前 3 min 内的平均入渗速率表示；稳渗速率可以用土壤水分入渗速率达到稳定后，连续 5 个时段内的土壤入渗速率的均值表示，见式（2-17）：

$$f = \frac{1\ 000V}{ST} \tag{2-17}$$

式中，f 为稳渗速率（mm/min）；V 为达到稳渗时单位时间间隔内消耗的水量（m³）；T 为时间间隔（min）；S 为内环面积（m²）。

（2）环刀法

环刀法是土壤分析中常见的方法。

①用环刀取原状土，带回室内。在第一时间把环刀取出，去掉上下盖子及滤纸，在环刀上面再反套上一个空环刀（即环刀的非刃面相接），接口处先用医用胶布缠住，严防从接口处漏水，然后将黏合的环刀放到玻璃漏斗上，漏斗下放置一个烧杯。

②用烧杯向上部的空环刀中加水，保持水面比上部的环刀口低 1 mm，即水层厚度保持为 5 cm。

③加水后，自水分穿透下部环刀中土壤开始向外滴漏出第一滴水的时刻开始计时，在计时开始后的前 5 min 内，每分钟更换一次烧杯，并用量筒测量出下渗水的体积。此后每

间隔 5 min 更换一次烧杯，即整个试验过程中的时间序列为：1 min、2 min、3 min、4 min、5 min、10 min、15 min、20 min……分别记录时间 t、$2t$……。试验过程中要及时往上部环刀内添水，使上部的环刀水面一直保持在原来高度。试验进行到连续 4 次更换的烧杯内水量相同时可以视为达到稳定状态，见式(2-18)：

$$f = \frac{1\,000V}{ST} \tag{2-18}$$

式中，f 为稳渗速率(mm/min)；V 为达到稳渗时烧杯内水量(m^3)；T 为时间间隔(min)；S 为环刀内横截面积(m^2)。

(3)定水头饱和入渗测定

双环入渗法和环刀法测试土壤上表面水深处于动态变化中。为研究特定水头压力条件下土壤的入渗性能，可以采用能够控制测试土壤表面压力水头的土壤入渗仪进行测试。土壤入渗仪有多种型号，均主要由入渗室、"马利奥特"供水系统等部件组成(图 2-19)。

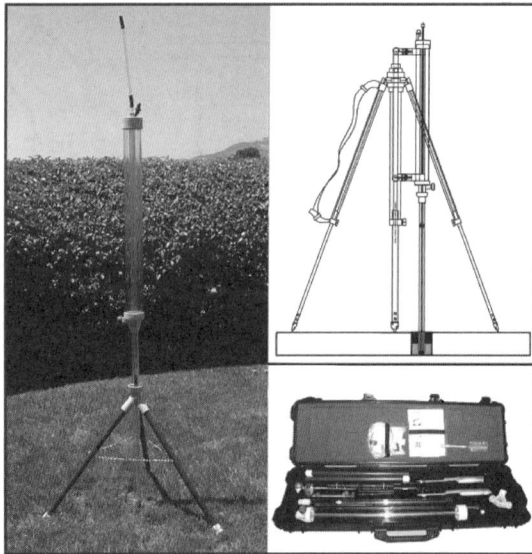

图 2-19 土壤入渗仪

测试时，调整好所需要的特定压力水头，打开供水系统，使水从入渗仪下部的入渗室缓慢流入土壤中，土壤在某一时刻形成饱和状态，从入渗仪中流出的水也将达到一个恒定值。根据入渗室直径、入渗室内水位和单位消耗的水量，可以计算出饱和土壤的导水率。

2.3.3.6 土壤含水量

土壤含水量是表征土壤水分状况的一个指标，又称土壤含水率、土壤湿度等。水分是土壤的重要组成部分，土壤含水量不仅可以影响土壤溶解、转移和微生物活动的各种营养物质，还能反映当地的气候、植被、地形、土壤质地和其他自然条件。

土壤含水量的表示方法有很多，最为常见的表示方法为质量含水量和体积含水量。质量含水量即土壤中水分的质量与干土质量之比，一般以百分数形式表示。体积含水量即单位土壤体积中水分所占的体积分数。

土壤含水量测定方法主要有烘干法、中子仪法、TDR(time domain reflectometry)法等。

（1）烘干法

烘干法是最常用的土壤含水量测定方法，也是检验及校准其他土壤含水量测定装置的基础。烘干法又称质量法，是利用水在达到沸点后会由液态变成气态的原理，将土壤水分以水蒸气的形式与土壤分离开。

在土壤容重测定时的土壤剖面上，先用修土刀修整土壤剖面至露出新鲜面，根据剖面层次分层，按由下至上的顺序用铝盒（取样前先称重并记录盒重为 W）刮取或用修土刀挖取土壤剖面上的土样 20 g 左右，迅速装入铝盒中，盖好盒盖，带回室内（注意铝盒不可倒置，以免样品撒落）。在天平上对每层土样至少重复 3 次称重（W_1），再将打开盖子的铝盒（盖子放在铝盒旁侧或盖子平放在盒下）放入 105℃±2℃ 的恒温箱中烘 6~8 h。待烘箱温度下降至 50℃ 左右时，盖好盖子，置铝盒于干燥器中 30 min 左右，冷却至室温，称重（W_2）。然后，启开盒盖，再烘 4 h，冷却后称重（W_3），一直到前后两次称重相差不超过 1% 时为止（W_3）。

$$土壤含水量 = \frac{W_1 - W_3}{W_3 - W} \times 100\% \tag{2-19}$$

式中，W 为铝盒质量（g）；W_1 为铝盒加湿土质量（g）；W_3 为铝盒加干土质量（g）。

（2）中子仪法

测定土壤含水量时将中子管事先埋入待测土壤中，在测量过程中，待土壤完全恢复原状后，将含有中子源的中子仪探头放入中子管中，中子源不断发射速度较快的中子，快中子碰撞土壤介质中的各种离子和原子。在碰撞过程中，快中子能量不断损耗，从而使速度逐渐变慢。特别是当土壤介质中氢原子与快中子发生碰撞时，能量损失最大，使快中子速度降低更加明显，水分子中含氢原子量较土壤其他介质高，因此导致速度较慢的中子云密度越大，而中子仪法就是通过测定水分子间与慢中子云密度的函数关系来计算土壤中的水分含量。

中子仪法精度较高，同时还可以与自动记录系统和计算机连接，曾广泛应用于田间定点监测，但由于此法会对测量人员造成辐射危害，而且目前对放射性元素管制较为严格，野外监测中较少采用此方法。

（3）TDR 法

TDR 法又称时域反射技术，是 20 世纪 80 年代发展起来的一种土壤水分测定方法。TDR 是一个类似于雷达系统的系统，有较强的独立性，其结果与土壤类型、密度、温度基本无关。TDR 能在结冰状态下测定土壤水分，这是其他方法无法比拟的。另外，TDR 能同时监测土壤水盐含量，且前后两次测量结果几乎没有差别。这种测定方法的精确度可见一斑。

在土壤含水量测定过程中，将探针式传感器与 TDR 系统配备的蓝牙连接，当探针式传感器插入土壤并与土壤接触后，一对平行棒起波导管的作用，而土壤作为电介质，电磁波信号在土壤中以平面波形式传导，经传输线一端返到 TDR 蓝牙系统中进而传输到 TDR 接收器（掌上电脑）后，接收器对电磁波的振幅变化和传导速度进行分析，根据速度与介电常数的关系、介电常数与体积含水量之间的函数关系计算出土壤容积含水量。而 TDR 圆柱式传感器在土壤含水量测定过程中，是先根据科学研究目的在土壤中布设不同长度规格、透明的 PVC 土壤含水量测管，待土壤扰动完全恢复后，将连接蓝牙的 TDR 圆柱式传感器插入提前布置好的含水量测管中进行土壤容积含水量的监测，测定原理与探针式相同。但 TDR 仪在测定某地的土壤含水量时需要校正，或先确定测定区域的土壤质地后，在仪器上选择相应的土壤质地，则仪器会自动按设备自带的校正曲线进行土壤含水量的校正。不考虑校正或土壤质地，直接利用 TDR 测定读数会导致含水量出现误差。

2.3.4 土壤化学性质

土壤化学性质是影响土壤肥力水平的重要因素之一，主要是通过对土壤结构状况和养分状况的干预间接影响植物生长。土壤矿物的组成、有机质的数量和组成、土壤交换性阳离子的数量和组成等都对土壤质地、土壤结构乃至土壤水分状况和生物活性产生影响。水土保持监测中重点关注土壤有机质及氮磷钾。

2.3.4.1 土壤有机质

土壤有机质是土壤中各种营养元素特别是氮、磷的重要来源。它具有胶体特性，能吸附较多的阳离子，因而使土壤具有保肥力和缓冲性。它还能使土壤疏松和形成结构，从而改善土壤的物理性状。它也是土壤微生物必不可少的碳源和能源，对土壤中水、肥、气、热等各种肥力因素起着重要的调节作用，并可以在一定程度上反映土壤的抗蚀性能。测定土壤有机质的方法很多，有质量法、滴定法等。

质量法包括古老的干烧法和湿烧法，此法对于不含碳酸盐的土壤测定结果准确，但该方法需要特殊的仪器设备，操作烦琐、费时，因此一般不作例行方法来应用。

滴定法中使用最广泛的是重铬酸钾容量法。该方法不需要特殊的仪器设备，操作简便、快速，测定不受土壤中碳酸盐的干扰，测定的结果比较准确。根据加热方式的不同，重铬酸钾容量法又分为外热源法（Schollenberger 法）和稀释热法（Walkley-Back 法）。前者操作不如后者简便，但有机质的氧化比较完全（是干烧法的 90%~95%），精密度较高；后者操作较简便，但有机质氧化程度较低（是干烧法的 70%~86%），测定受室温的影响大。

2.3.4.2 氮磷钾

土壤中各形态氮素、磷素和钾素的测定方法可参考表 2-13。

表 2-13 土壤氮素、磷素和钾素测定方法

项目	分析方法
亚硝酸盐氮 硝酸盐氮 氨氮	氯化钾溶液提取-分光光度法
总氮	半微量开氏法
有效磷	碳酸氢钠浸提-钼锑抗分光光度法（中性、石灰性土壤）；氟化铵-盐酸法（酸性土壤）
全磷	氢氧化钠熔融-钼锑抗比色法
全钾	氢氧化钠熔融-火焰光度法
速效钾	乙酸铵浸提-火焰光度法

2.3.5　土壤抗蚀性

土壤抗蚀性指土壤对流水和风等侵蚀营力导致的机械破坏作用的抵抗能力，包括流水击溅而导致的分散和悬移、流水冲刷和风的吹扬造成的位移，以及在这些营力作用下本身的解体等。

表征土壤抗蚀性的方法和指标不少，基本上可以分为两类：一类是直接采用土壤的某些物理化学性质，如颗粒粒径的大小及其组成情况、土壤密度、有机质含量及与其相联系的土壤水稳性团粒结构；另一类是采用土壤在各种外力作用下的变化和反应，如土壤在静水中的崩解，或在外力作用下的流限、塑限、剪切强度和贯入深度，或在水滴打击下被击溅情况等。这两者之间是有关联的，后一类变化受控于前一类土壤的固有特性。下面就常见的土壤静水崩解速率测定和雨滴击溅侵蚀量测定进行介绍。

（1）土壤静水崩解速率测定

土壤崩解反映土壤颗粒结构对水力浸润解体的性质或反映土壤结构体被雨水分散解体的难易程度。土壤静水崩解速率是指土样在浸水后，单位时间内崩解掉的试样质量的百分比。它反映土壤在水中发生分散的能力，土壤崩解能力大，即土壤崩解速率大，土壤抗蚀性差，其测定装置如图 2-20 所示。

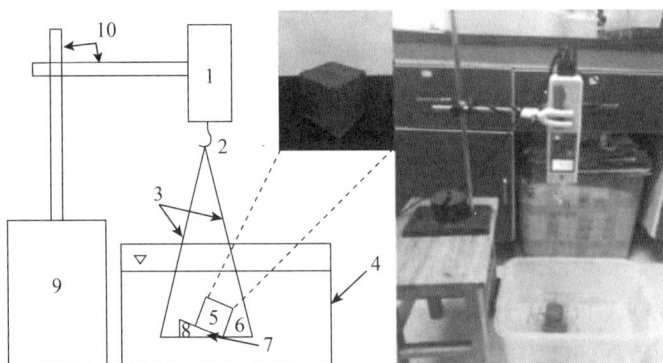

图 2-20　土壤静水崩解测定装置
1-电子拉力计；2-挂钩；3-托盘悬绳；4-水箱；5-土样；
6-土样盒；7-托盘；8-斜面；9-基座；10-支架

土壤崩解速率计算公式如下：

$$k_y = \alpha_0 - \alpha_y \tag{2-20}$$

$$k_j = \alpha_{j-1} - \alpha_j \tag{2-21}$$

$$v_j = \frac{k_j}{\Delta t_j} = \frac{\alpha_{j-1} - \alpha_j}{\Delta t_j} \tag{2-22}$$

$$v_y = \frac{k_y}{t_y} \tag{2-23}$$

式中，k_y、k_j 分别为土壤累积崩解量（g）和 j 时段崩解量（g）；α_0、α_y 分别为崩解开始时和结束时拉力计计数（土壤试样质量）（g）；α_{j-1}、α_j 分别为时段 j 开始时和结束时拉力计计数

（土壤试样质量）（g）；Δt_j 为 j 时段时长（min）；t_y 为土壤崩解总时长（min）；v_j、v_y 分别为时段 j 土壤崩解速率（g/min）和土壤崩解全过程的平均崩解速率（g/min）。

（2）雨滴击溅侵蚀量测定

雨滴击溅侵蚀量可以用溅蚀盘（图 2-21）测定。溅蚀盘为直径 30 cm、高 15 cm 的圆形盘，盘中心是一直径 10 cm、高 3 cm 的圆形活动装土环，装土环内装满原状土。在溅蚀盘内可以安装一块隔板，将溅蚀盘一分为二。在每半个圆盘内安装一个出水嘴，将圆盘内的雨水和土壤颗粒导入收集瓶。这样就可以测定溅向坡上的溅蚀量和溅向坡下的溅蚀量。

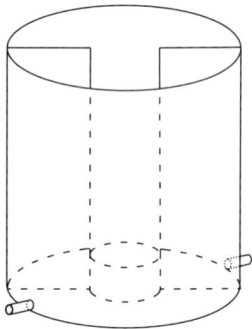

图 2-21 溅蚀盘示意

测定时，在待观测地块内选择有代表性的地点安装溅蚀盘。溅蚀盘必须安装牢固，沿坡面布设，但不能沿坡面移动。溅蚀盘内隔板必须沿等高线水平布设，以区分向坡上和向坡下的溅蚀量。装土盘中必须装入结构没有被破坏的原状土，因此，在布设溅蚀盘之前必须先将装土环拆卸下来，放在地表轻轻压入土壤后，再将溅蚀盘套在装土环上。每次降雨后将溅蚀盘中的土粒回收到收集瓶后带回实验室烘干称重，计算出单位面积的溅蚀量，见式（2-24）：

$$Q = \frac{M}{A} \tag{2-24}$$

式中，Q 为溅蚀量（g/m²）；M 为收集瓶中的干土质量（g）；A 为装土环的面积（m²）。

2.3.6　土壤抗冲性

土壤抗冲性是指土壤抵抗径流对其机械破坏和推动下移的能力。有良好植被的土壤，在植物根系的缠绕下，难以崩解，抗冲能力较强。评价土壤抗冲性的指标是土壤抗冲刷系数，其定义为每冲刷 1.0 g 干土所需的水量和时间乘积，单位为 L·min/g。它直观地反映土壤抵抗径流冲刷破坏的能力大小。

测试时，可采用室内原状土抗冲槽冲刷法和野外原位放水冲刷法来确定土壤抗冲刷系数，反映土壤抵抗径流冲刷破坏的能力。

（1）室内原状土抗冲槽冲刷法

图 2-22 所示为一种土壤抗冲实验装置。测试时，在抗冲槽内将土壤样品按一定的容重填至规定深度，通过调节流量计将一定流量的水流放入抗冲槽上部，水流携带泥沙汇入抗冲槽下部的收集装置。通过测定单位时间内参与冲刷的水量体积和冲刷时间，计算土壤样品的抗冲系数，用于表征土壤的抗冲能力，见式（2-25）：

$$K_c = \frac{V_h t}{2k} \tag{2-25}$$

式中，K_c 为抗冲系数（L·min/g）；V_h 为冲后与冲前供水桶的水位差（cm）；t 为冲刷时间（min）；k 为冲刷掉的土质量（g）。

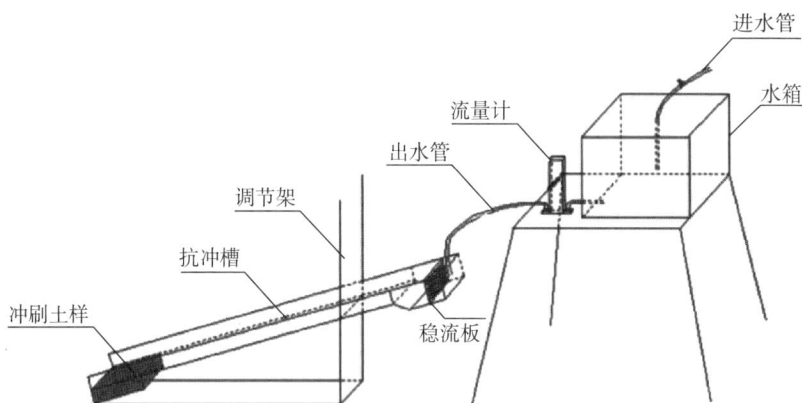

图 2-22　土壤抗冲实验装置

（2）野外原位放水冲刷法

测定土壤的抗冲性时需要采用野外原位放水冲刷仪，如图 2-23 所示。

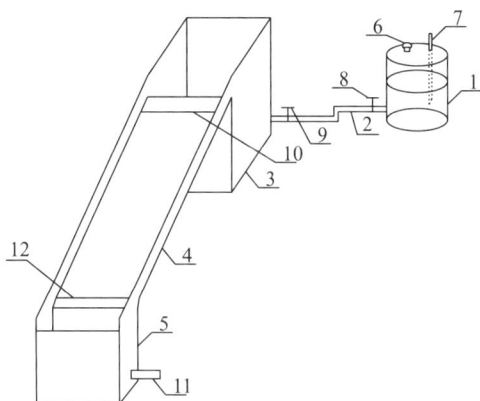

图 2-23　野外原位放水冲刷仪

1-供水器；2-连接管；3-溢流箱；4-隔水板；5-承水槽；6-皮塞；

7-排气阀；8-阀门；9-阀门；10-导流板；11-阀门；12-引流板

①在野外需要测定的样地内选择代表性地段作为观测用地，将隔水板(铁皮)沿坡面插入土中 3~5 cm 围成 10 cm 宽的测定区，测定区的长度可根据地形和研究要求而定，一般取 2 m。

②在测定区的上方用小铲挖一个长 10 cm、宽 10 cm、深 5 cm 的溢流箱安置坑。将溢流箱放入安置坑，使溢流箱的导流板与测定区的土壤密切接触，溢流箱安置时一定要保证导流板保持水平。

③在测定区的下方用小铲挖一个长 10 cm、宽 10 cm、深 5 cm 的承水槽安置坑。将承水槽放入安置坑，将承水槽的引流板沿坡面插入测定区的土壤，以保证测定区的水流全部汇入承水槽。需在承水槽安置坑内开挖排水渠。

④将马里奥特瓶(供水器)水平安置在测定区上方，打开加水口皮塞，加满水后塞紧皮塞。打开马里奥特瓶的阀门放水，待流量稳定后关闭阀门。然后用软管将马利奥特瓶的阀

门和溢流箱的阀门连接起来，保证不漏水。

⑤用喷壶向测定区洒水，使测定区表层土壤充分湿润至饱和，但不能产流。

⑥打开马里奥特瓶的阀门和溢流箱的阀门，使溢流箱内充满水并从导流板溢出，进入测定区后用染色法测定坡面水流的流速(V)。

⑦当水流进入承水槽后由阀门流出，并用量筒或量杯测定泥水量(Q)，并记录测定时间。

⑧将收集的泥水样过滤、烘干，计算冲刷量(W)。

2.4　植被状况监测

植被是某区域覆盖地表的植物群落的总称。植物群落是在特定空间内或生境下，具有一定种类组成，与环境之间彼此影响、相互作用，具有一定外貌、结构和特定功能的植物集合体，是构成植被的基本单位。植被对地面的覆盖是防治水土流失的有效措施，通过防止雨滴直接击溅地表、改良土壤结构、增加土壤孔隙，能起到增加雨水渗透、减少地表径流、防止冲刷、涵养水源、调节小气候和改善生态环境等诸多生态服务功能作用，因此，植被是影响土壤侵蚀的主要因素，更是水土保持的关键措施，对植被的正确把握和评价是水土保持监测中的核心内容之一。

按照调查方法、对象或单元、调查内容(指标)的不同，水土保持监测中对植被状况的调查可分为遥感调查和地面调查。

2.4.1　遥感调查

遥感调查指通过遥感手段调查植被，通常是以遥感影像为基础数据，重点调查区域内植被类型的数量及其分布、植被盖度状况等。

2.4.1.1　植被类型

植被类型调查主要调查不同植被类型的面积及分布状况。植被类型的划分单位通常是建群种生活型相近、群落形态外貌相似的植物群落集合，相当于我国植被分类的植被型组。我国通常以植物群落外貌或建群种生活型命名植被类型，如森林、灌丛、草原(草地)、荒漠等。

《中国植被》(1980)将植被类型划分为针叶林、阔叶林、灌丛和灌草丛、草原和稀树草原、荒漠、冻原、高山稀疏植被、草甸、沼泽、水生植被共 10 类。《中国植被志》(2020)将其划分为森林、灌丛、草本植被(草地)、荒漠、高山冻原与稀疏植被、沼泽与水生植被(湿地)、农业植被、城市植被、无植被地段共 9 类。

对于森林植被类型，依据《中国植被志》可划分为落叶针叶林、常绿针叶林、落叶与常绿针叶混交林、针叶与阔叶混交林、落叶阔叶林、常绿阔叶林、常绿与落叶阔叶混交林、雨林、季雨林、竹林等类型(植被型)。依据《中华人民共和国森林法》(2020)，将森林(包括乔木林、竹林和灌木林)按照用途划分为防护林、经济林、用材林、特种用途林和能源林 5 种类型(林种)。

2.4.1.2 植被盖度

遥感提取植被盖度包括单时相林草植被覆盖度、多时相林草植被覆盖度。

（1）单时相林草植被覆盖度

单时相林草植被覆盖度指采用单次遥感影像对应的植被覆盖度值，可采用目视解译法、植被指数法提取。

植被指数法包括遥感影像预处理、植被指数提取、林草植被覆盖度计算、野外调查验证。

①遥感影像预处理　包括采用地面控制点对遥感影像进行几何精纠正、大气纠正、镶嵌等。

②植被指数提取　以预处理后的遥感影像为基础数据，计算归一化植被指数 NDVI（normalized difference vegetation index），见式（2-26）：

$$NDVI = \frac{NIR - R}{NIR + R} \tag{2-26}$$

式中，$NDVI$ 为归一化植被指数；NIR 为近红外波段的反射率；R 为可见光红波波段的反射率。

③林草植被覆盖度计算　利用 $NDVI$，根据计算公式，计算林草植被覆盖度 FVC，见式（2-27）：

$$FVC = \left\{ \frac{NDVI - NDVI_{\min}}{NDVI_{\max} - NDVI_{\min}} \right\}^k \tag{2-27}$$

式中，FVC 为林草植被覆盖度；$NDVI_{\min}$、$NDVI_{\max}$ 分别为监测区内 $NDVI$ 的最小值、最大值；k 为非线性系数。

④野外调查验证　选择典型林地、草地，现场调查郁闭度、盖度，验证植被指数计算的覆盖度。调查方法详见 2.4.2.2。

（2）多时相林草植被覆盖度

多时相林草植被覆盖度指采用多期单时相遥感影像获取植被覆盖度值，一般分为半月、月、年植被覆盖度。

目前，区域水土流失动态监测是基于空间分辨率较高的 Landsat 影像计算 NDVI，结合时间分辨率较高的 MODIS NDVI，采用连续纠正法融合形成较高时间分辨率和较高空间分辨率的 NDVI，计算半月林草植被覆盖度。

2.4.2 地面调查

植被地面调查也称植物群落调查，对于森林植被可称林分调查。调查单元或对象一般是层片结构相似，而且优势层与次优层的优势种或共优种相同的植物群落集合（相当于我国植被分类的群丛组），通常可用优势层（主要层）的优势种或共优种的名称命名。

调查内容通常为植物群落（或林分）的数量特征指标，包括密度、郁闭度、盖度、高度、直径（胸径或地径）、频度、生物量、枯落物和叶面积指数等。

调查常用的方法是样方法（方形样地），在立地条件和群落结构变化较复杂的区域常采用样带法,对植物群落部分特征指标(如盖度等)的调查可采用样线法等。

2.4.2.1 密度

密度通常用单位面积上某种植物的株数表示,单位为株/公顷或株/亩 *。密度通常用样方法进行调查。调查时先打一个样方,样方面积一般取 20 m×20 m。在样方内统计各种乔灌木植物的株数。在统计植物株数时,一般把能够数出来的独立植株作为一株;对于根茎植物群落(如竹林),凡地上部分为独立的可作为一个单株;对于密丛型植物,地上部分独立的一丛作为一株计算。草本密度则以 1 m×1 m 的样方为单元,记录样方内各种植物的株数。

$$某种植物的密度 = \frac{样方内某种植物的株树}{样方的水平面积}$$

$$总密度 = \frac{样方内所有植物的株数}{样方的水平面积}$$

以此计算出样地的植物总密度和每种植物的密度。样地内每种植物的密度之和一定等于总密度。

相对密度是指样方内某种植物的株数与所有植物株数总和的比值,可以反映群落内各种植物之间的比例关系。

2.4.2.2 郁闭度和盖度

(1)郁闭度

郁闭度也称林冠层盖度,是描述乔木层树冠连接程度的指标,以林冠层的投影面积与林地面积之比表示。郁闭度的最大值为 100%(或者记为 1.0),表示树冠层全部连接起来,形成完全郁闭的状态,林冠层完全覆盖了地表。

郁闭度通常用样方法进行调查。样方调查是植物群落(或林分)调查中最常用的研究手段,是植被调查中最普遍使用的一种取样技术,也是面积取样中最常用的方式。样方的大小、形状和数目,主要取决于所研究群落的性质。群落越复杂,样方面积应该越大。样方形状多以方形为主。样方的数量不少于 3 个,样方数量越多,结果越可靠。对于样方面积的大小,根据经验植被,调查时各地的样方最小面积分别为:热带森林 40 m×40 m、亚热带森林 30 m×40 m、温带森林 20 m×(20~30 m)、灌丛 5 m×5 m、草本植物 1 m×1 m、人工林和经济林 20 m×20 m、果园 10 m×10 m。农田的样方大小和形状一般根据农作物的行间距和作物个体大小确定,样方内必须包含一定数量的植株。

进行郁闭度调查时,可以在林分样方内每隔 3~5 m 机械布点若干个,在每个点上观测有无树冠投影覆盖。如有树冠覆盖,记录为郁闭;如果没有树冠覆盖,记录为无覆盖。统计调查林地内有树冠覆盖的点数,据此计算郁闭度。进行郁闭度调查时,也可以拿一根长杆在样方布点处竖直向上捅。如果长杆碰到植物枝叶,则记录为郁闭;如碰不到植物枝叶,则记录为无覆盖。

$$郁闭度 = \frac{有林冠覆盖的点数}{布点总数} \times 100\%$$

---

* 1 亩 = 0.066 7 hm²。

（2）盖度

盖度是指植物地上部分的垂直投影面积占样地面积的百分比，反映植物占有水平空间的大小。盖度分为投影盖度和基盖度。盖度采用样方法或样线法进行调查，也可以利用照相法测定。

①样方法　投影盖度是指植物枝叶覆盖地表的面积占样地面积的百分比；基盖度是指植物基部覆盖的面积之和占样地面积的百分比。对于草原群落，通常以离地面 3 cm 高处的断面积之和占样方面积的百分比表示基盖度，而对于森林群落，通常以胸高断面积之和占样方面积的百分比表示基盖度。森林群落的基盖度可以通过每木检尺调查得到。

$$投影盖度 = \frac{某种植物冠层投影面积}{样地水平面积} \times 100\%$$

$$草原群落基盖度 = \frac{离地面 3\ cm 高处断面积之和}{样地水平面积} \times 100\%$$

$$森林群落基盖度 = \frac{某种植物胸高断面积之和}{样地水平面积} \times 100\%$$

投影盖度还可以分为种盖度和总盖度。种盖度是指某种植物的冠层投影面积占样地面积的百分比；总盖度是指样地内所有植物冠层的投影面积占样地面积的百分比。由于样地内上层植物和下层植物枝叶重叠，种盖度之和往往大于总盖度。

相对盖度是指某种植物的种盖度占所有植物盖度之和的百分比。

用样方调查植物的盖度时，可以采用目测法或机械布设小样方的方法进行观测。

用目测法估测植物盖度时，要根据植被类型和密度确定样方面积的大小，再估测植被的总盖度和各种植物的种盖度。目测法主要适用于草本植物。

采用机械布设小样方的方法测定盖度时，可在样方内每隔 35 m 机械布设若干个面积为 1 m² 的小样方，记录每个小样方内被植被冠层覆盖的程度（总覆盖度），以及被各种植物冠层覆盖的程度（种覆盖度），然后分别计算总盖度和种盖度。

$$总盖度 = \frac{各个小样方内覆盖皮之和}{小样方总数}$$

$$种盖度 = \frac{各个小样方内被某种植物冠层覆盖程度之和}{小样方总数}$$

②样线法　主要适合测定乔木和灌木的盖度，是根据植物在样线上的长度与样线长度之比计算盖度的。各种植物在样线上的长度与样线总长度之比可用于计算分盖度。测定时先在需要调查的样地内设定一个起点，用皮尺或测绳沿某一方向拉一条直线。样线的高度因植被类型而定，一般要求紧贴灌木的顶部，对于乔木林可以从林下穿过。从起点开始记录植被冠层长度和各种植物冠层在样线上的长度，计算出盖度。分盖度之和可以大于或等于总盖度，但不能小于总盖度。

$$总盖度 = \frac{植物在样线上的长度之和}{样线长度} \times 100\%$$

$$分盖度 = \frac{各植物在样线上的长度之和}{样线长度} \times 100\%$$

③照相法　在需要调查的样地内从下往上(适合乔木林)或从上往下(适合草本群落)进行垂直照相,回室内利用图像处理软件确定出植被冠层所占像素总数和图像区像素总数,利用植被冠层所占像素总数与图像区像素总数之比计算出总盖度。

照相法一般用于计算总盖度,因为在图片上很难分辨出植物种类(尤其是乔木林),无法计算分盖度。如果能够清晰地分辨出植物种类,也可以计算分盖度。

$$总盖度=\frac{植被冠层所占像素数}{图像区总像素数}\times100\%$$

$$种(分)盖度=\frac{某种植物冠层所占像素数}{图像区总像素数}\times100\%$$

2.4.2.3　高度、直径和频度

(1)高度和直径(胸径或地径)

植物高度是从地面到植物枝叶最高处的垂直高度。高度是判断植物生活型、生长状况及竞争力和适应力的关键指标,也是计算生物产量的重要指标。直径通常用胸径或地径度量。胸径是描述乔木粗度的指标,是距离地面1.3 m处树木的直径;胸径也是判断树木生长状况和计算生物产量的关键指标。地径主要用于灌木,是指灌木在地面处的直径。

植物高度和胸径、地径的调查一般采用样方法。调查乔木林的高度和胸径,需要在样方内进行每木检尺。测定时利用围尺测定胸径,利用测高器或鱼竿测定树高。胸径的测定较为容易,但树高测定较为困难,尤其是林冠较为郁闭时往往看不到树尖,此时可以从不同方向进行树高的测定,实在无法测定的,可以通过爬树进行测定。调查后计算出样地的平均树高和平均胸径。

调查草本和灌木的高度可以直接用塔尺、花杆、皮尺等测定,地径可以用卡尺、围尺测定。

(2)频度

频度是指某种植物在调查样地内出现的概率,即在所调查样地中,某种植物出现的样方数与所有样方总数之比。

$$频度=\frac{某种植物出现的样方数}{样方总数}\times100\%$$

相对频度是某一种植物的频度占所有植物种的频度之和的百分比。频度的观测相对容易,但频度值随样方的面积和数目而变化,只有在样方面积相等、统计样方数相同的情况下才可以进行不同物种频度的比较。

频度通常采用样方法进行测定,样方的大小根据单位面积上植物种的多少而定,可以与密度测定的样方面积相同。在样方内再划分出测定频度用的小样方,小样方的面积确定以每个小样方内有3~8种植物为宜。在进行频度调查时必须记录调查用小样方的面积。

调查草本植物的频度时,可以采用0.1 m×0.1 m的方形框,在调查地内随机抛投样框,记录每次样框中出现的植物种类。当部分植物体在样框内时也要记录。最后根据每种植物在样框内出现的次数与总抛投次数的比,计算该种植物的频度。

2.4.2.4　生物量

生物量是指调查样地内所有植物的总质量,所有植物包括乔木层、灌木层、草本层。

（1）乔木层生物量

乔木层生物量一般通过样方法调查得出，有平均标准木法和径阶标准木法。

①平均标准木法　首先在样方内进行每木检尺，测定样方内每株树木的胸径和树高，计算出样方内的平均胸径和平均树高，以此为依据选择平均标准木 3 株，伐倒，分别测定叶、枝、干、根的鲜重生物量，并分别取样带回室内，在 65℃ 的烘箱内烘干至恒重。计算出叶、枝、干、根的含水率，利用含水率计算出标准木叶、枝、干、根的干重生物量，将叶、枝、干、根的干重生物量加起来就是标准木的生物量。最后利用样方的密度和标准木的干重生物量计算出样方内单位面积上的生物量。平均标准木法适合生长均匀的同龄林的测量。

$$生物量 = 株数 \times \frac{标准木的干重生物量}{样方面积}$$

②径阶标准木法　首先在样方内进行每木检尺，测定样方内每株树木的胸径和树高。然后按照不同径阶选择标准木进行伐倒，测定各径阶标准木的鲜重生物量并按叶、枝、干、根分别取样测定含水率，以计算标准木的干重生物量。利用不同径阶标准木的生物量数据及树高、胸径数据，建立生物量与树高、胸径的生长模型。利用该模型分别计算出样方内每株树木的生物量，并对其进行求和得到样方内单位面积上的总生物量。该方法适合异龄林的测量。

乔木生物量调查记录格式见附表 4。

（2）灌木层生物量

灌木层生物量调查方法基本上与乔木层的调查方法一致。水土保持监测样地一般为固定样地，不宜采用全收获法。

调查时统计样方内灌木的种类和数量，按照灌丛的高度和幅度划分不同等级。在每个级别内选择标准丛，分别测定标准丛的平均地径、平均株高和株数，并齐地面收割，挖出地下根系，分别称重后取样，在室内放入 65℃ 的烘箱烘干至恒重，计算生物量。然后建立生物量与地径、株高、株数的经验模型。利用该模型计算出样方内所有灌丛的生物量。

灌木层生物量调查记录格式见附表 5。

（3）草本层生物量

草本层生物量一般采用收割法观测，为了防止对永久观测样地或水土保持监测点的破坏，草本层生物量观测点选择在与永久观测样地或水土保持监测点临近的相似地段中。调查时采用面积为 1 m×1 m 的小样方进行收割调查，为了提高调查精度，可以设置 5~10 个小样方。

在设置的小样方内，首先调查植物组成，然后将地上部分按植物种剪下，分别称鲜重。如果生物量较大，可以按植物种分别取 200 g 左右的样品；如果生物量较小，可以全部带回室内，在 65℃ 的烘箱内烘干至恒重，计算出各种植物的含水率，以此为基础计算出地上生物量的干重。

在小样方内调查完地上部分的生物量后，将地下部分的根系全部挖出，带回室内进行冲洗、分级、烘干、称重，计算出地下部分的生物量。

草本生物量调查记录格式见附表 6。

2.4.2.5 枯落物

枯落物是植物生长过程中凋落在地表的叶片、枝条、花、果实等植物残体。枯落物直接覆盖在地表，具有保护土壤免受雨滴打击、防止水分蒸发、拦蓄和过滤地表径流、改良表层土壤等多重作用，在生态系统的物质循环过程中占有重要地位。枯落物的生态功能与其种类和数量直接相关，因此，枯落物的调查是水土保持监测中的重要内容。

枯落物量有现存量和回收量之分。枯落物现存量是指在调查时地面枯枝落叶的保有量；回收量是指单位时间内凋落到地面的枯枝落叶量。枯落物调查一般采用样方法。

（1）枯落物现存量

枯落物现存量的调查在样方内进行。调查时在样方内随机选择或机械布设几个调查用小样方，小样方面积为 1 m×1 m。调查时先用直尺测定小样方内枯枝落叶的厚度，然后将小样方内的枯落物全部收集、分类、称重、取样，将样品带回室内，在65℃的烘箱内烘干至恒重，计算出枯落物的含水率，以此为依据换算出调查样地单位面积的枯落物现存量。

枯落物现存量调查记录格式见附表7。

（2）枯落物回收量

枯落物回收量的调查采用收集法。调查时在样地内随机布设或机械布设回收调查点10~20个。在每个调查点上安装面积为 1 m² 的枯落物回收框，回收框的底面可以用尼龙网或金属网制成，网眼大小确定以能拦住枯落物为宜。安装回收框时必须牢固，回收框必须保持水平。回收框安装好后定期调查回收框内的枯落物情况，一般每月调查一次，调查时将框内的枯落物按枝、叶、花和果、皮、苔藓和地衣等分别称重并取样，将样品带回室内，在65℃烘箱内烘干至恒重，计算枯落物的含水率，以此推算调查样地枯落物回收量的动态变化过程及年凋落量。

枯落物回收量的调查记录格式见附表8。

（3）枯落物分解率

枯落物到达地面后便开始了分解过程，分解过程包含物理过程和化学过程。物理过程是在风、雨水、动物等作用下发生碎裂的现象；化学过程是在细菌、微生物等的作用下，枯落物分解成可被植物吸收利用的营养物质的过程。在发生这两个过程的同时完成生态系统中营养物质的循环过程。枯落物的分解状况可以用分解率来表达，分解率是一定时间内枯落物的分解量与分解前质量之比。

枯落物分解率通常用尼龙网袋法测定。尼龙网袋的网眼直径为 2 mm 左右，尼龙网袋的大小以 15 cm×20 cm 为宜。测定时，采集当年新凋落的枯落物若干（采样时间以秋季落叶时间为好），装入尼龙网袋中。每个调查样地做 3 个重复，分别编号并记录采样地的基本情况。将装有枯落物的尼龙网袋放入40℃的烘箱中烘干至恒重。然后将样品袋模拟自然状态均匀地平铺在地面，样品袋之间用尼龙绳连接，并拴在木桩或树干上，以防止被风吹跑丢失。样品袋布设地点需要用GPS定位，以便下次调查时查找。

一定时间后（半个月或 1 个月），取回尼龙网袋，清除网袋上附着的杂物后，放入40℃的烘箱中烘干至恒重，然后将尼龙网袋重新放回原处。分解率计算见式（2-28）：

$$分解率 = \frac{W_1 - W_2}{W_1} \tag{2-28}$$

式中，W_1 为布设时尼龙网袋中枯落物干重（g）；W_2 为布设一定时间后尼龙网袋中枯落物干重（g）。

枯落物分解率调查记录格式见附表 9。

（4）枯落物持水率

降水时覆盖在地表的枯落物能够吸收一部分降水，并对地表径流有拦蓄作用。这种对降水的吸收和对地表径流的拦蓄作用减少了参与形成地表径流的雨量，对防治坡面土壤侵蚀具有重要作用。同时，枯枝落叶覆盖在地表，防止了雨滴对地面的直接打击，能有效防止土壤侵蚀的发生。

枯落物吸水和拦蓄的水量用持水率表示，其测定方法有洒水法和浸泡法两种。

$$枯落物持水率 = \frac{枯落物吸水后的质量}{风干枯落物质量} \times 100\%$$

$$枯落物最大持水率 = \frac{枯落物吸饱水后的质量}{枯落物干重} \times 100\%$$

①洒水法　将枯落物现存量调查用小样方（1 m×1 m）内的全部枯落物收集后风干称重（W_0），然后将枯落物平铺在纱网上，将纱网用支架架在一个较大的容器上。用量筒量取一定体积（V_1）的清水装入喷壶，用喷壶往枯枝落叶上均匀地洒水，直至枯落物充分吸水达到饱和状态时洒水结束。洒水结束后量取支架下容器中水的体积（V_2）。

$$枯落物的持水率 = \frac{V_1 - V_2}{W_0} \times 100\%$$

测定枯落物最大持水率时，先将枯落物样品放在 45～60℃的烘箱内烘干至恒重，然后进行洒水试验。洒水法测定枯落物持水量记录格式见附表 10。

为了测定枯落物的持水过程，可以采用小型人工降雨器进行洒水试验。试验时可在自记雨量器的承雨口内安装纱网，在纱网上铺设一定厚度的枯落物，将装有枯落物的自记雨量计和没有枯落物的自记雨量计同时安置在人工降雨器下进行一定时间的人工降雨试验。降雨后可以通过对比两台自记雨量计的记录数据，确定枯落物的持水量，还可以测定出枯落物持水过程。如果需要测定天然降雨条件下枯落物的持水过程，可以将有枯落物的自记雨量计布设在野外，同时布设一台没有装枯落物的自记雨量计做对照。

②浸泡法　将枯落物现存量调查用小样方（1 m×1 m）内的全部枯落物收集后，风干称重（W_0），将风干的枯落物装入尼龙纱网后，放入盛水的塑料桶内浸泡数小时，使其充分吸水至饱和。然后将装有枯落物的尼龙网捞出放在支架上，让多余的水分自然滴下，同时用土壤筛将塑料桶内遗漏的枯枝落叶捞出重新装入尼龙网中。待尼龙网内不再有水珠滴下时，用天平称其浸水后的质量（W_1），为了防止蒸发，在滴水过程中可用塑料布覆盖枯落物。浸泡法测定的是枯落物的最大持水率。

$$枯落物的最大持水率 = \frac{W_1 - W_0}{W_0} \times 100\%$$

浸泡法测定枯落物持水量记录格式见附表 11。

2.4.2.6　叶面积指数

叶面积指数是指单位面积上所有植物的叶面积之和。叶面积指数是估算植物生产力的重要参数，更是评价水土保持林效益中常用的关键性指标，因此，叶面积指数的测定是水土保持监测中必不可少的内容。

叶面积指数的测定方法有直接测定法和间接测定法。直接测定法的主要代表为称重法，间接测定法的主要代表为冠层分析仪法。

（1）直接测定法

直接测定法是一种传统的、具有一定破坏性的方法，是通过直接测量叶面积得到叶面积指数。比较而言，直接测定法需要耗费大量人力和物力，但测定结果具有更高的可靠性，因此常用于检验和校准间接测量结果。

①叶面积测定　在需要调查的地块内选择调查样方，调查样方要有代表性。在调查样方内进行每木检尺，根据调查得到的树种组成和每木检尺结果，按树种分别选取标准木。按树种分别摘取标准木的所有叶片，称叶片总重（$W_{总}$）。在叶片中随机抽取 50~100 个叶片作为样品称重（W_{50}），将 50~100 个叶片描绘在方格纸上，求算 50~100 个叶片的面积之和（S_{50}），以 S_{50} 为依据计算各树种单位质量叶片的面积（$S_{单}$）。

也可以利用扫描仪对叶片进行扫描或利用数码相机对 50~100 个叶片分别进行拍照，在计算机中利用 CAD 或 Photoshop 等软件直接求算单个叶片的面积，然后对 50~100 个叶片的面积求和后，再计算出各树种单位质量叶片的面积（$S_{单}$）。

$$S_{单} = \frac{S_{50}}{W_{50}} \qquad (2\text{-}29)$$

标准木的叶面积：
$$S_{标} = S_{单} W_{总} \qquad (2\text{-}30)$$

对于针叶树，可以把针叶组成的束看成是一个圆锥体，根据每束中的针叶数，利用针叶长度、宽度、厚度计算出针叶的表面积。

②样地叶面积指数计算　在计算出样地内各树种标准木单位质量叶面积后，可利用下式调查计算样方的叶面积指数。

$$LAI = \sum_{i=1}^{n} \frac{S_{标} N_i}{S} \qquad (2\text{-}31)$$

式中，LAI 为叶面积指数；$S_{标}$ 为样方内第 i 种树木标准木的叶面积；N_i 为样方内第 i 种树木的株树；S 为样方的面积。

叶面积指数测定记录格式见附表 12。

（2）间接测定法

间接测定法是指不必与叶片直接接触，通过测定群落透光度来测量叶面积指数的方法。依据工作原理，叶面积指数的测量仪器可以分成两类：一类是基于分析冠层间隙率得到叶面积指数，这类仪器要求冠层内的各种元素（叶、枝、树干等）随机分布，如 CI-110 植被冠层数字图像仪、Demon、Licor-2000 植被冠层分析仪等；另一类是基于分析冠层间隙大小和分布情况得出叶面积指数，如半球摄影仪器（如鱼眼镜头）等。间接测定法把所有叶片同等看待，不能区分不同年龄叶片的叶面积指数，也很难消除叶片相互重叠的影响。

利用冠层分析仪测定叶面积指数时，在所调查的样方内随机选择多个调查点，在每个调查点上利用冠层分析仪在灌木层上方对乔木层进行扫描，测定出乔木层的叶面积指数（LAI_0）。然后将冠层分析仪置于灌木层下方、草本层上方，对整个灌木层和乔木层同时进行扫描，得出灌木层和乔木层的叶面积指数之和（LAI_1）。最后将冠层分析仪置于草本层下的地面上，对整个群落进行扫描得出草本层、灌木层和乔木层的叶面积指数之和（LAI）。

整个样方的叶面积指数为 LAI，乔木层的叶面积指数为 LAI_0，灌木层的叶面积指数为 LAI_1-LAI_0，草本层的叶面积指数为 $LAI-LAI_1$。

利用冠层分析仪测定叶面积指数的记录格式见附表 13。

2.5　土地利用监测

土地利用是指人类通过一定的活动，利用土地的属性来满足人类需要的过程。人类活动对土地利用影响的方式在不同区域存在着明显的空间差异。土地利用分类是区分土地利用空间地域组成单元的过程。这种空间地域单元是土地利用的地域组合单位，表现人类对土地利用、改造的方式和成果，反映土地的利用形式和用途（功能）。而人类不合理的土地利用方式和利用强度是造成水土流失的主要因素。

土地利用分类体系是从土地利用现状出发，根据土地利用的地域分异规律、土地用途、土地利用方式等，将一个地区的土地利用情况按照一定的层次等级体系划分为若干不同的土地利用类别。土地利用监测就是依据土地利用分类体系，对区域土地利用现状、变化的类型、位置和数量等信息进行监测。

2.5.1　土地利用分类体系

（1）我国土地利用分类体系

目前，我国土地利用现状分类采用一级、二级两个层次的体系，包括 12 个一级类、73 个二级类［《土地利用现状分类》（GB/T 21010—2017）］，见表 2-14 所列。

表 2-14　土地利用现状分类和编码

一级类		二级类	
编码	名称	编码	名称
01	耕地	0101	水田
		0102	水浇地
		0103	旱地
02	园地	0201	果园
		0202	茶园
		0203	橡胶园
		0204	其他园地

（续）

一级类		二级类	
编码	名称	编码	名称
03	林地	0301	乔木林地
		0302	竹林地
		0303	红树林地
		0304	森林沼泽
		0305	灌木林地
		0306	灌丛沼泽
		0307	其他林地
04	草地	0401	天然牧草地
		0402	沼泽草地
		0403	人工牧草地
		0404	其他草地
05	商服用地	0501	零售商业用地
		0502	批发市场用地
		0503	餐饮用地
		0504	旅馆用地
		0505	商服金融用地
		0506	娱乐用地
		0507	其他商服用地
06	工矿仓储用地	0601	工业用地
		0602	采矿用地
		0603	盐田
		0604	仓储用地
07	住宅用地	0701	城镇住宅用地
		0702	农村宅基地
08	公共管理与公共服务用地	0801	机关团体用地
		0802	新闻出版用地
		0803	教育用地
		0804	科研用地
		0805	医疗卫生用地
		0806	社会福利用地
		0807	文化设施用地
		0808	体育用地
		0809	公用设施用地
		0810	公园与绿地

（续）

一级类		二级类	
编码	名称	编码	名称
09	特殊用地	0901	军事设施用地
		0902	使领馆用地
		0903	监教场所用地
		0904	宗教用地
		0905	殡葬用地
		0906	风景名胜设施用地
10	交通运输用地	1001	铁路用地
		1002	轨道交通用地
		1003	公路用地
		1004	城镇村道路用地
		1005	交通服务场站用地
		1006	农村道路
		1007	机场用地
		1008	港口码头用地
		1009	管道运输用地
11	水域及水利设施用地	1101	河流水面
		1102	湖泊水面
		1103	水库水面
		1104	坑塘水面
		1105	沿海滩涂
		1106	内陆滩涂
		1107	沟渠
		1108	沼泽地
		1109	水工建筑用地
		1110	冰川及永久积雪
12	其他土地	1201	空闲地
		1202	设施农用地
		1203	田坎
		1204	盐碱地
		1205	沙地
		1206	裸土地
		1207	裸岩石砾地

（2）区域水土流失动态监测土地利用分类

根据《土地利用现状分类》标准，结合不同土地利用类型对水土流失的影响特征，考虑工作或研究目的，可以有不同的土地利用分类体系。目前区域水土流失动态监测工作中，土地利用类型划分采用两级分区，包括 8 个一级类、25 个二级类，见表 2-15 所列。

表 2-15　区域水土流失动态监测土地利用分类和编码

一级类		二级类	
编码	名称	编码	名称
1	耕地	11	水田
		12	水浇地
		13	旱地
2	园地	21	果园
		22	茶园
		23	其他园地
3	林地	31	有林地
		32	灌木林地
		33	其他林地
4	草地	41	天然牧草地
		42	人工牧草地
		43	其他草地
5	建设用地	51	城镇建设用地
		52	农村建设用地
		53	人为扰动用地
		54	其他建设用地
6	交通运输用地	61	农村道路
		62	其他交通用地
7	水域及水利设施用地	71	河湖库塘
		72	沼泽地
		73	冰川及永久积雪
8	其他土地	81	盐碱地
		82	沙地
		83	裸土地
		84	裸岩石砾地

2.5.2　土地利用信息提取

土地利用信息提取主要基于一定空间分辨率的遥感影像获得，包括遥感影像预处理、解译标志建立、土地利用解译、精度评价。

（1）遥感影像预处理

遥感影像预处理是对初始遥感信息进行技术加工，突出不同土地利用类型信息，以满足土地利用解译、专题制图等技术使用要求。主要包括辐射校正、几何纠正和必要的增强、镶嵌、融合等处理。对于地形起伏较大的山区，还应进行正射纠正。

（2）解译标志建立

根据构建的土地利用分类体系与遥感影像空间分辨率、时相、色调、几何特征、影像处理方法、外业调查等，建立土地利用遥感解译标志。几何特征一般包括目标物的形状、大小、阴影、纹理、图案、位置、布局等。建立的解译标志应具有代表性、实用性和稳定性。

解译标志应通过野外验证，并应根据实地情况对其进行修改和补充。对于典型的解译标志、重要的要素分类界线、同质要素由于空间变异间接引起的解译标志差异等，要实地拍摄照片、绘制野外素描图，并做好野外记录。对于各种解译标志应有详细的文字描述，并整理成册。土地利用遥感解译标志记录格式参见表 2-16。

表 2-16　土地利用遥感解译标志记录

标志编号	土地利用名称	影像特征描述	影像	照片	说明
由土地利用代码和解译标志序号构成	土地利用类型名称	主要包括色调、纹理、阴影、形状、组合特征和空间分布等相关内容描述	合适比例尺，标注图斑边界	反映解译标志所表征地物的近景照片	经度、纬度、照片编号、照片拍摄方位（按 8 个方位记录）、照片拍摄日期

（3）土地利用解译

根据建立的土地利用遥感解译标志，采用目视解译、计算机自动识别解译等方法，进行土地利用初步解译。其中，目视解译可根据实际情况采用直接判读、逻辑推理或综合景观分析等多种方法，相互配合使用；计算机自动识别解译可根据实际情况，采用基于地物光谱分析自动识别、模数自动识别和专家系统自动识别等解译方法。

初步解译后，针对不清楚、有疑问、尚未确定、解译结果与现有资料不一致的区域，开展外业调查验证与复核解译。野外验证应根据实际情况，修改补充解译标志，并根据新建立的解译标志进行校核，修改解译结果。

（4）精度评价

分类精度的表达通常有总精度、用户精度和生产者精度、Kappa 系数 3 种方式。一般采用抽样检验，进行实地调查或利用更准确的资料图/大比例尺航空像片，得到验证数据。在此基础上建立误差矩阵，进行各种精度指标的计算。土地利用分类误差矩阵及精度记录表参见表 2-17。

表 2-17　土地利用分类误差矩阵及精度

分类点	参考点					用户精度/%
	耕地	园地	林地	草地	……	
耕地						
园地						
林地						
草地						
……						
生产者精度/%						
总精度/%						
Kappa 系数						

思考题

1. 如何监测降水、风等气象因素？
2. 影响土壤侵蚀的地形因子有哪些？如何开展各地形因子监测？
3. 土壤理化性质包括哪些指标？如何监测？
4. 植被状况通常用哪些因子表述？常用的调查方法是什么？
5. 如何开展土地利用监测？

参考文献

方精云，郭柯，王国宏，等，2020.《中国植被志》的植被分类系统、植被类型划分及编排体系[J].植物生态学报，44(2)：96-110.

方精云，王襄平，沈泽昊，等，2009.植物群落清查的主要内容、方法和技术规范[J].生物多样性，17(6)：533-548.

贺中润，闫哲，尚哲民，2011.论甲种密度计的试验原理及校正方法[J].黑龙江水利科技，39(4)：66-67.

姜汉桥，段昌群，杨树华，等，2004.植物生态学[M].北京：高等教育出版社.

郎学东，刘万德，刘娇，等，2021.中国植被分类系统改进及命名探讨[J].植物研究，41(5)：641-659.

李炳元，潘保田，韩嘉福，2008.中国陆地基本地貌类型及其划分指标探讨[J].第四纪研究(4)：535-543.

李博，杨持，林鹏，2000.生态学[M].北京：高等教育出版社.

李振基，陈小麟，郑海雷，等，2000.生态学[M].北京：科学出版社.

刘贯一，鲍灵霞，2012.对移液管法中烘干测重的改进[J].河北联合大学学报(自然科学版)，34(4)：109-116.

任艳，薛姣姣，王健，等，2017.黄土区五种土壤抗冲性试验分析[J].灌溉排水学报，36(4)：42-46.

王国宏，方精云，郭柯，等，2020.《中国植被志》研编内容与规范[J].植物生态学报，44(2)：128-178.

吴克宁，赵瑞，2019.土壤质地分类及其在我国应用探讨[J].土壤学，56(1)：227-241.

杨持，2003.生态学实验与实习[M].北京：高等教育出版社.

张建军，朱金兆，2013.水土保持监测指标的观测方法[M].北京：中国林业出版社.

中华人民共和国国家质量监督检验检疫总局，中国国家标准化管理委员会，2008.国家大地测量基本技术规定：GB 22021—2008[S].北京：中国标准出版社.

中华人民共和国国家质量监督检验检疫总局，中国国家标准化管理委员会，2010.环境试验用相对湿度查算表：GB 6999—2010[S].北京：中国标准出版社.

中华人民共和国国家质量监督检验检疫总局，中国国家标准化管理委员会，2017.土地利用现状分类：GB/T 21010—2017[S].北京：中国标准出版社.

中华人民共和国住房和城乡建设部，国家市场监督管理总局，2019.土工试验方法标准：GB/T 50123—2019[S].北京：中国计划出版社.

周成虎，程维明，钱金凯，等，2009.中国陆地1：100万数字地貌分类体系研究[J].地球信息科学学报，11(6)：707-724.

第 3 章

水力侵蚀监测

水力侵蚀（简称水蚀）是指在降雨雨滴击溅、地表径流冲刷和下渗水分的共同作用下，土壤、土壤母质及其他地表组成物质被破坏、剥蚀、搬运和沉积的全部过程。常见的水力侵蚀有溅蚀、面蚀（层状面蚀、砂砾化面蚀、鳞片状面蚀、细沟状面蚀）、沟蚀、山洪侵蚀等。水力侵蚀监测是对降水、径流作用下的水土流失状况及其影响因素进行监测，评价水力侵蚀对生态环境的影响，为水土保持规划、综合治理提供依据。考虑空间尺度，水力侵蚀一般划分为坡面、小流域和区域 3 个尺度侵蚀。空间尺度不同，水土流失、泥沙沉积及其影响因素也会发生变化，因此，水力侵蚀监测从这 3 个相互联系的尺度层次上展开。

3.1 坡面尺度监测

坡面是最基本的地貌单元，也是土壤侵蚀发生发展的主要区域。降雨或融雪时形成沿坡面向下流动的坡面径流，这些径流携带的泥沙量为侵蚀量。对坡面径流、泥沙开展监测既是水土保持监测的重要内容，也是水土保持研究的基本方法之一。

坡面径流、泥沙监测多采用径流小区进行。径流小区是坡面水力侵蚀监测的基本设施，是指与周围土体无水量交换，用于观测土壤侵蚀及其影响因素对产水、产沙过程的闭合场地。多个坡面径流小区集中在一起组成径流泥沙观测场，简称径流场。

坡面侵蚀监测就是通过径流场研究地形、植被、土壤、人为活动等对坡面土壤侵蚀的影响，监测坡面径流、泥沙变化及其主要影响因素，对比分析某一单项因素的影响。

3.1.1 径流场场地选择与勘查

利用径流场监测坡面侵蚀，是将在微小面积上测定的结果扩展到整个坡面，属于尺度扩展，因此，场地选择必须有很强的代表性，否则将会造成较大的误差。

3.1.1.1 场地选择

（1）代表性

应选择在地形、坡向、土壤、地质、植被、地下水和土地利用等方面有代表性的地段。

（2）自然性

坡面应尽可能处于自然状态，稍加平整即可使用，不能有土坑、道路、土堆等影响径流的障碍物。

（3）均一性

坡面、土壤、植被应均匀一致。

（4）重复性和可比性

不同措施的小区要有重复试验和对比试验。

（5）便利性

应布设在交通方便、利于观测与管理的地方，若有条件最好开展人工降雨试验。

3.1.1.2 场地勘查

场地确定后，应进行地形测量，开展岩石、土壤、植被调查等。测量调查结果及图件作为原始资料归档保存。

（1）地形测量

采用 1：200 或 1：500 的比例尺（视径流场坡长而定）、0.25~0.5 m 等高线间距，开展场地的地形测量。除了拟定场地的地段外，还应测绘四周约 100 m 范围内的地段数据，并记录地理坐标、地貌类型、高程、坡度、坡向、坡位、坡型等。

（2）基岩、土壤调查

在拟定场地附近的开阔坡地上选择 3 个典型地段挖土壤剖面，黄土区等土层深厚的地区剖面深度不小于 1 m，土石山区等土层较薄的地区剖面深度根据土层厚度而定。调查内容包括基岩类型、风化层厚度、土壤类型、土壤层次、容重、孔隙度、硬度、渗透性能、土壤养分状况等。

（3）植被调查

在拟定场地内，调查乔木、灌木、草本和枯落物状况，确定林分起源、林龄、胸径、树高、冠幅、密度、郁闭度、生物量等，绘制树冠投影图，并调查灌木和草本种类、空间分布状况、盖度、高度、地径、生物量等，还需要调查地表枯枝落叶的组成、现存量（厚度和单位面积的质量）、分解状况、持水能力。

农地小区要调查其耕作方式、农作物生长过程及生物量的季节变化，记录农作物的管理过程，建立农地小区调查和管理档案。

3.1.2 径流小区设计与布设

3.1.2.1 径流小区数量

径流小区数量需要根据代表区域的土地利用类型来确定。一般根据土地利用类型的数量和面积，以在每种地类上至少布设一个径流小区为基本原则，确定所需要径流小区的最少数量。

径流小区布设数量还与监测目标密切相关，一般要根据代表区域的坡度、土壤、植被、土地利用、人为活动等的特征综合确定。如为了分析坡度、土地利用对水土流失的影响，则应在调查区域坡度、土地利用类型分布数量和面积的基础上，使布设的小区数量能够代表本区域的主要坡度和土地利用类型。

3.1.2.2 径流小区分类

根据形状、面积、可比性、可移动性、利用方向或措施等，径流小区有不同的划分类型。

（1）按形状划分

按形状划分，径流小区可分为矩形小区、全坡面小区两种。

①矩形小区　目前的径流小区均为矩形，水平投影面积一般在 100 m²，即与等高线垂直的边长为 20 m（水平距离），与等高线平行的短边长为 5 m。如果受地形条件限制，径流小区面积、形状也可以调整，常见的有 5 m×10 m、10 m×20 m、20 m×40 m、10 m×40 m 等多种规格。在坡地上布设时，应使长边垂直于等高线，短边平行于等高线。

②全坡面小区　沿整个坡面的分水线围成的一个完整的自然集水区称为全坡面径流小区，也称为自然坡面径流小区。全坡面径流小区更能代表自然坡面的实际情况，其形成的地表径流过程和侵蚀量也更具代表性，且推求至整个区域的径流量和侵蚀量时精度更高。

（2）按面积划分

按面积划分，径流小区可分为微型小区、中型小区、大型小区 3 种。

①微型小区　面积一般为 1~2 m²，最大不超过 4 m²。当简单比较两种措施差异，而其差异又不受监测面积大小影响时，可以优先采用微型小区。

②中型小区　面积一般为 100 m²，是目前最常用的径流小区，通常被用于探求不同土地利用类型坡面产流产沙特征或不同治理措施某一单项或综合效益的监测。

③大型小区　面积一般在 1 hm² 左右，适合不能在微、中型小区内布设的水土保持措施效益的评价（如评价梯田等措施的水土保持效益），或土壤侵蚀现象的监测结果与小区面积密切相关的评价（如坡面细沟的发育过程监测等）。

（3）按可比性划分

按可比性划分，径流小区可分为标准小区、非标准小区。不同区域中建立的径流小区，无论在规模大小还是在管理方式上都存在较大差异，为了统一、有效地利用各区域径流小区观测数据，增强数据的可比性，需要建立标准小区。

①标准小区　对实测资料进行分析对比时所规定的基准平台。设置标准小区的目的在于对各地不同措施的小区的观测数据进行分析对比，即建立一个对比标准，把所有小区观测资料订正到标准小区上，实现对区域乃至全国坡面水土流失与水土保持的分析研究。

我国的标准小区是指垂直投影长 20 m，宽 5 m，坡度为 5°或 15°，坡面经耕耙后，纵横向平整，至少撂荒 1 年，连续休闲、清耕状态，控制无杂草（<5%）、无明显结皮的小区。如地形许可，其坡向应按当地汛期主风向确定。标准小区可只设一组，两种坡度是为适应我国山丘区域的现状而提出的。美国的标准小区规定是坡度为 9%（5.14°），水平投影坡长为 22.13 m，连续保持清耕状态且实行顺坡耕作的小区。

②非标准小区　与标准小区相比，其他不同规格、不同管理方式的小区都是非标准小区。非标准小区的布设与其研究、监测目的密切相关。

（4）按可移动性划分

按可移动性划分，径流小区可分为固定小区、移动小区。

①固定小区　小区内设有固定边埂、径流和泥沙收集设施，需定期维护管理。

②移动小区　小区边埂、径流和泥沙收集设施可随时根据实验地点的变化移动。

（5）按利用方向或措施划分

按利用方向，径流小区可划分为裸地、农地、林地、灌木、草地等小区。按措施类别，可划分成工程措施、生物措施、农业耕地措施和无措施等小区。

3.1.2.3 径流小区组成与布设

径流小区一般由护埂（围埂）、保护带、截排水沟、集流设施、径流泥沙测验设施设备组成（图3-1）。

（1）护埂（围埂）

护埂是设置在径流小区上方和两侧，用于防止小区内外径流交换的隔离设施。护埂建筑材料要求不吸水、不透水，一般采用预制板、金属、木板等材料做成。护埂应互相连接紧密，一般高出地面15~30 cm，埋深20~30 cm。若为独立护埂，上缘应为楔形（内直外斜呈刀刃状），以防降落在护埂上的雨水进入小区，影响观测精度。若为两个小区共用护埂，护埂断面设计宜选择"V"型或"U"型。

由护埂围成的区域即小区，一般垂直投影长20 m，水平宽5 m，面积100 m²，是径流和泥沙的来源地，也是布设水土保持措施的区域。

（2）保护带

保护带是设置在小区上方和两侧，用于防止外部径流侵入，同时将小区和周围环境隔开的区域。

保护带宽度视具体地形而定，必须保证上方来水和两侧径流不会进入小区，同时保证周围环境中的植物根系、树冠等不会影响到小区。保护带也可以设计成步道，以便于管理人员通行。

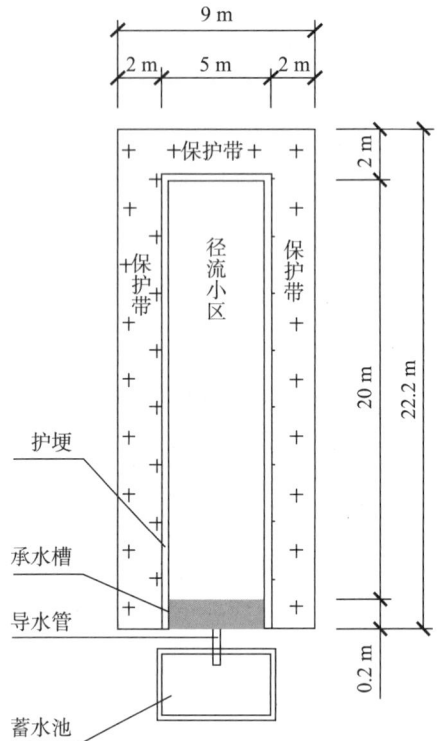

图 3-1 小区组成与布设示意

（3）截排水沟

为防止径流集中可能对小区观测产生影响，小区设计和布设时应考虑小区上部坡面径流的拦蓄和排导，以及集蓄设施设备下部集中径流的排放，一般采用矩形或梯形断面型的排水沟。

（4）集流设施

集流设施包括承水槽（集流槽）、导水管。

①承水槽（集流槽） 设置在小区底端，用以承接小区坡面产生的径流泥沙的槽状设施。承水槽一般为矩形，槽长与小区宽度一致，槽宽20~30 cm，槽身表面光滑，应不拦挂泥沙，上缘应与小区坡底同高且保持水平，保证坡面侵蚀不受影响；槽底向下、向中间出水口同时倾斜，倾斜度设置以不产生泥沙沉积为准，顶部加设盖板。此外，为防止导水管堵塞，承水槽上可考虑安装过滤设施。

②导水管 镶嵌在承水槽下游边缘中部的最低处，用以疏导承水槽收集的径流和泥沙，是连接承水槽与径流泥沙测验设施设备的管道。导水管上部与承水槽无缝连接，不能漏水，下部通向测验设施设备，一般为PVC管、金属管等。管径大小可根据最大洪峰流量确定，以保证能及时将径流泥沙全部导入测验设施设备，以承水槽中不形成积水为目

标。安装导水管时应有一定的坡度，以保证水沙畅通，同时为避免枯落物、杂草等堵塞，导水管前应考虑加装过滤网。

（5）径流泥沙测验设施设备

径流泥沙测验设施设备是收集和量测导水管排出的小区径流泥沙量的设施设备。分为人工观测设施、自动观测设施两种。本小节重点介绍人工观测设施，自动观测设备详见 3.1.3.1。

人工观测设施主要包括集流桶（蓄水池）、分流桶（箱）、堰箱。人工观测设施设计的基本原则是可以容纳暴雨所产生的全部或部分径流泥沙，不能发生外溢现象。因此，在设计人工观测设施时，应根据小区径流泥沙量，采用单一的集流桶（蓄水池）、分流桶（箱）＋集流桶或堰箱等多种方式。

①集流桶（蓄水池）　是收集径流泥沙的基本设施，一般由桶（池）体、进水孔和排水孔组成。集流桶多为圆柱体，可用镀锌铁皮或薄钢板制成，要求水平放置，排水孔密封、不漏水。蓄水池多为长方体，可用砖（石）或混凝土浇筑而成，不能漏水，底部装有排水阀门（孔）。集流桶（蓄水池）的体积应根据当地降雨及产流情况而定，应该能容纳一次降雨的全部径流量。当单个集流桶（蓄水池）容积有限时，可以多个联用。

②分流桶（箱）　在径流小区产流产沙量大、集流桶（蓄水池）容积有限，或安置区域空间狭小等情况下，往往采用一级或多级分流设备。分流桶（箱）一般容积较小，是由镀锌铁皮或薄钢板制成的圆柱体或长方体，设若干分流孔，顶部加设盖板。为保证均匀分流，分流桶（箱）须水平放置，进入分流桶（箱）的径流泥沙由多个分流孔同时排出，中间一孔连接导水管，流入下一级分流桶（箱）或集流桶。使用分流箱前，必须进行校验求得分流系数。分流桶（箱）一般由进水孔、过滤网、箱体、分流孔和排水孔（放水阀）组成，下面针对进水孔、过滤网和分流孔进行介绍。

a. 进水孔：一般布设在低于分流孔的高度上，防止导水管流出的径流进入分流箱时形成波浪，造成各分流孔出水量不一致。

b. 过滤网：主要作用是防止径流中挟带的杂草、树叶等杂物堵塞分流孔。

c. 分流孔：为保证分流均匀，分流孔要求处在同一水平面、大小一致、等间距排列，且每个分流孔外的管道长度应一致。分流孔数目根据小区面积大小、设计径流深及集流桶的体积等综合确定，以保证设计径流深条件下分流桶不溢流为基本原则。一般布设在离集流桶较近的一侧，也有分流孔均匀分布在分流桶（箱）四周。集流桶（蓄水池）、分流桶（箱）等设施上面应加盖圆形、方形或斗笠形的盖子，以防尘土、杂物和雨水落入其中，影响测量和计算精度。

③堰箱　当径流小区面积较大或采用全坡面小区时，无法用集流桶（蓄水池）容纳全部径流，或者需要监测径流小区的产流产沙过程时，可以采用堰箱测定径流量。堰箱就是在集流桶（蓄水池）一侧开设一个三角形或矩形的溢流口，形成薄壁堰，根据堰上水头变化，利用水力学中堰流公式确定通过堰的流量。

3.1.3 径流场观测内容

径流场观测内容包括径流与泥沙测定、降水观测、植被调查、土壤水分测定、作物测产等。

3.1.3.1 径流与泥沙测定

根据径流小区可能产生的最大、最小流量，径流量与泥沙量测定方法主要有体积法、堰箱法、自动观测法。

（1）体积法

体积法是在导水管下方配置一定断面面积的集流桶（蓄水池），根据集流桶（蓄水池）中水位的变化计算一定时间内的径流量，并通过取样方式分析测定泥沙量。

①径流量测定　采用体积法只能观测到一定时间内的径流总量，如需观测过程，则应在集流桶（蓄水池）上安装水位计以记录径流过程。体积法是观测径流总量最为准确的方法，但因必须能够容纳符合设计标准的最大径流量，常常需要修建体积很大的集流桶（蓄水池），为了减小集流桶（蓄水池）的尺寸并节约费用，可以在集流桶（蓄水池）上设置分流箱进行分流，只让一部分径流进入集流桶（蓄水池），通过测定一部分径流量计算径流总量。常用的分流桶（箱）有5孔、7孔、9孔等。

使用体积法观测径流、泥沙量时，每次降雨后及时用钢尺测定集流桶（蓄水池）中的水深，或用安装在集流桶（蓄水池）壁上的水尺读取水深，利用水深、集流桶（蓄水池）的断面积计算出泥水总量。

②泥沙量测定　一般采用取样法测定，即在分流桶（箱）、集流桶（蓄水池）中用取样器取样后，在室内过滤、烘干、计算泥水样的含沙量，再利用含沙量和泥水总量计算出侵蚀总量。

泥沙取样分为搅拌取样、全剖面采样器取样和分层取样。采集泥沙样的关键是保证样品均匀，即取出的泥沙样品中的含沙量与分流桶（箱）、集流桶（蓄水池）一致。每个分流桶（箱）、集流桶（蓄水池）内各取3个重复样。

a. 搅拌取样：一般适用于产流少、含沙量低的样品。采用搅拌工具人工搅拌分流桶（箱）或集流桶（蓄水池）中的浑水，使水沙充分混合达到均匀。用取样瓶取3个泥水样，每个泥水样体积为1 000 mL，带回室内进行泥沙分析。

b. 全剖面采样器取样：采用全剖面采样器（图3-2），采集分流桶（箱）或集流桶（蓄水池）内从上到下的全剖面浑水样品。

c. 分层取样：当桶内泥沙较多、难以搅拌时，可采取分层采样方法处理。一是将桶内上层清水虹吸掉，充分混合底层粗沙与上层细沙呈泥浆状，测量泥沙厚度，用环刀取泥沙样，重复3次，测定环刀内单位体积含沙量；二是采用张建军设计的简易泥沙取样器（图3-3），进行分层采样。

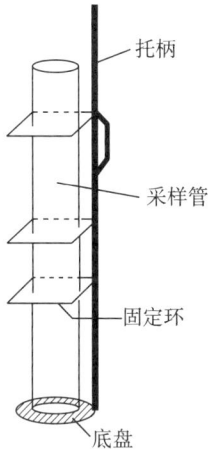

图 3-2　全剖面采样器　　　图 3-3　简易泥沙取样器

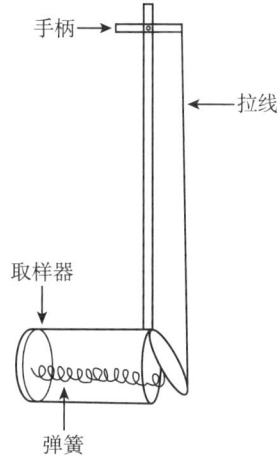

③径流侵蚀量计算　一般采用过滤烘干法测定含沙量。在室内将装有泥水样的取样瓶外面擦干净，用天平称其总重（W_1），将泥水样倒入量筒测定体积（V）后，用定量滤纸（滤纸质量为W_L）进行过滤，然后将滤纸和滤纸上的泥沙放入105℃的烘箱烘干至恒重，烘干后的泥沙加滤纸称重（W_2），并对洗净后烘干的取样瓶进行称重（W_P）。径流量和侵蚀量的计算过程如下：

$$净水率 = \frac{W_1 - W_P - W_2 + W_L}{V} \times 100\% \tag{3-1}$$

$$净水量 = 净水率 \times 泥水总量 \tag{3-2}$$

$$径流量 = \frac{净水量}{径流小区面积} \tag{3-3}$$

$$径流系数 = \frac{径流量}{降水量} \times 100\% \tag{3-4}$$

$$净泥率 = \frac{W_2 - W_L}{V} \times 100\% \tag{3-5}$$

$$净泥量 = 净泥率 \times 泥水总量 \tag{3-6}$$

$$单位面积侵蚀量 = \frac{净泥量}{径流小区面积} \tag{3-7}$$

（2）堰箱法

堰箱法是在集流桶（蓄水池）一侧开设一个三角形或矩形的溢流口，形成薄壁堰。当集流桶（蓄水池）中的水位高于溢流口时，多余的径流从溢流口流出。

利用堰箱观测径流量时，需要在堰箱上安装自记水位计，利用自记水位计测出产流过程中堰箱水位的变化，降雨后根据水位流量关系曲线和水位变化过程数据计算出径流过程和总径流量。水位流量关系曲线是流量随水位变化的关系曲线，每个堰箱在设计时都有水位流量关系曲线，但安装在野外的堰箱，其使用条件和安装状态与实验室的有较大差异，因此，每个堰箱安装后都需要进行标定，即对设计的水位流量关系曲线进行修正。堰箱的标定方法有体积法和流速面积法。标定后的水位流量关系曲线可用于计算流量。

①体积法标定 需要在溢流堰出水口下方放置一定体积的容器，记录在某一水位条件下从堰箱流出一定体积的水所需要的时间，计算出流量。如此反复测量不同水位时的流量，绘制水位流量关系曲线，拟合出流量公式。

②流速面积法标定 首先测定溢流口的水位，并同时利用流速仪测定出堰箱溢流口的水流流速，然后根据水位计算出过水断面的面积，再利用过水断面的面积乘以流速得出该水位条件的流量。当水位条件发生变化后，重复以上步骤，得到不同水位条件下的流量，据此绘制水位流量关系曲线，拟合出流量公式。

利用堰箱可以测定径流量和径流过程，但无法测定泥沙量。因此，必须将由堰箱中流出的径流导入分流桶(箱)，进行分流后将部分径流保存在集流桶(蓄水池)中，降雨后充分搅拌集流桶(蓄水池)中的泥水样，使泥水充分混合，然后用取样瓶取 3 个泥水样。每个泥水样体积为 1 000 mL，带回室内进行泥沙分析。含沙量的分析和计算过程同体积法。

(3)自动观测法

自动观测法主要利用自动观测设备进行，设备主要有径流自动观测设备、泥沙自动观测设备、径流泥沙自动观测设备三类。

①径流自动观测设备 主要有翻斗流量计、H 型测流槽、径流称重设备。根据测流范围，又可分为 HS 型测流槽(小型测流槽)、H 型测流槽和 HL 型测流槽(大型测流槽)。其中，HS 型测流槽适合径流小区，自动监测流量。

②泥沙自动观测设备 主要有浊度仪、Coshocton 采样轮、美国 ISCO 采样器、德国 UGT 采样器、γ 射线法等测定含沙量、分流采样器等。目前常用的泥沙自动取样器多为美国生产的 ISCO6712，设备介绍详见 3.2.2.3 输沙量测定的自动取样。

③径流泥沙自动观测设备 指通过对径流泥沙采用采集样品或全量收集的方式，利用水位传感器、称重传感器、光电传感器等，辅助相应的机械部件、测控软件完成径流量、泥沙含量的实时自动测量，并借助互联网等信息技术进行数据传输、存储、管理。目前常见的自动观测设备多采用体积-质量置换原理、光电透射原理、声波振动原理等，粒子摄影测量、遥感等新技术也在不断研发。目前代表性的设备有吉林省水土保持科学研究院研发的 HL-4S 型径流泥沙自动监测系统、西北水土保持研究所与西安三智科技有限公司研制的 SBJC 系列径流泥沙自动监测仪、北京天航佳德科技有限公司的 JDNS-AUTO-04 径流小区泥沙自动监测设备等。

3.1.3.2 降水及其他观测

(1)降水观测

降水观测分降雨、降雪观测。

降雨观测内容包括日雨量、次雨量和降雨过程。降雨资料整理包括日雨量、降雨过程摘录，每次产流降雨起止时间、历时、雨量、平均雨强、最大 30 min 雨强和降雨侵蚀力，每年产流雨量和降雨侵蚀力等。

降雨观测常用雨量筒、自记雨量计和自动雨量器。雨量筒用于观测一次降水量和一日降水量；自记雨量计可用于观测一次降雨过程，通过人工摘录整理为次雨量和日雨量；使用自动雨量器人为选定数据采集时间间隔，如 1 min、5 min、10 min、15 min、30 min、60 min 等，记录某时间段内收集的雨量，再整理为次雨量和日雨量。自记雨量计和自动雨量器可任选一种，但二者都有一定的测量误差，运行时可能发生故障、断电等，因此，建议无论采用哪种，都配备雨量筒，以便校正。

（2）植被调查

植被调查包括植被种类、数量、高度、乔木郁闭度、灌草作物盖度、地表枯落物盖度等的调查。径流小区的植被种类、数量、高度等每年观测 1 次，对于郁闭度、盖度，建议 15 d（每月 1 日、15 日）观测 1 次。

郁闭度和盖度调查方法主要有照相法、样线针刺法、目估法。

（3）土壤水分测定

在测验径流泥沙的同时，通常还要测定土壤水分等项目。这些项目的测定一般是均在保护带上取样，无须干扰小区。一般测定 0～20 cm 土壤水分，常用方法有 TDR 法、烘干法。

（4）作物测产

在每个小区的上、中、下选择 3 个测点，确定采样样方，查数每个样方的作物株数，采集样方内作物植株，称鲜重、干重等，计算作物密度、秸秆产量、粮食产量、收获指数等。

3.1.4　径流场日常管护

径流小区观测得到的径流、泥沙数据是研究坡面侵蚀特征、评价水土保持措施效益的基本依据，因此，应加强小区的日常管理和维护。

3.1.4.1　降雨设备

①检查雨量筒安放状态是否水平。雨量筒周围若有高大杂草或灌木等，应及时清理。

②检查自记雨量计内有无杂物，翻斗内有无泥沙，如有，须及时清理或清洗。

③对于自记雨量计，要定期下载数据，及时检查、更换数据采集器的电池。

④季节性观测时，为防止雨量筒意外破坏，非观测季节（如北方地区的冬季）应将雨量筒及时拆除，需要观测时重新安装。

3.1.4.2　小区及保护设施

①监测目的不同，小区内的处理可能差异很大。根据监测目标需要，应维护小区内耕作方式或植被覆盖等基本条件，保证各监测小区具有一致性。

a. 裸地小区：保持连续裸露休闲状态，耕作清除植物至少 2 年，或待作物残茬腐烂以后；每年按当地翻耕季节和习惯人工翻地、耙平；全年没有明显植物生长或形成结皮，保持植被盖度小于 5%。

b. 农地小区：根据当地农作习惯种植作物并进行田间管理，如苗床准备、播种、中耕除草等。

c. 其他小区：应符合当地管理方式。

②检查护埂是否有损毁、歪斜、漏水等现象，出现问题应及时修补。

③查看降雨后径流的流路，检查是否出现径流横向流动现象，如出现，说明小区横向坡面不平整，应及时处理。

④禁止牲畜进入小区，对小区有任何扰动，应及时在径流小区田间管理记录表中记录处理内容。

⑤如在小区内测定土壤水分，测定完毕后应尽量恢复地表状况，特别是用土钻取土后，一定要及时回填钻孔。

⑥检查小区内排水系统是否通畅，如有边坡倒塌、严重淤积等现象，应及时处理；尽量维持保护带和小区内条件相似性。

3.1.4.3 集流分流设施设备

①承水槽内若有少许沉积泥沙，可以不予清理。几次产流后，承水槽内泥沙状态将自动达到平衡，泥沙量不再增加；若泥沙淤积多且影响到导水管出水，说明承水槽建设有问题，应尽快改建。

②承水槽与导水管、导水管与分流箱连接处容易出现破裂、漏水等问题，要经常检查、处理。

③检查分流桶(箱)、集流桶(池)是否水平、是否漏水，如有问题，应及时调整；检查分流孔有无堵塞，如有堵塞，应及时清理。

④取完径流、泥沙样后，应及时清理沉积在分流桶(箱)、集流桶(池)里的泥沙；降雨前检查集流桶或蓄水池中是否有积水，若有，应及时处理。

⑤检查排水孔或放水阀是否漏水，发现问题及时处理；采样完毕后，及时将盖子盖上。

3.1.5 坡面侵蚀的其他测定方法

3.1.5.1 坡面面蚀测定

(1)简易测定

面蚀的简易测定常用插钎法。测定前选择典型坡面，在坡面上以 1 m×1 m 的间距(间距可以根据精度要求而改变)、按照一定的布设规律将直径 0.5 cm、长 30 cm 的钢钎以与坡面垂直的方向插入地面。钢钎插入土中的深度为 10~20 cm，地面以上保留 10~20 cm。每根钢钎布设好后从坡下部开始(也可以从坡上部开始)，按一定的顺序进行编号，并测定钢钎顶部到地面的距离。为了提高精度，钢钎的数量应该不少于 50 根。每次降雨后测定钢钎顶部到地面的距离，测定时，观测员必须与钢钎保持一定的距离，防止对钢钎周围进行踩踏。

测定后采用以下公式计算面蚀量：

$$\Delta H = \sum_{i=1}^{n} \frac{\Delta L_i}{n} \tag{3-8}$$

$$A = 100\Delta H \times \cos\theta \times d \tag{3-9}$$

式中，ΔH 为钢钎顶部到地面距离的变化量(cm)；n 为在观测样地内布设的钢钎总数，如果观测过程中有钢钎丢失，则 n 为最近一次测量时观测样地内钢钎的保存数；ΔL_i 为第 i 根钢钎顶部到地面距离的变化量(cm)；A 为单位面积上的侵蚀量(t/hm²)；θ 为地面坡度(°)；d 为表层土壤的容重(g/cm³)。

（2）示踪技术

面蚀的示踪技术包括放射性物质示踪、稀土元素示踪、磁性示踪技术。使用示踪技术是开展坡面土壤侵蚀、土地退化等领域研究的重要方法。

①放射性物质示踪　常用的天然放射性示踪核素包括^{137}Cs、^{210}Pb、^{7}Be、^{226}Ra、^{234}Th。这些核素在土壤剖面中具有独特的垂直分布特征和分布深度，可以根据其分布特征应用单一核素或 2~3 种核素复合示踪泥沙来源。使用单一核素得到的结果相对比较粗糙，多核素复合示踪泥沙来源的精度比单核素高，但存在如何校正由泥沙输移分选带来的影响的问题。由于放射性元素的沉降主要集中在表土中，而有些地区由于强烈的侵蚀，表土已被侵蚀殆尽，从而限制了其在实际中的应用。

②稀土元素示踪　稀土元素（REE）具有能被土壤颗粒强烈吸附，难溶于水，植物富集有限，且对生态环境无害，淋溶迁移不明显，有较低的土壤背景值，中子活化对其检测灵敏度高等特点，是较理想的稳定性示踪元素，可同时用多种稀土元素示踪，能比较细微地研究不同地形部位的侵蚀过程和产沙特点。使用 REE 示踪法可在不同地形条件下施放出不同的元素，起到一次施放、多次观测的作用，比其他方法有着更大的优越性，从而实现对泥沙分布的监测，精细确定侵蚀产沙部位及侵蚀方式的演变，获得比较理想的效果。

③磁性示踪　利用磁性示踪剂或土壤本身的矿物磁性，通过磁化率仪测量土壤侵蚀前后磁化率的变化来确定土壤侵蚀或沉积情况。磁性示踪技术的优势在于测量无须破坏性取样，可直接利用磁化率仪从土壤表面测得磁化率，不扰动土壤，无放射性物质，而且快速、简单、方便，成本低。磁性示踪技术的主要缺点是难以将磁性值与土壤侵蚀或沉积的深度联系起来，因此在实际应用中，应注意将磁性示踪分析与土壤剖面、^{137}Cs 等结合起来。

3.1.5.2　坡面沟蚀测定

（1）简易测定

坡面沟蚀的简易测定主要使用野外调查法与实地量测法。沟蚀是地表径流汇集后形成股流，股流对地表进行冲刷、切割，形成各种规格的侵蚀沟的过程，在降雨集中、雨强大、植物稀少、土层疏松且有一定坡度的坡面上，沟蚀最为明显。

坡面沟蚀通常以实地测量法进行观测。测定时先选择观测样地，测定观测样地的面积，然后在样地内对每条侵蚀沟进行测量。测量侵蚀沟时，一般从侵蚀沟的沟头开始，按一定的间距将待测量侵蚀沟划分为若干段。确定测定间距和划分观测段时应该以同一段侵蚀沟内宽度和深度基本一致为原则。在每一测定段内观测和记录侵蚀沟的平均宽度、平均深度、长度，以此为基础计算每段侵蚀沟的体积，整条侵蚀沟的体积等于各段侵蚀沟体积之和。测定时应该尽量避免对侵蚀沟进行踩踏。

如果第 i 条侵蚀沟分 m 段，每一段侵蚀沟的体积用式（3-10）计算：

$$V_j = B_j H_j L_j \tag{3-10}$$

式中，V_j 为第 j 段侵蚀沟的体积；B_j 为第 j 段侵蚀沟的平均宽度；H_j 为第 j 段侵蚀沟的平均深度；L_j 为第 j 段侵蚀沟的长度。

每一条侵蚀沟的体积（V_i）用式（3-11）计算：

$$V_i = \sum_{j=1}^{m} V_j \tag{3-11}$$

如果调查样地内共有 n 条侵蚀沟，则样地内侵蚀沟的总体积(V)可用式(3-12)计算：

$$V = \sum_{i=1}^{n} \sum_{j=1}^{m} V_j \tag{3-12}$$

如果表层土壤的容重为 d，调查样地的坡面面积为 S，坡度为 θ，则调查样地内单位面积的沟蚀量(W)可以用式(3-13)计算：

$$W = \frac{Vd}{S \times \cos\theta} \tag{3-13}$$

（2）三维激光扫描法测定

坡面沟蚀测定也可采用三维激光扫描法。测定时选择一个能够观察到整个待测坡面的点，安装好三维激光扫描仪后，对整个坡面进行扫描，得到原始坡面地形数据。在降雨后或降雨一段时间后，再一次对坡面进行扫描，得到被雨水冲刷侵蚀后的坡面地形数据，对比分析两次扫描得到的地形数据，就可以得出整个坡面地形的变化量。利用地形的变化量乘以表层土壤的容重就可以计算出整个坡面的侵蚀量，同时通过对比分析侵蚀沟的地形数据，能够得到侵蚀长度、宽度、深度的变化量。据此可以计算出侵蚀沟体积的变化量，利用侵蚀沟体积变化量乘以土壤容重得出沟蚀量。

三维激光扫描法能够快速、准确测定观测坡面的地形变化，是一种先进的坡面侵蚀观测方法。但这种方法适合无植物生长的裸露坡面的数据测定，如果坡面有植物生长，尤其是当植物较多时，三维激光扫描仪无法将植物本身的生长变化量去除，必将会造成较大误差，因此，在有植物生长的坡面不宜采用三维激光扫描仪测定侵蚀量。

3.2 小流域尺度监测

流域是指地表水及地下水的分水线所包围的集水区或汇水区，包括闭合流域和非闭合流域。闭合流域是地表分水线与地下分水线一致的流域，这样的流域与邻近流域无水量交换；非闭合流域是地表分水线与地下分水线不一致的流域，这样的流域与邻近流域存在水量交换。如图3-4所示，地下分水线通常不易观察和确定，所以通常所说的流域实际上是指地面分水线所包围的区域。

小流域是最基本的地貌单元和水文单元，更是一个生态经济系统，一般是指面积不超过50 km²，以分水线和沟道出口断面为界所包围的集水区。微流域是小流域的基本组成单位，是指为精确划分自然流域边界并形成流域拓扑关系而划定的最小自然集水单元。流域分级如图3-5所示。

小流域分为完整型小流域和非完整型小流域。完整型小流域是指主沟道明显，分水线闭合，只有一个出水口的集水单元；非完整型小流域包括区间型小流域和坡面型小流域，区间型小流域是指面积大于50 km² 狭长流域中的一段，坡面型小流域是指无明显主沟道，有若干近似平行的沟道，水流直接汇入上一级沟道或河流的坡面，如图3-6所示。

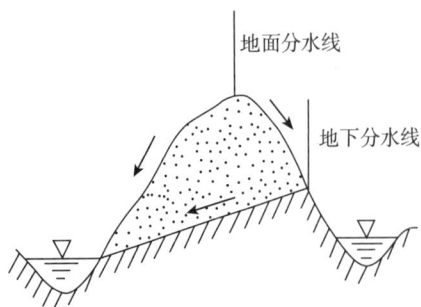

图3-4 地面分水线与地下分水线示意

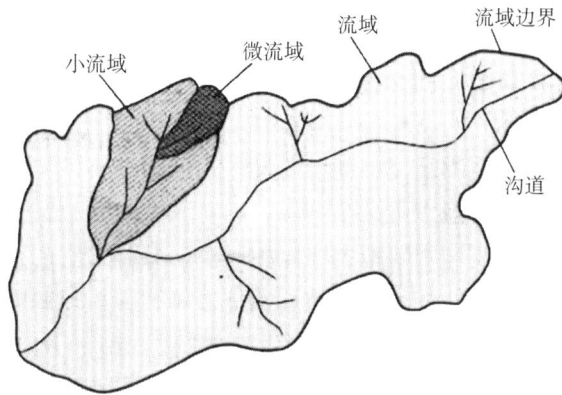

图 3-5　流域分级示意

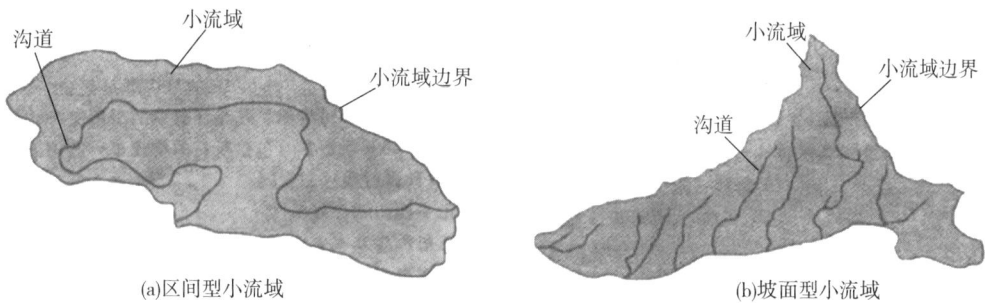

图 3-6　区间型与坡面型小流域示意

小流域侵蚀监测是在自然和社会经济条件有代表性的小流域范围内布设雨量站、坡面径流场、干支沟控制站，观测全流域的降水量及径流量、侵蚀量，并通过控制站监测控制断面的径流量、泥沙量，以分析小流域土壤侵蚀状况、径流泥沙来源，以及降水、地形、土壤、植被等因素对小流域土壤侵蚀的影响。

3.2.1　小流域选择及控制断面选取

3.2.1.1　小流域选择

小流域侵蚀监测是在小流域尺度上研究土壤侵蚀特征，探讨人类活动对小流域径流、泥沙及水质的影响，因此，小流域选择时应遵循以下原则。

（1）代表性

根据监测目的，选择流域几何特征、地形地貌、地质土壤、植被、土地利用、水土保持措施等自然特征和人为活动都有代表性的小流域作为监测对象。

（2）闭合流域

监测的小流域必须是一个闭合流域，以保证观测流域内的所有径流均从出口流出，且相邻小流域的地下径流不会进入被选择的小流域，即监测小流域与周围小流域之间没有水分交换。

（3）对比性

为了对比人类活动、下垫面特征等对小流域径流、泥沙及水质的影响，在选择监测小流域时，必须选择对比小流域并同时进行监测。

3.2.1.2　控制断面选取

控制断面是修建量水建筑物及其辅助设施设备，开展径流、泥沙及水质长期定位监测的地段。选择控制断面时须考虑以下几个方面。

①控制断面应选择在干支沟出口位置，以控制全流域及支沟的径流和泥沙。如果在干支沟出口处没有修建量水建筑物的地形和地址条件，可适当将控制断面向上游移动，但必须选择在能够明显确定汇流面积的沟道或河道上。

②控制断面应选择在顺直、沟床稳定（不冲不淤）、没有支流汇水影响的沟道或河道上。这样水流比较平稳，不会发生严重的冲刷或淤积，以保证控制断面的稳定与安全。

③控制断面选择应避开滑坡、塌陷、断裂等地质条件不稳定的河沟段，选择在地质条件稳定的地方。

④控制断面上游应有 30 m 以上的平直段，且不能有巨石、跌水等影响水流平稳的障碍物，下游应有 10 m 以上的平直段，且不受回水影响。如果控制断面条件不佳，可进行人工修整。

⑤控制断面应选择在交通方便，便于修建量水设施、安装监测设备，易观测和管理的沟道或河段。

3.2.2　小流域径流与泥沙测定

小流域径流与泥沙测定既包括控制站径流与泥沙测定，也包括坡面径流场径流与泥沙测定。其中，控制站径流与泥沙测定方法主要有断面法和量水建筑物法。

3.2.2.1　断面法

断面法是利用河道的自然断面或人工断面进行观测，不需要修建专门的测流建筑，费用较低，测流范围大，但精度较低，我国的水文站大多数采用断面法进行测流。

在没有量水建筑物的河道上可以采用断面法测流，其测流原理为流速面积法原理。由于天然河道的断面上各处流速不同，断面平均流速无法直接测定，只能将河道断面分成若干部分，分别测定各个部分的断面流速和面积，求得各部分断面的流量，然后将各个部分断面的流量累加，得出整个控制断面的流量，如图 3-7 所示。

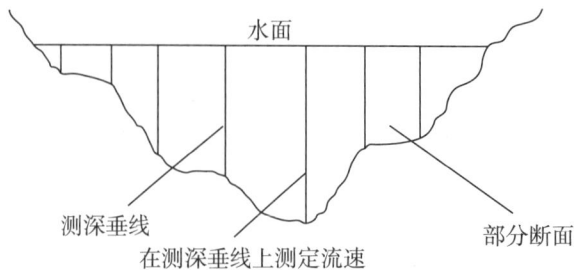

图 3-7　观测断面示意

（1）观测断面选择

观测断面一般选在干支沟出口，以观测控制断面以上区域的径流泥沙量。观测断面处的河、沟应该平缓顺直，没有跌水等突变点，沟床稳定（不冲不淤），没有支流汇水的影响。

（2）观测断面测量

选择好观测断面后，首先进行断面面积的测量。观测断面面积是计算流量的主要依据，断面面积测量误差的大小直接影响测流精度的高低。对于观测断面的面积可使用经纬仪准确测量，并绘制观测断面图。自然河、沟的断面是不规则形状，因此，在测量断面时必须将河、沟断面上的地形突变点在断面图上标注出来，并在这些突变点上作测深垂线。测深垂线将整个断面划分为多个梯形，观测断面的面积等于这些梯形面积之和。

（3）水深测定

在测深垂线上用水尺测定水深，测定时，水尺一定要保持垂直状态。

（4）流速测定与取样

在测定水深的同时，用流速仪测定流速。流速仪是测量流速最常用、最精确的仪器，我国常用的流速仪有旋杯式和旋桨式两种。在水流中，因不同深度处的流速不同，在测深垂线上测定流速时也必须在不同深度上进行，然后求测深垂线上的平均流速。测定流速时常用一点法、二点法、三点法、五点法，参见流速测点设定表（表3-1）。在测定流速的同时用取样器取泥水样，装入取样瓶带回室内进行过滤、烘干，计算泥沙含量。

表 3-1　流速测点设定

测深垂线水深（h）	方法名称	测点位置
$h<1$ m	一点法	$0.6h$
1 m$<h<$3 m	二点法	$0.2h$，$0.8h$
	三点法	$0.2h$，$0.6h$，$0.8h$
$h>3m$	五点法	水面，$0.2h$，$0.6h$，$0.8h$，河底

测深垂线上的平均流速用以下公式计算：

五点法

$$V=\frac{V_{0.0}+3V_{0.2}+3V_{0.6}+2V_{0.8}+V_{1.0}}{10} \tag{3-14}$$

三点法

$$V=\frac{V_{0.2}+2V_{0.6}+V_{0.8}}{4} \tag{3-15}$$

二点法

$$V=\frac{V_{0.2}+V_{0.6}}{2} \tag{3-16}$$

一点法

$$V=V_{0.6} \text{ 或 } V=k_1V_{0.8} \quad (k_1=0.84\sim0.87)$$
$$\text{或 } V=k_2V_{0.2} \quad (k_2=0.78\sim0.84) \tag{3-17}$$

式中，V 为垂线平均流速；$V_{0.0}$ 为水面的流速；$V_{0.2}$ 为 0.2 倍水面的流速；$V_{0.6}$ 为 0.6 倍水面的流速；$V_{0.8}$ 为 0.8 倍水面的流速；$V_{1.0}$ 为河底处的流速。

测深垂线上的平均含沙量用以式(3-18)进行计算：

$$P_j = \frac{P_{j1}+P_{j2}+\cdots+P_{jn}}{n} \tag{3-18}$$

式中，P_j 为测深垂线上的平均含沙量；P_{jn} 为测深垂线上某一水深处水样的含沙量；n 为测深垂线上取样的点数。

（5）流量与输沙量计算

某一时刻从观测断面上流出的径流量等于该时刻内各部分断面的流量之和，某一时刻相邻两条测深垂线间的部分流量 Q_{tj} 与部分输沙量 P_{tj} 分别为：

$$Q_{tj} = S_j \frac{V_j+V_{j-1}}{2} \tag{3-19}$$

$$P_{tj} = Q_{tj} \frac{P_j+P_{j-1}}{2} \tag{3-20}$$

式中，Q_{tj} 为相邻两条测深垂线间的部分流量；V_j 为第 j 条测深垂线的平均流速；S_j 为相邻两条测深垂线间的部分面积；P_{tj} 为相邻两条测深垂线间的部分输沙量；P_j 为第 j 条测深垂线的平均含沙量。

某一时刻断面流量 Q_t 与断面输沙量 P_t 为：

$$Q_t = \sum Q_{tj} \tag{3-21}$$

$$P_t = \sum P_{tj} \tag{3-22}$$

一次洪水的总流量 Q 与总输沙量 P 为：

$$Q = \sum_{t=1}^{n} \frac{(Q_t+Q_{t-1})\Delta t}{2} \tag{3-23}$$

$$P = \sum_{t=1}^{n} \frac{(P_t+P_{t-1})\Delta t}{2} \tag{3-24}$$

式中，Δt 为两次观测的时间间隔；n 为观测的时段总数。

3.2.2.2 量水建筑物法

量水建筑物法是小流域径流、泥沙观测的主要方法，是利用专门修建的、具有一定规格和形状的建筑物进行径流泥沙观测。这种测定需要修建量水建筑物，观测便利，精度较高，但造价比较昂贵，测流范围也有一定的限制。利用量水建筑物观测径流属于水力学测流，是根据测定的水位数据，利用水位流量关系式计算径流量。同时在测流过程中取泥水，过滤烘干后计算泥沙含量，利用泥沙含量和流量数据计算出输沙量。

（1）量水建筑物分类

量水建筑物是用于测定小流域径流量和径流过程的建筑物，常见的量水建筑物有测流堰、测流槽。常用的测流堰有薄壁堰、宽顶堰、三角形剖面堰、平坦"V"型堰。常用的测流槽有巴歇尔槽、三角形槽、矩形槽、复合槽等(图3-8)。

（2）量水建筑物组成

量水建筑物一般由观测室、观测井、进水口、导水管、堰体、引水墙、沉沙池、水尺等组成。

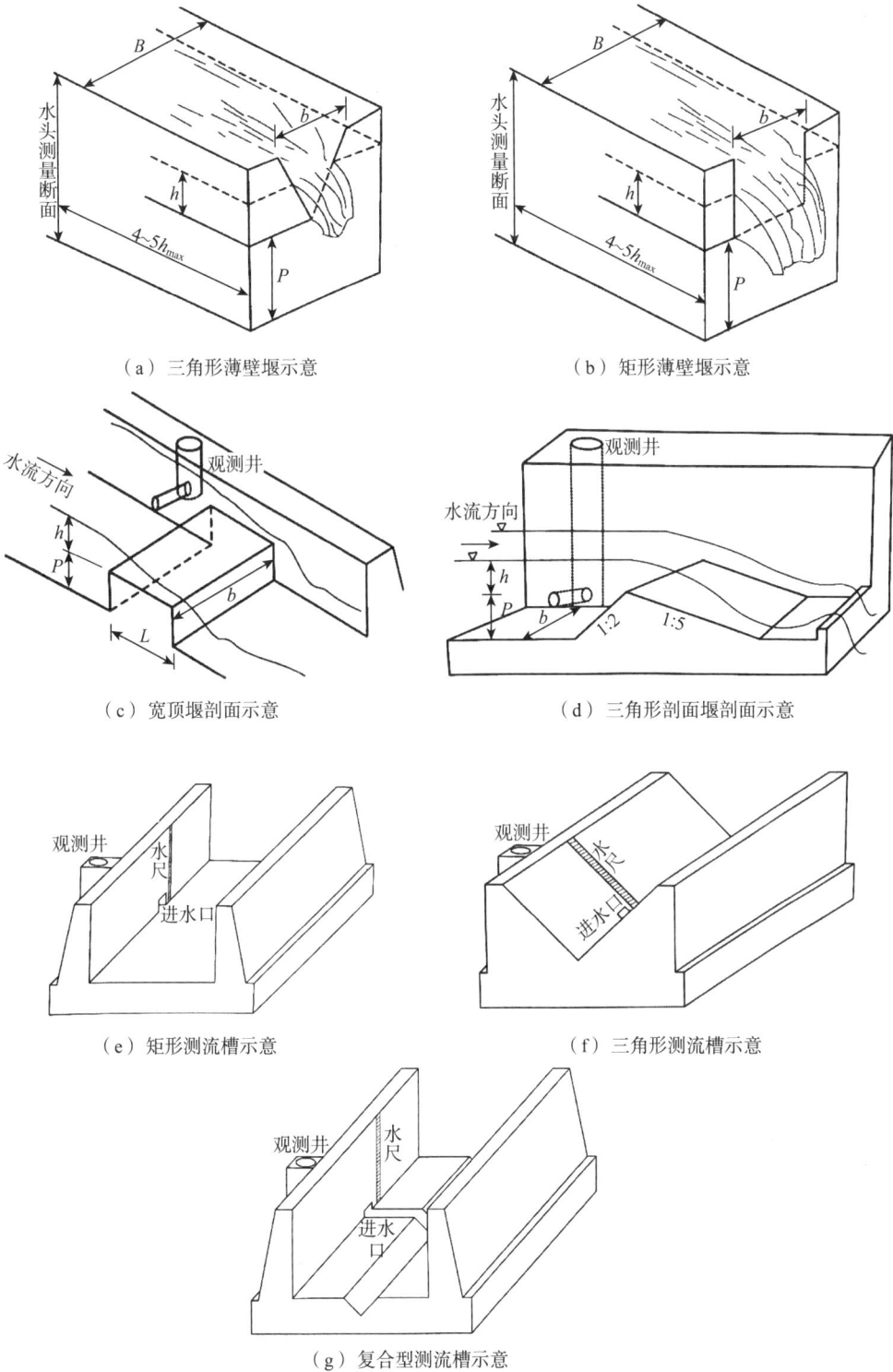

（a）三角形薄壁堰示意

（b）矩形薄壁堰示意

（c）宽顶堰剖面示意

（d）三角形剖面堰剖面示意

（e）矩形测流槽示意

（f）三角形测流槽示意

（g）复合型测流槽示意

图 3-8　量水建筑物示意

观测室是安置水位计等观测仪器的小屋，一般修建在量水建筑物的一侧，屋内有观测井，观测井通过导水管、进水口与量水建筑物上的水体相通。堰体是量水建筑物的主体，不同的量水建筑物其建筑材料和尺寸各不相同，但堰体上水流的流动必须平稳。引水墙是将河道内所有水流导入量水建筑物的构件，一般呈"八"字形，经常采用混凝土浇筑而成。沉沙池是修建在量水建筑物上游、收集推移质泥沙的构件，一般用混凝土浇筑而成，其大小以能容纳一次洪水携带的所有推移质泥沙为原则。水尺是安装在量水建筑物上，用于人工观测水位的观测设备。

（3）量水建筑物测流

利用量水建筑物测定径流就是通过观测量水建筑物上水位的变化过程，根据量水建筑物的水位流量关系曲线，计算出径流量的变化过程。因此，利用量水建筑物测定径流的关键就是水位的观测。

①水位测定 有两种方法。第一种方法是利用安装在量水建筑物上的水尺观测，观测时人工读取水位数据，并记录该水位出现的时间，人工观测应该从河道中水位开始上涨开始，直到水位回落并稳定后结束，人工观测的时间间隔可以固定（如 1 h），也可以根据水位变化随时观测；第二种方法是在测流建筑物上安装能够自动观测水位变化过程的自记水位计，自动观测和记录水位变化，常用的水位计有浮子式水位计、压力式水位计、超声波式水位计。

②量水建筑物的标定 利用量水建筑物测流就是通过观测量水建筑物上水位的变化，利用水位流量关系曲线计算出流量。野外修建的量水建筑物与实验室设计的量水建筑物有一定差距，因此，必须对野外量水建筑物的水位流量关系曲线进行标定才可以使用。量水建筑物的水位流量关系曲线标定一般采用流速面积法进行。

流速面积法就是利用流速仪测定平均流速，同时测定量水建筑物上的水位，通过利用水位和量水建筑物的断面尺寸计算出过水断面面积，流速与断面面积的乘积就是流量。以水位为横坐标，流量为纵坐标，点绘出水位流量关系曲线，或用数学方法拟合出水位流量方程。

③径流量的计算 通过在量水建筑物上安装的自记水位计，观测得到水位变化过程（或人工观测出量水堰上的水位）后，可以利用标定出的水位流量关系曲线计算流量过程。

径流总量（W）是指到某一时刻为止，从量水建筑物上流出的总水量，等于该时刻前所有时段流量之和，如图 3-9 所示。

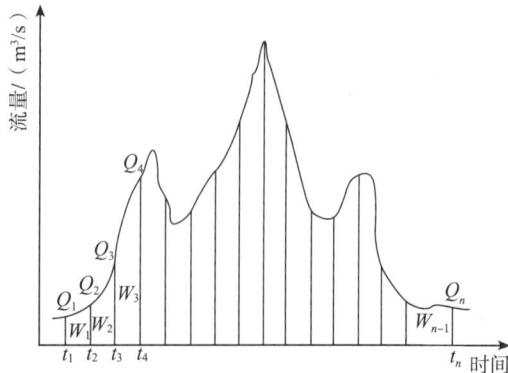

图 3-9 流量计算示意

时段流量(W_n)是指某一时段内从量水建筑物上流出的水量，等于时段初瞬时流量与时段末的瞬时流量平均后乘以时段长。

$$W = W_1 + W_2 + \cdots + W_{n-1}$$

径流系数是一次降雨形成的径流深与降水量的比值，径流深是径流总量与小流域面积之比。

在有长流水的小流域内，需要分割地表径流量和基流量，而没有长流水的小流域一次降雨形成的径流量全部为地表径流量。

3.2.2.3　输沙量的测定

输沙量是指单位时间内从小流域出口断面随径流一起输出的泥沙量，有年输沙量、场降雨输沙量。年输沙量是指一年中从流域出口断面输出的泥沙量；场降雨输沙量是一场降雨形成的径流从流域出口输出的泥沙量。输沙量与流域面积关系很大，一般情况下，大流域输出的泥沙量多，而小流域输出的泥沙较少，因此，直接用输沙量无法对比两个面积不同的流域土壤侵蚀量的大小。为了便于对比不同流域的侵蚀量的大小，常用输沙模数表示一个流域输沙量的多少。输沙模数是指单位时间内单位面积上的输沙量，单位为 $kg/(t \cdot km^2)$。利用输沙模数就可以直接对比两个不同流域土壤侵蚀的强弱。输沙模数越大，流域内的土壤侵蚀越强烈，产生的泥沙也就越多。

泥沙观测是土壤侵蚀监测的主要内容。小流域输出的泥沙有悬移质泥沙、推移质泥沙。悬移质泥沙是悬浮在水体中，随水流一起移动、颗粒较细的泥沙。在紊流作用下，悬移质泥沙常远离河床面悬浮在水中。悬移质泥沙多由黏土、粉沙和细沙组成。悬移质泥沙经常由取样器取样，在室内用过滤烘干法测定。

推移质泥沙是在水流的拖拽力作用下，沿河床滚动、滑动、跳跃或层移的泥沙。通常粗泥沙(如砾、沙)做滚动或滑动搬运，较细泥沙(如细沙粉沙)则呈跳跃搬运。泥沙颗粒的搬运方式可随水流速度的变化而变化，当水流流速增大，滑动或滚动的泥沙颗粒可变为跳跃，跳跃可变为悬浮，流速降低时则发生相反的转变。推移质与悬移质之间也经常发生交换。推移质泥沙因在河床表面附近移动，测定非常困难，常在河床附近安装卵石采样器和沙石采样器测定。

(1)悬移质泥沙测定

目前对于小流域悬移质泥沙的输沙量一般采用取样法测定，取样有人工取样、自动取样两种。

①人工取样　是在降雨时每隔一定时间，用取样器在量水建筑物上取泥水样。当水深较浅时，可直接将取样器放入量水堰上的径流中取泥水样；当水深较深时，应该分层取样，即在不同深度上用取样器取泥水样。每次取样时需要测定水位、记录取样时间。取样体积一般为 1 000 mL。在一次洪水过程中，泥沙并不是均匀分布的，尤其在洪峰前后，泥沙含量的变化很大，因此在测定输沙量时，应该从洪水起涨点开始进行连续取样，一直到洪水结束。在水位剧烈时、洪峰出现前后，应该缩短取样间隔，增加取样次数，以把握洪水的输沙过程。

②自动取样　需要配备泥沙自动取样器，如美国生产的 ISCO6712 泥沙自动取样器。ISCO6712 泥沙自动取样器由雨量计、超声波水位计、控制器、取样瓶、取样头等几个主

要部件组成。

雨量计用于测定降水量，水位计用于测定量水建筑物上水位的变化。雨量计和水位计的观测数据均保存在控制器中，用于控制泥沙自动取样器的启动条件。控制器是泥沙自动取样器的大脑，可以设置取样器的取样时间、取样间隔、取样条件(降雨条件和水位变化条件)、取样方式、取样体积等，并保存取样报告，也可以在控制器上直接查看雨量、水位数据和取样报告。在取样报告中主要记录泥沙自动取样器的启动条件、启动时间、每个样品的取样时间、取样方式、样品的数量等信息。取样瓶是装泥水样品的，ISCO6712 中最多可以放置 24 个取样瓶。使用该仪器可以将某一时刻泥水样装入不同的取样瓶中，也可以将不同时刻的泥水样装入同一取样瓶中。取样头是放入量水建筑物上的径流中吸取泥水样的部件，泥水样在控制器控制下，通过取样头将一定体积的泥水吸入取样瓶保存。泥沙取样器中记录的降雨数据、水位数据、取样报告等均可以用计算机通过专门的软件 Flowink 下载，降雨数据、水位数据均可以保存为 Excel 表格，取样报告可以保存为文本文件。

用泥沙自动取样器观测小流域的输沙量，最为关键的是设置启动条件。启动条件有 5 种，分别为人工启动、定时启动、降雨启动、水位启动和降雨水位联合启动。人工启动是每次降雨形成径流后，由观测人员按启动按钮，泥沙取样器按照事先设定好的取样间隔和取样体积自动完成取样过程；定时启动是事先在取样程序中设定好启动时间，当到了启动时间，泥沙自动取样器按照设定的取样程序完成取样；降雨启动是事先在启动程序中输入降雨启动条件，如降雨启动条件设置为>1.0 mm/min，当雨量计观测到的降雨强度>1.0 mm/min 时，泥沙取样器就会启动，按照事先设置好的取样程序完成取样过程；水位启动是事先在启动程序中输入水位启动条件，如水位启动条件设置为>3 cm，当水位计观测到的水位>3 cm 时，泥沙取样器就会启动，按照事先设置好的取样程序完成取样过程；降雨水位联合启动是事先在启动程序中输入降雨和水位启动条件，如设置降雨强度>1.0 mm/min、水位>3 cm，可以设置降雨条件和水位条件全部满足时启动泥沙取样器，也可以设置满足降雨或水位条件时启动泥沙取样器。

此外，泥沙自动取样器的取样头是放入量水建筑物上的径流中吸取泥水样的部件，当流量较大时，在水流的作用下，该取样头往往会漂浮在水面上，致使每次抽取的泥水样只是表层水样，而泥沙在整个观测剖面上并不是均匀分布的，尤其是表层的含沙量很难代表整个剖面的含沙量，为此，在安装取样头时应该将其固定在一个能够随水位变化而浮动的浮子上，以保证取样头总处在水面以下一定深度处，这样取的水样才具有代表性。

泥水样取回后，在室内进行处理，处理的方法为过滤烘干法。首先将取样瓶擦拭干净后称泥水样和取样瓶的总重(W)，用量筒测定取样体积(V)，用滤纸过滤泥水样，然后将滤纸和泥沙一起放入 105°的烘箱中烘干至恒重，用感量为 0.01 g 的电子天平称烘干后的滤纸和干泥重(W_1)。如果干滤纸的质量为 $W_滤$，取样瓶的质量为 $W_瓶$，则

$$净泥率 = \frac{W_1 - W_滤}{V} \tag{3-25}$$

$$净水率 = \frac{W - W_瓶 - W_1 + W_滤}{V} \tag{3-26}$$

悬移质泥沙的时段输沙量 W_i 用式(3-27)计算:

$$W_i = \left(\frac{Q_t + Q_{t-1}}{2}\right) T \left(\frac{P_t + P_{t-1}}{2}\right) \qquad (3\text{-}27)$$

式中, W_i 为时段输沙量; Q_t 为时段末的瞬时流量; Q_{t-1} 为时段初的瞬时流量; T 为时段长; P_t 为时段末的泥沙含量; P_{t-1} 为时段初泥沙含量。

悬移质泥沙的总输沙量 W 用式(3-28)计算:

$$W = \sum W_i \qquad (3\text{-}28)$$

$$悬移质泥沙的输沙模数 = \frac{总输沙量}{小流域面积} \qquad (3\text{-}29)$$

（2）推移质泥沙测定

推移质泥沙因在河床表面附近移动, 泥沙颗粒较粗, 是河道、水库淤积的主要泥沙, 尤其在我国南方, 推移质泥沙所占比例较大。由于推移质泥沙和悬移质泥沙在水流条件发生变化时会相互转化, 同一粒径的泥沙在水流流速较慢时可能是推移质, 当水流流速加快时, 有可能转变为悬移质。这就使推移质泥沙的准确测定变得异常困难。目前, 推移质泥沙的测定主要采用采样器法和坑测法进行。

①采样器法 采样器有沙质推移质采样器、卵石采样器两类。沙质推移质采样器采集的是粒径为 0.05~2 mm 的泥沙, 卵石采样器采集的是 2~16 mm 的泥沙。测定时, 在测沙垂线上将采样器紧贴河底放置一定时间(10 min)后, 将采样器取出, 倒出采样器中收集的推移质泥沙, 带回室内烘干称重。在每条测沙垂线上重复测定两次以上。测沙垂线一般可以与测深垂线和测速垂线重合。在一次洪水过程中, 应该从洪水起涨点开始观测, 直至洪水结束。这样就可以测定出整个推移质的输沙过程。为了计算一次洪水的推移质输沙量, 首先要计算出某一时刻测沙垂线的推移质输沙率, 然后计算该时刻两条测沙垂线间的推移质输沙率, 即部分断面的推移质输沙率, 再计算该时刻整个观测断面的推移质输沙率, 最后计算整个洪水过程的推移质输沙率, 如图 3-10 所示。

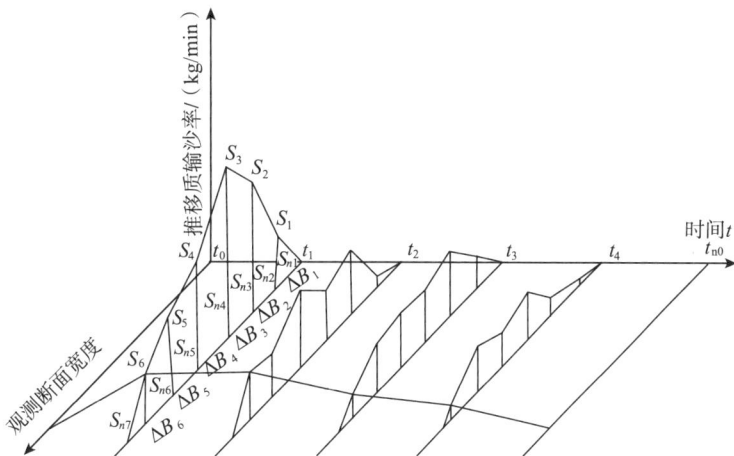

图 3-10 推移质输沙率计算示意

某一时刻某条测深垂线上推移质输沙率 S_i 采用式(3-30)计算：

$$S_i = \frac{W_i}{Tb} \tag{3-30}$$

式中，S_i 为某条测深垂线上的推移质输沙率；W_i 为在某条测深垂线上测得的推移质泥沙干重；T 为每次取样的时间长；b 为取样器宽度。

某一时刻部分断面的推移质输沙率 S_{ni} 采用式(3-31)计算：

$$S_{ni} = \frac{S_i + S_{i-1}}{2} \times \Delta B_i \tag{3-31}$$

式中，S_{ni} 为第 i 个部分断面的推移质输沙率；S_i 为第 i 条测深垂线上的推移质输沙率；S_{i-1} 为第 $i-1$ 条测深垂线上的推移质输沙率；ΔB_i 为第 i 个部分断面的底宽，也就是第 i 条和第 $i-1$ 条测深垂线的间距。

某一时刻的观测断面的推移质输沙率 W_{ti} 采用式(3-32)计算：

$$W_{ti} = \sum_{i=1}^{n} S_{ni} \tag{3-32}$$

如果一次洪水测定过程中，分别在不同时刻进行了推移质输沙率的测定，则该次洪水的推移质输沙量计算见式(3-33)：

$$W = \left[W_1(t_1 - t_0) + (W_1 + W_2)(t_2 - t_1) + (W_2 + W_3)(t_3 - t_2) + \cdots + \right. \\ \left. (W_{n-1} + W_n)(t_n - t_{n-1}) + W_n(t_{n0} - t_n) \right] / 2 \tag{3-33}$$

式中，t_0 和 t_{n0} 分别为洪水起涨点和结束的时间。

推移质的输沙模数用式(3-34)计算：

$$M = \frac{W}{S} \tag{3-34}$$

式中，M 为推移质输沙模数；W 为推移质输沙量；S 为观测小流域的面积。

②坑测法　推移质泥沙在河床表面分布很不均匀，利用采样器测定又是在水下进行操作，测定误差较大，观测结果需要进行校正，常用的校正方法为坑测法。坑测法就是在河道的观测断面处(如有量水建筑物，可在量水建筑物的下游或上游)用混凝土修筑一定体积的测定坑，坑的宽度与河道宽度一致，以保证河道中的推移质能够全部进入测定坑。坑的上沿与河底齐平，坑的体积以能够容纳一次洪水的全部推移质为准。一次洪水后，测定测坑中推移质的量，并取样烘干，计算出推移质的干重。每次测定后，将测定坑中的推移质泥沙清理干净。如果一次洪水后，观测坑没有被推移质泥沙淤满，说明该次洪水过程中所有的推移质泥沙全部沉积在测定坑中。这种情况下的测定结果应该是真实可靠的。如果一次洪水过后，观测坑被泥沙全部淤满，说明观测坑体积过小，没有能够将全部推移质沉积在测定坑中，有一部分推移质随洪水流走，则测定结果就不能代表该次洪水携带的推移质的总量。如果观测的小流域中有长流水，在每次观测推移质前需要测量一下观测坑中已有的推移质量，洪水过后应该把测定坑中已有的推移质量扣除。

坑测法推移质的输沙模数用式(3-35)计算：

$$M = \frac{W}{S} \tag{3-35}$$

式中，M 为推移质输沙模数；W 为观测坑中的泥沙干重；S 为观测小流域的面积。

3.2.3　小流域调查

在小流域尺度上开展监测，首先要了解小流域的地形地貌、地质土壤、气象水文、植被、土地利用、社会经济、人类活动等对土壤侵蚀有影响的要素，因此，需要对所选择的小流域进行详细、全面的调查，并基于信息技术建立各个地块的管理数据库。若有对比小流域，应分析选择小流域与对比小流域的相似性与差异性。小流域调查内容包括以下几个方面。

3.2.3.1　自然状况调查

（1）地形地貌

搜集小流域 1∶1 万比例尺或者更大比例尺的地形图，制作数字高程模型 DEM，获取影响径流和泥沙的基本地形地貌参数，包括地貌单元、流域的几何特征、地形特征等。其中，流域几何特征包含流域面积、流域长度和平均宽度、流域形状系数和不对称系数等；流域地形特征包含流域平均高度、流域平均坡度、沟道平均比降、沟壑密度、地面坡度组成等。

（2）地质土壤

搜集并制作地质、土壤分布图，调查小流域内基岩类型、风化状况、土壤类型。通过典型剖面调查与测定，获取土壤物理化学性状、土壤抗蚀及抗冲等指标。

（3）气象水文

气象包括系列降水特征值、降水年内分布、平均年蒸发量、年均气温、≥10℃的年活动积温、极端最高气温、极端最低气温、年均日照时数、无霜期、最大冻土深度、年均风速、瞬时最大风速、主导风风向、大风日数等。水文包括所属流域（水系）径流量、年径流系数、年内分配情况、含沙量、输沙量、地下水位等状况。

（4）植被

搜集、调查并制作小流域内植被分布图，获取各种植被类型和主要树（草）种分布的位置、面积、覆盖度、生长状况等信息，建立植被管理数据库，计算林草覆盖率。植被调查应每 5 年开展一次。

3.2.3.2　社会经济调查

（1）社会经济

调查小流域内人口数量与质量、产业结构、工农业生产总值、用水量、人均耕地、人均基本农田、人均粮食产量、农民人均纯收入等情况，建立社会经济管理数据库。

（2）土地利用

基于高分辨率遥感数据，开展小流域土地利用现状调查，绘制土地利用现状图，获取各土地利用类型的位置、面积及空间分布，建立土地利用管理数据库。

3.2.3.3　土壤侵蚀与水土保持调查

（1）土壤侵蚀

通过现状调查、观测数据或模型计算，确定面蚀、沟蚀、重力侵蚀等土壤侵蚀形式的分布范围、面积，以及土壤侵蚀的强度和程度，绘制土壤侵蚀现状图，建立土壤侵蚀现状管理数据库。

（2）水土保持

调查并确定小流域内工程措施、林草措施、农业耕作措施的类型、数量、质量及分布范围，绘制水土保持措施分布图，建立水土保持措施管理数据库。

3.2.4 面雨量计算

由雨量站观测到的降水量只代表某一点或较小范围的降水量，称为点雨量。当区域面积较大时，由于降雨时空分布不均，需要布设多个降雨观测点，通过点雨量计算监测区域的平均降水量，即面雨量。

3.2.4.1 雨量站点数量

雨量站点多少受流域面积、地表形态和地形变化的制约，也随观测降雨目的而变。一般面积大、形态变化大、地形复杂的流域，雨量站点密度要大；相反，雨量站点可稀疏一些。

雨量站点数量一般根据流域面积和观测精度要求而定（表 3-2）。在山区，由于地形条件复杂，降雨分布不均，雨量站点要适当增加。当地形变化显著，以及有大面积森林时，雨量站点的数量也应增加。在开阔的平原条件下，雨量站点可按面积均匀分布。如果在小流域只设置一个雨量站点，则应设在流域中心；有两个雨量站点时，一个设在流域上游，另一个设在流域的下游；在森林流域中，雨量站点应设置在空旷地上。

表 3-2 雨量站点数量配置

流域面积/km²	<0.2	0.2~0.5	0.5~2	2~5	5~10	10~20	20~50
雨量站点数量/个	1	1~3	2~4	3~5	4~6	5~7	6~8

3.2.4.2 面雨量计算

常见的面雨量计算方法有算术平均法、加权平均法、泰森多边形法（垂直平分法）、降水量等值线法等。

（1）算术平均法

当流域内雨量站点分布较均匀、地形变化不大时，可利用算术平均法计算平均降水量。即将流域内各雨量站测得的同期雨量相加后除以总站数，所得结果即为流域面雨量，见式（3-36）：

$$P = \frac{p_1 + p_2 + \cdots + p_n}{n} \tag{3-36}$$

式中，$p_1, p_2, \cdots, p_n$ 为各观测站点的降水量（mm）；P 为区域平均降水量（mm）；n 为测站数。

（2）加权平均法

利用算术平均法求算面雨量，往往需要较多的雨量站点，这需要较大的投入。在对监测区域基本情况（如地形、海拔、面积、土地利用等）进行勘察的基础上，选择有代表性的地点作为雨量观测点。每个观测点代表一定面积的区域，对于该区域内降雨情况，可认为基本一致。把每个观测点控制的面积作为各观测点降水量的权重，按加权法计算监测区域平均降水量，见式（3-37）：

$$P = \frac{a_1 p_1}{A} + \frac{a_2 p_2}{A} + \cdots + \frac{a_n p_n}{A} \tag{3-37}$$

式中，P 为观测区域平均降水量（mm）；A 为观测区域面积（hm^2 或 km^2）；a_1，a_2，$\cdots$，a_n 为每个观测点控制的面积（hm^2 或 km^2）；p_1，p_2，$\cdots$，p_n 为每个观测点观测的降水量（mm）。

（3）泰森多边形法（垂直平分法）

泰森多边形法是荷兰气候学家 A. H. Thiessen 提出的一种根据离散分布雨量站点的降水量计算平均降水量的方法。适用于流域内地形起伏变化较大，雨量站点较少、分布不均匀的情况（有的雨量站点偏于一角，或区域周边有可用的降雨观测资料）。

在地图上将雨量站点两两相连，构成三角形网，然后对每个三角形的各边作垂直平分线。这些垂直平分线与区域边界构成以每个雨量站点为核心的多边形，这个多边形称为泰森多边形（图 3-11）。在每个泰森多变形内仅含有一个雨量站点，每个雨量站点的控制面积即为此多边形的面积。以每个泰森多边形的面积作为权重，按照加权平均法计算监测区域的平均降水量。

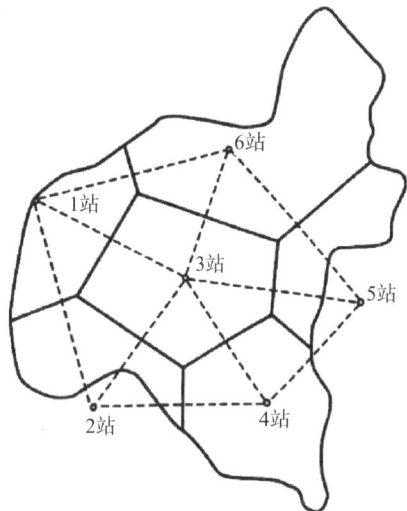

图 3-11　泰森多边形法示意

$$P = \frac{a_1 p_1}{A} + \frac{a_2 p_2}{A} + \cdots + \frac{a_n p_n}{A} \tag{3-38}$$

式中，a_1，a_2，$\cdots$，a_n 为各雨量观测站的控制面积（hm^2 或 km^2），即每个泰森多边形的面积；p_1，p_2，$\cdots$，p_n 为每个泰森多边形内雨量观测站的降水量（mm）；P 为观测区域平均降水量（mm）；A 为观测区域面积（hm^2 或 km^2）。

泰森多变形法假设雨量站点间降雨是线性变化的，没有考虑地形对降雨的影响。当区域内雨量站点固定不变时，该方法使用方便，精度较高。如果某一雨量站点出现问题，有漏测时，则须重新划分多边形，重新计算。

（4）降水量等值线法

降水量等值线法是计算区域平均降水量（面雨量）最完善的方法。优点是考虑了地形变化对降雨的影响，因此适用于地形变化较大，且有数量足够的雨量站点的较大流域。根据监测区域内外各个雨量站点的雨量资料，绘制等雨量线图，利用式（3-39）计算区域平均降水量。

$$P = \frac{a_1 p_1}{A} + \frac{a_2 p_2}{A} + \cdots + \frac{a_i p_i}{A} \tag{3-39}$$

式中，a_1，a_2，$\cdots$，a_i 为相邻等雨量线间的面积（hm^2 或 km^2）；p_1，p_2，$\cdots$，p_i 为相邻两条等雨量线的平均降水量（mm）；A 为观测区域总面积（hm^2 或 km^2）；P 为观测区域平均降水量（mm）。

该方法虽然较精确，但要求有足够的雨量站点，工作量大，一般较少采用。

3.2.5　小流域水质测定

小流域水质主要是指小流域内地表水的水质。水土保持水质监测重点关注的是由降雨引发的非点源污染物输移，需对径流中污染物的含量进行测定。

3.2.5.1　采样断面及采样点设置

水质监测需注意采样断面位置的选择，由于小流域相较于其他河流或水库等水体，汇流面积较小，如无特殊需要，一般在流域控制站位置定期采样用于水质分析。

在控制站断面或河道断面处采样时，应根据水面宽度布设采样垂线。水面宽度小于 50 m 的情况下，只设一条中泓垂线。控制站断面或河道断面垂线上采样点应按照水深布设。水深小于 5 m 时，只采表层(水面下 0.5 m)水样；水深 5~10 m 时，采表层、底层(河底上 0.5 m)两层水样；水深大于 10 m 时，采表层、中层(1/2 水深处)、底层三层水样。河流封冻时，在冰下 0.5 m 处采样。

水质监测每年采样不应少于 12 次，可根据监测任务需要加密监测。

3.2.5.2　采样器及样品容器选择

(1)采样器

采样器应满足如下条件。

①与水样接触的部件，其材质不应对原状水产生影响。

②应有足够的强度且操作简单，单次最大采水量不应小于 1.0~5.0 L。

(2)样品容器

选择样品容器时应考虑到组分之间的相互作用、光分解等因素，应尽量缩短样品的存放时间，减少对光、热的暴露时间等。此外，还应考虑到生物活性。最常遇到的问题是清洗容器不当、容器自身材料对样品造成污染和容器壁产生吸附作用。针对不同测试项目，应提前准备不同材质的采集容器，具体如下。

①大多数含无机物的样品，多采用由聚乙烯、氟塑料和碳酸脂制成的容器采集。常用的高密度聚乙烯容器，适合水中的二氧化硅、钠、总碱度、氯化物、氟化物、电导率、pH 值和硬度的分析。对光敏物质可使用棕色玻璃瓶。DO 和 BOD 必须用专用的容器。不锈钢容器可用于高温或高压的样品采集，或用于微量有机物的样品采集。

②一般玻璃瓶用于有机物和生物品种的样品采集。塑料容器适用于放射性核素和含属于玻璃主要成分的元素的水样的样品采集。采样设备经常用氯丁橡胶垫圈和油质润滑的阀门，这些材料均不适合有机物和微生物样品的采集。

3.2.5.3　测定指标与方法

(1)测定指标

根据《地表水环境质量标准》(GB 3838—2002)，可知地表水环境质量标准基本项目有水温、pH 值、氨氮等 24 项指标。小流域水质监测中常规测定指标有总氮、总磷、氨氮等，项目标准限值见表 3-3。如有特别需要，还可监测径流中其他污染物的含量。

表 3-3　地表水环境质量标准部分基本项目标准限值　　　　　　　　　　　mg/L

项目	地表水水域功能类别及其限值				
	I 类	II 类	III 类	IV 类	V 类
氨氮(NH₃-N)	0.15	0.5	1.0	1.5	2.0
总磷(以 P 计)	0.02(湖、库 0.01)	0.1(湖、库 0.025)	0.2(湖、库 0.05)	0.3(湖、库 0.1)	0.4(湖、库 0.2)
总氮(湖、库以 N 计)	0.2	0.5	1.0	1.5	2.0

(2)测定方法

水体中总氮、总磷、氨氮的测试方法可参考表 3-4。

表 3-4　地表水环境质量标准部分基本项目分析方法

项目	分析方法	最低检出限/(mg/L)	方法来源
氨氮	纳氏试剂比色法	0.05	GB/T 7479—1987
	水杨酸分光光度法	0.01	GB/T 7481—1987
总磷	钼酸铵分光光度法	0.01	GB/T 11893—1989
总氮	碱性过硫酸钾消解紫外分光光度法	0.01	GB/T 11894—1989

3.3　区域尺度监测

区域是指一定的地域空间,具有一定的面积、形状、范围或界线。在土壤侵蚀与水土保持研究中,区域是指具备统一的土壤侵蚀发生学基础,相对一致的水土流失治理和生产发展方向,覆盖较大面积的空间区域。区域可以是大流域、中流域、西北黄土高原、北方土石山区等自然地理单元,也可以是国家级、省级、地级、县级、乡级行政区划单元。

区域水力侵蚀监测是在分析区域水力侵蚀过程及其影响因素的基础上,采用地面调查和遥感监测相结合的方法,通过区域水蚀模型计算,分析与评价水力侵蚀面积、强度、分布和变化特征,以及水土保持措施状况及实施效果。目前,国内外区域水力侵蚀监测方法主要有综合评判法、抽样调查法、经验模型法和物理模型法。

3.3.1　综合评判法

综合评判法是基于遥感和地理信息技术,通过获取影响水力侵蚀的地形、植被、土地利用等因子,依据侵蚀判别标准,定性分析评价区域水力侵蚀强度及其分布。该方法以中国为代表,从 20 世纪 80 年代至 90 年代末,我国采用此方法先后开展了 3 次全国土壤侵蚀遥感普查。此处重点介绍基于《土壤侵蚀分类分级标准》(SL 190—2007)的综合评判法。

3.3.1.1　基于《土壤侵蚀分类分级标准》的评判规则

《土壤侵蚀分类分级标准》(SL 190—2007)规定:土壤侵蚀强度分级应以年平均侵蚀模数为判别指标(表 3-5),在缺少实测及调查侵蚀模数资料时,可在经过分析后,运用有关侵蚀方式(面蚀、沟蚀)的指标进行分级。各分级的侵蚀模数与水力侵蚀强度分级相同。面蚀分级指标见表 3-6,沟蚀分级指标见表 3-7。

表 3-5 水力侵蚀强度分级

级别	侵蚀模数/[t/(km²·a)]	平均流失厚度/(mm/a)
微度	<200，<500，<1 000	<0.15，<0.37，<0.74
轻度	200，500，1 000~2 500	0.15，0.37，0.74~1.9
中度	2 500~5 000	1.9~3.7
强烈	5 000~8 000	3.7~5.9
极强烈	8 000~15 000	5.9~11.1
剧烈	>15 000	>11.1

注：本表流失厚度系按土的干密度 1.35 g/cm³ 折算，各地可按当地土壤干密度计算。

东北黑土区、北方土石山区容许土壤流失量为 200 t/(km²·a)；南方红壤丘陵区、西南土石山区容许土壤流失量为 500 t/(km²·a)；西北黄土高原区容许土壤流失量为 1 000 t/(km²·a)。

表 3-6 面蚀(片蚀)分级指标

地类		地面坡度/°				
		5~8	8~15	15~25	25~35	>35
非耕地林草覆盖度/%	60~75	轻度	轻度	轻度	中度	中度
	45~60	轻度	轻度	中度	中度	强烈
	30~45	轻度	中度	中度	强烈	极强烈
	<30	中度	中度	强烈	极强烈	剧烈
坡耕地		轻度	中度	强烈	极强烈	剧烈

表 3-7 沟蚀分级指标

沟谷占坡面面积比/%	<10	10~25	25~35	35~50	>50
沟壑密度/(km/km²)	1~2	2~3	3~5	5~7	>7
强度分级	轻度	中度	强烈	极强烈	剧烈

3.3.1.2 评判因子获取

根据部颁标准的评判原理，面蚀强度判定仅需坡度、林草植被覆盖度及土地利用类型 3 个因子，沟蚀强度判定需要沟壑密度或沟谷占坡面面积比。

（1）坡度

基于 DEM 提取坡度，并按照坡度分级编码(表 3-8)获取坡度等级及空间分布。

（2）林草植被覆盖度

林草植被覆盖度上采用单时相覆盖度，选用一年植被生长最茂盛时期的遥感影像为宜。按照植被覆盖度分级编码(表 3-9)，获取林草植被覆盖度等级及空间分布。

表 3-8 坡度分级编码

编码	分级	坡度/°
1	平缓坡	<5
2	中等坡	5~8
3	斜坡	8~15
4	陡坡	15~25
5	急坡	25~35
6	急陡坡	>35

表 3-9 植被覆盖度分级编码

编码	分级	植被覆盖度/%
1	低覆盖	≤30
2	中低覆盖	30~45
3	中覆盖	45~60
4	中高覆盖	60~75
5	高覆盖	>75

（3）土地利用类型

以中、高分辨率遥感影像为主要信息源，通过解译，结合野外调查，获取土地利用类型及空间分布。解译过程中，应注重坡耕地、林草地等土地利用类型的解译。

（4）沟壑密度

基于 DEM 提取计算沟壑密度。

综合评判法是一种简单实用的区域土壤侵蚀定性评价方法，考虑影响水力侵蚀的几个主要影响因子，可操作性强，在实际应用中得到广泛使用。但考虑因素有限，既没有考虑侵蚀动力（降雨）、被侵蚀对象（土壤），也无法反映水土保持措施影响，进而无法评价水土保持效益；评价结果也只能用于判断土壤侵蚀强度级别，无法定量估算土壤侵蚀模数和土壤流失量。

3.3.2　抽样调查法

土壤侵蚀抽样调查是基于统计学原理，按照一定的原则和比例在区域范围内布设一定数量的抽样单元，调查抽样单元或地块的土壤侵蚀因子状况，利用区域水蚀模型计算抽样单元土壤侵蚀量，然后根据不同目的对抽样单元土壤侵蚀量进行不同级别的区域汇总。该方法以美国为代表，于 1958 年首次采用，一直沿用至今并不断发展完善。此处重点介绍美国抽样调查方法。

3.3.2.1　抽样方法

抽样方法采用分层、两阶段、不等概、空间抽样法。

（1）分层

将全美分为不同层次的区域。中西部 34 个州采用公共土地调查分层系统，包括县、镇、区 3 级。每个县呈正方形网格，面积为 1 492 km²，包括 16 个镇；每个镇为面积 93 km² 的正方形网格，包括 36 区；每个区为面积 2.59 km² 的正方形网格。每个区等分为 4 个面积为 0.65 km² 的正方形网格，每个网格即为基本抽样单元（primary sample units，PSU）。

路易斯安那州和缅因州西北部划分边长 0.5 km、面积 0.25 km² 的正方形网格为基本抽样单元。东北部 13 个州按 20″（纬度）×30″（经度）或通用墨卡托投影划分网格作为基本抽样单元，面积变化范围为 0.39~0.46 km²。

（2）两阶段

分两个阶段抽样，第一阶段抽取基本抽样单元；第二阶段在抽取的基本抽样单元内随机确定采样点。

（3）不等概

抽取基本抽样单元时采用不同的抽样密度。第一阶段抽取基本抽样单元时，将一个镇分为 3 个带，每个带宽 3.22 km，长 9.66 km，共包含 12 个区的 48 个基本抽样单元（图 3-12）。抽样密度按每带计算，在每个带中随机抽 1~4 个基本抽样单元，密度为 2%~8%（1/48~4/48）。全美的主体抽样密度为 4%，即每个带抽取两个基本抽样单元。第二阶段是在抽取的基本抽样单元内随机确定 1~3 个采样点，全美主体确定 3 个采样点。

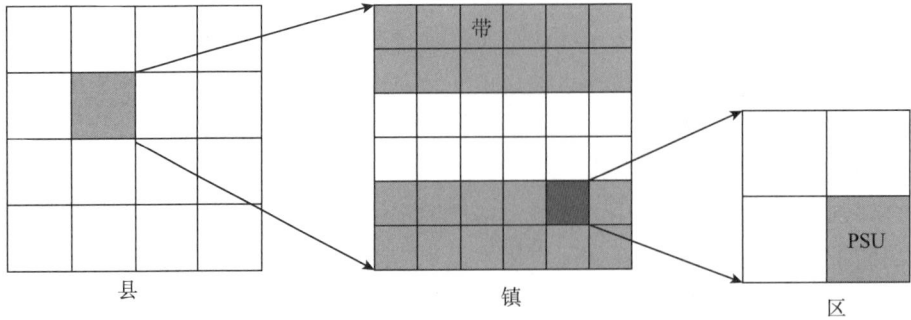

图 3-12 分层示意

（4）空间抽样

抽取的基本抽样单元是一定面积的空间区域。

3.3.2.2 水力侵蚀评价

水力侵蚀评价包括数据采集和侵蚀计算两个方面。

（1）数据采集

数据采集包括县级基础数据、抽样单元数据和样点数据3个部分。

县级基础数据用于数据处理与汇总时的质量控制，包括统计数据、地图数据、高分辨率航片遥感影像数据等。统计数据包括土地面积、不同土地利用类型面积等；地图数据包括行政区划图、土地资源分布图、全美二级水文单元图、全美土地分布图和大型水域水系图等。

抽样单元数据包括基本信息、空间信息、调查信息等。基本信息包括抽样单元所在州名、县名、代码、调查人、日期和调查图数据源等；空间信息包括抽样单元面积、所在土地资源区面积、所在4级水文单元代码、所在州和县代码、降雨侵蚀力因子等；调查信息包括农场、建设用地、交通用地、水域或水系4种土地利用边界和面积。

样点数据是收集抽样调查单元样点所在地块的相关指标，包括土地利用、水土保持项目、土壤、USLE因子等。

（2）侵蚀计算

侵蚀计算只针对农地、草地和实施水土保持项目的用地。基于抽样单元数据中的降雨侵蚀力因子和各种侵蚀因子，利用USLE计算样点的水蚀模数；选择评价区域，计算用样点权重进行加权平均的区域土壤侵蚀模数；按照容许土壤流失量 T 值的倍数关系将土壤侵蚀强度分为6级：$\leq T$、$T \sim 2T$（含）、$2T \sim 3T$（含）、$3T \sim 4T$（含）、$4T \sim 5T$（含）和 $>5T$。依据区域加权平均土壤水蚀模数，分别统计农地、草地和实施水土保持项目的各强度等级面积。

3.3.3 经验模型法

经验模型法大多使用美国通用土壤流失方程和中国土壤流失方程。

3.3.3.1 美国通用土壤流失方程

（1）通用土壤流失方程（USLE）

20世纪50年代，在对土壤侵蚀过程的认识和大量的观测数据的基础上，威施麦尔

(Wischmeier) 和史密斯(Smith) 等组织全美的相关部门、教学科研及生产单位联合攻关。1965 年，基于大量天然降雨和人工降雨径流小区观测和试验资料，建立了著名的美国通用土壤流失方程 USLE，并以美国农业部农业 282 号(1965 年)和 537 号(1978 年)手册形式进行颁布，应用于 1977 年及之后的全美资源调查。USLE 的基本形式为：

$$A = RKLSCP \tag{3-40}$$

式中，A 为年平均土壤流失量$[t/(hm^2 \cdot a)]$；R 为降雨及径流因子$[MJ \cdot mm/(hm^2 \cdot h \cdot a)]$，用一次降雨总动能 E 与该次降雨最大 30 min 雨强 I_{30} 的乘积 EI_{30} 表示，反映降雨及径流引起土壤侵蚀的潜在能力，即降雨侵蚀力再加上因融雪或外加水量而产生的径流因子；K 为土壤可蚀性因子$[t \cdot hm^2 \cdot h \cdot (hm^{-2}/(MJ \cdot mm))]$，指标准小区下特定土壤在单位降雨侵蚀力作用下的土壤侵蚀速率；L 为坡长因子，指某一坡长的坡地产生的土壤流失量，与同样条件下 22.13 m 坡长的坡地产生的土壤流失量之比；S 为坡度因子，指某一坡度的坡地产生的土壤流失量，与同样条件下 9% 坡度的坡地产生的土壤流失量之比；C 为植被与经营管理因子，指一定覆盖和管理水平下，某一区域土壤流失量，与该区域犁耕-连续休闲情况下土壤流失量之比；P 为水土保持措施因子，指有水土保持措施时的土壤流失量，与直接沿坡地耕种时产生的土壤流失量之比。

USLE 规定坡度为 9%，坡长 22.13 m，保持连续清耕裸露休闲状态且实行顺坡种植的小区为标准小区，为不同条件下土壤流失量的比较提供了可能；充分考虑了影响水力侵蚀的降雨侵蚀力、土壤可蚀性、坡长坡度、作物管理和水土保持措施五大主要因子；各因子完全独立，并且可以进行实际测试；降雨侵蚀力指数 EI_{30} 为各地提供了更准确的降雨侵蚀能力；土壤可蚀性指数直接用土壤性状进行评价，并且对大部分土壤提供了计算土壤可蚀性的方法；对作物覆盖与田间管理综合考虑，更符合实际情况。

USLE 是美国水土保持规划的主要工具，用来预测农耕地土壤流失量，确定土地利用方案，引导农民做出土地利用方式或水土保持措施选择或布设，使土壤流失量达到允许土壤流失量或农民的期望值。由于其设计思路、因子确定原则和模型结果简单明了，操作简单，实用性强，很多国家和地区以 USLE 为基础，结合本国本地区实际情况，研发适合本国本地区的土壤侵蚀预报模型。但 USLE 计算的是年均土壤侵蚀量，很难反映次降雨过程土壤流失状况。在理论上，使用方程对某些因子的相互作用重复计算，如 R 与 C 和 L 与 P，而忽略了因子之间的相互作用，如 R 与 S；且该方程应用在缓坡条件下，对于较陡坡面和复杂地形区，其应用受到限制。

(2)修正通用土壤流失方程(RUSLE)

随着数据资料的积累和对土壤侵蚀机理认识的不断深入，为克服 USLE 缺陷，提高模型的适用性，1997 年美国农业部以 703 号手册形式发布了 RUSLE，此后根据不同的操作系统，发布了不同的版本。

与 USLE 相比，RUSLE 在算法细化水平和预测精度上都有所提高，各因子计算方法改进见表 3-10。RUSLE 的改进主要表现在：所用数据源比 USLE 广泛得多，且均从不同地点、不同作物和耕作制度、森林和牧场侵蚀及可蚀性措施中获取；用计算机软件编制成了计算机模型，增加了灵活性，能模拟不同的系统和替代方法。

表 3-10　RUSLE 与 USLE 各因子对比

因子名称	USLE	RUSLE
R	降雨动能与最大 30 min 降雨强度乘积 EI_{30}，用长时段降雨资料计算	东部地区同 USLE；西部则利用更多气象数据订正，同时考虑缓坡积水地对雨滴击溅的缓冲作用，以及多年冻土和部分消融土壤产生的影响
K	用土壤质地、有机质含量、可渗透性及其他内在土壤性质计算，以年为基本时间尺度，其值无年内变化	算法同 USLE，但考虑冻融作用、土壤水分和土壤固结等，同时计算年内季节变化
LS	用地块坡长和坡度计算，未考虑土地利用	增加细沟/细沟间侵蚀率，可以处理复杂坡形，扩展原来 <9° 的使用范围
C	考虑作物季相、表层覆盖和糙度在一年 6 个生长季节内的变化，根据作物和耕作表得到	用前期土地利用、盖度、表面覆盖、糙度和土壤水分等计算，每 15 d 为一个计算步长；可以反映侵蚀年变化，特别是地表和近地表与气候和生物分解作用相关的变化
P	根据已布设削弱径流和阻滞土壤移动的水保措施，随坡度微起伏而变	由水文、土壤类型、坡度、冬播程度、垄高和 10 年一遇侵蚀指数值等确定，加入等高耕作和带状耕作对泥沙输移的影响

3.3.3.2　中国土壤流失方程

（1）方程含义

中国土壤流失方程 CSLE（chinese soil loss equation）是刘宝元等借鉴 USLE 的建模思路，根据黄土高原丘陵沟壑区安塞、子洲、离石、延安和绥德等径流小区实测资料，结合我国的土壤侵蚀情况和水土保持措施而建立的，应用于 2010—2012 年第一次全国水利普查水力侵蚀普查和 2013 年及之后的全国水土流失动态监测水力侵蚀监测中。其表达式如下：

$$A = RKLSBET \tag{3-41}$$

式中，A 为土壤侵蚀模数 $[t/(hm^2 \cdot a)]$；R 为降雨侵蚀力因子 $[MJ \cdot mm/(hm^2 \cdot h \cdot a)]$；$K$ 为土壤可蚀性因子 $[t \cdot hm^2 \cdot h \cdot (hm^{-2}/MJ \cdot mm)]$；$L$ 为坡长因子；S 为坡度因子；B 为生物措施因子；E 为工程措施因子；T 为耕作措施因子。

CSLE 的建立采用我国观测资料，对每个因子进行了系统研究，各因子计算方法改进见表 3-11。其最大优点是根据我国的水土保持措施的实际情况，将 USLE 中的植被与经营管理、水土保持措施两大因子变为水土保持三大措施因子，即生物措施、工程措施与耕作措施；同时建立了陡坡情况下坡度因子的计算方法。但与 USLE 类似，缺乏对侵蚀物理过程的考虑，没有考虑陡坡地特有的浅沟侵蚀类型。

表 3-11　CSLE 与 USLE 各因子对比

因子名称	USLE	CSLE
R	降雨动能与最大 30 min 降雨强度乘积 EI_{30}	论证 EI_{30} 在我国适用，给出次侵蚀性降雨标准和日侵蚀性降雨标准，建立了采用不同精度降水资料估算降雨侵蚀力方法
K	提出计算土壤可蚀性因子的标准小区概念，采用裸地和作物小区观测结果确定了代表性土壤的因子值；提出 Wischmeier 计算公式，采用土壤质地、有机质含量、可渗透性及结构等指标	根据标准小区定义和裸地小区观测结果，计算了我国主要土壤可蚀性因子值

（续）

因子名称	USLE	CSLE
LS	用地块坡长和坡度计算，未考虑陡坡情况	针对我国陡坡（10°~25°）农地情形，建立陡坡坡度因子计算公式
CP/BET	提出分阶段计算土壤流失比率，利用各阶段 EI_{30} 占全年 EI_{30} 比例加权平均得到 *C* 因子，同时反映作物覆盖、管理扰动和降雨季节变化对土壤侵蚀的共同影响；主要考虑等高耕作、带状耕作、梯田等水土保持措施的 *P* 因子值	根据我国水土保持措施体系提出三分法分类，即生物措施 *B*、工程措施 *E*、耕作措施 *T*，反映覆盖和水土保持措施对土壤侵蚀的影响；将 *C* 因子的作物管理、*P* 因子与耕作有关的部分独立为耕作措施，提出我国主要耕作措施因子值，以及不同作物轮作制度的轮作因子计算方法与取值

（2）模型因子获取

①降雨侵蚀力因子　是降雨导致土壤侵蚀发生的潜在能力，是降雨特征的函数，用一次降雨总动能 *E* 与该次降雨最大 30 min 雨强 I_{30} 的乘积 EI_{30} 表示，反映了雨滴对土壤颗粒的击溅分离及降雨形成径流对土壤冲刷的综合作用。

根据降雨数据类型及系列长度，降雨侵蚀力有不同的计算方法，即次降雨侵蚀力计算法、日雨量雨强计算法、年雨量与年雨强计算法、年平均雨量计算法、月平均雨量计算法、逐年雨量计算法、逐日降水量计算法等。目前应用最多的计算方法是逐日降水量计算法和次降水量计算法。

a. 逐日降水量计算法：收集气象站、水文站逐日降水量资料，计算各站点多年平均年降雨侵蚀力和多年平均 24 个半月降雨侵蚀力比例。

$$\bar{R} = \sum_{k=1}^{24} \bar{R}_{半月k} \tag{3-42}$$

$$\bar{R}_{半月k} = \frac{1}{N} \sum_{i=1}^{N} \sum_{j=0}^{m} (\alpha \cdot P_{i,j,k}^{1.7265}) \tag{3-43}$$

$$\overline{WR}_{半月k} = \frac{\bar{R}_{半月k}}{R} \tag{3-44}$$

式中，$\bar{R}$ 为多年平均年降雨侵蚀力 $[MJ \cdot mm/(hm^2 \cdot h \cdot a)]$；*k* 为 1，2，…，24，一年划分为 24 个半月；$\bar{R}_{半月k}$ 为第 *k* 个半月降雨侵蚀力 $[MJ \cdot mm/(hm^2 \cdot h \cdot a)]$；*i* 为 1，2，…，*N*；*N* 为年序列；*j* 为 0，1，…，*m*；*m* 为第 *i* 年第 *k* 个半月内侵蚀性降雨日的数量（日雨量≥10 mm）；$P_{i,j,k}$ 为第 *i* 年第 *k* 个半月第 *j* 个侵蚀性降水量（mm），如果某年某个半月内没有侵蚀性降水量，即 *j*=0，则令 $P_{i,0,k}$=0；α 为参数，暖季（5~9 月）取 0.393 7，冷季（10~12 月，1~4 月）取 0.310 1；$\overline{WR}_{半月k}$ 为第 *k* 个半月平均降雨侵蚀力（$\bar{R}_{半月k}$）占多年平均年降雨侵蚀力（$\bar{R}$）的比例。

将站点多年平均 24 个半月降雨侵蚀力转为矢量文件，采用普通克里金插值方法，生成 10 m（地形图比例尺 1：1 万）或 30 m（地形图比例尺 1：5 万）空间分辨率降雨侵蚀力栅格数据；将 24 个半月降雨侵蚀力累加为年降雨侵蚀力栅格数据；将 24 个半月降雨侵蚀力除以年降雨侵蚀力，获得 24 个半月降雨侵蚀力占年降雨侵蚀力比例的栅格数据。

b. 次降水量计算法：将一年内每次降雨侵蚀力相加即得到当年的降雨侵蚀力。

②土壤可蚀性因子 表征土壤被冲被蚀的难易程度，反映土壤对侵蚀外营力剥蚀和搬运的敏感性，是影响土壤侵蚀的内在因素，指单位降雨侵蚀力在标准小区上造成的土壤流失量。

土壤可蚀性因子计算方法包括径流小区法、数学模型法、土壤理化性质测定法、仪器测定法和水动力模型试验求解法等。其中最常用的方法为径流小区法和数学模型法。

a. 径流小区法：基于收集到的径流小区观测资料，计算土壤可蚀性因子，见式(3-45)。

$$K = \frac{A}{K} \tag{3-45}$$

式中，A 为坡长 22.13 m、坡度 9%(5°)的清耕休闲径流小区观测的多年平均(一般需要 12 年以上连续观测，南方观测年限可适当减少)土壤侵蚀模数[t/(hm²·a)]；K 为与径流小区土壤侵蚀观测对应的多年平均降雨侵蚀力[MJ·mm/(hm²·h·a)]。

b. Williams 模型：Williams 等采用砂粒、粉粒、黏粒和有机碳含量 4 项土壤特征指标，计算土壤可蚀性因子，并应用于土壤侵蚀和生产力关系模型 EPIC(erosion productivity impact calculator)中。

$$K = \left\{ 0.2 + 0.3\exp\left[-0.0256S_a\left(1 - \frac{S_i}{100} \right) \right] \right\} \left(\frac{S_i}{C_l + S_i} \right)^{0.3} \left[1 - \frac{0.25C}{C + \exp(3.72 - 2.95C)} \right]$$
$$\left[1 - \frac{0.7S_n}{S_n + \exp(-5.51 + 22.9S_n)} \right] \tag{3-46}$$

式中，S_a、S_i、C_l 分别为砂粒(0.05~2 mm)含量、粉砂(0.002~0.05 mm)含量、黏粒(<0.002 mm)含量(%)；$S_n = 1 - S_a/100$；C 为有机碳含量(%)。

c. Wischmeier 模型：Wischmeier 等选用粉粒+极细砂含量、砂粒含量、有机质含量、结构和入渗 5 项土壤特征指标，计算土壤可蚀性因子，并应用于 USLE 方程中，见式(3-47)。

$$K = \frac{2.1 \times 10^{-4} \times M^{1.14} \times (12 - OM) + 3.25(S-2) + 2.5(P-3)}{100} \tag{3-47}$$

式中，$M = N_1(100 - N_2)$ 或 $M = N_1(N_3 + N_4)$，N_1 为粒径在 0.002~0.1 mm 的土壤颗粒含量百分比(%)，N_2 为粒径<0.002 mm 的土壤黏粒含量百分比(%)，N_3 为粒径在 0.002~0.05 mm 的土壤粉砂含量百分比(%)，N_4 为粒径在 0.05~2 mm 的土壤砂粒含量百分比(%)；OM 为有机质含量(%)；S 为土壤结构系数，包括极细团粒结构、细团粒结构、中等或粗团粒结构，以及块状、片状或块状 4 种结构；P 为土壤渗透性等级，包括快、中快、中、中慢、慢和极慢 6 个等级。

③坡度坡长因子 坡度因子是某一坡度土壤流失量与坡度为 5.13°、其他条件与之一致的坡面产生的土壤流失量的比率。坡长因子是指某一坡面土壤流失量与坡长为 22.13 m、其他条件与之一致的坡面产生的土壤流失量的比率。

坡度坡长因子计算公式是根据 USLE 模型提出的计算方法获取的，其中，USLE 在计算坡度因子时利用 McCool 提出的缓坡公式计算，最大坡度为 18%(10°)。因其不能满足中国实际需要，刘宝元在此基础上提出了陡坡计算公式，进一步完善了 McCool 的坡度因子计算公式。

根据 DEM，通过使用北京师范大学开发的坡度坡长工具，计算生成 10 m(对应地形图比例尺 1:1 万)或 30 m(对应地形图比例尺 1:5 万)分辨率坡度坡长 LS 因子栅格数据。

坡长因子计算公式为：

$$L_i = \frac{\lambda_i^{m+1} - \lambda_{i-1}^{m+1}}{(\lambda_i - \lambda_{i-1})(22.13)^m} \tag{3-48}$$

式中，λ_i 和 λ_{i-1} 分别为第 i 个和第 $i-1$ 个坡段的坡长(m)；m 为坡长指数，随坡度而变。

$$m = \begin{cases} 0.2 & \theta \leqslant 1° \\ 0.3 & 1° < \theta \leqslant 3° \\ 0.4 & 3° < \theta \leqslant 5° \\ 0.5 & \theta \geqslant 10° \end{cases}$$

坡度因子计算公式为：

$$S = \begin{cases} 10.8\sin\theta + 0.03 & \theta < 5° \\ 16.8\sin\theta - 0.5 & 5° \leqslant \theta < 10° \\ 21.9 - 0.96 & \theta \geqslant 10° \end{cases} \tag{3-49}$$

式中，S 为坡度因子(无量纲)；θ 为坡度(°)。

④生物措施因子　生物措施反映了地表覆盖对土壤侵蚀的作用。生物措施因子是指有生物措施的小区的土壤流失量与同等条件下清耕休闲地标准小区的土壤流失量之比，取值 0~1。主要计算方法有公式法、经验值表法和径流小区法。目前，我国区域水土流失动态监测工作中对园林草地采用公式法计算，对非园林草地采用经验值表法。

园地、林地和草地生物措施因子计算公式为：

$$B = \sum_{i=1}^{24} SLR_i WR_i \tag{3-50}$$

式中，B 为生物措施因子，取值 0~1；SLR_i 为第 i 个半月土壤流失比例，取值 0~1；WR_i 为第 i 个半月降雨侵蚀力占全年侵蚀力比例，取值 0~1。

草地 SLR_i 计算公式见式(3-51)：

$$SLR_i = \frac{1}{1.25 + 0.78845 \times 1.05968^{100 \times FVC}} \tag{3-51}$$

林地、其他林地和果园 SLR_i 计算见式(3-52)：

$$SLR_i = 0.44468 \times e(-3.20096 \times GD) - 0.04099 \times e(FVC - FVC \times GD) + 0.025 \tag{3-52}$$

式中，FVC 为基于 NDVI 计算的植被覆盖度，取值范围为 0~100%；GD 为乔木林的林下盖度，根据野外调查实测或经验进行取值，取值范围为 0~1。

非园地、林地和草地的其他各类土地利用类型可参阅水土流失动态监测技术指南查表赋值(表 3-12)。

表 3-12　非园地、林地、草地的 B 因子赋值

土地利用一级类型	土地利用二级类型	代码	B 因子值	说明
耕地	水田	11	1	水保效益通过耕作措施因子反映
	水浇地	12	1	水保效益通过耕作措施因子反映
	旱地	13	1	水保效益通过耕作措施因子反映

（续）

土地利用一级类型	土地利用二级类型	代码	B因子值	说明
建设用地	城镇建设用地	51	0.01	相当于80%的植被覆盖
	农村建设用地	52	0.025	相当于60%的植被覆盖
	人为扰动用地	53	1	相当于无植被覆盖
	其他建设用地	54	0.01	相当于40%的植被覆盖
交通运输用地	农村道路	61	1	相当于无植被覆盖
	其他交通用地	62	0.01	相当于80%的植被覆盖
水域及水利设施用地		7	0	强制为0，使得侵蚀量等于0
其他土地		8	0	"裸地"或"裸土"字符则赋值为1，否则赋值为0（非调查重点，强制使得侵蚀量为0，强制B=0且易实现）

注：其他土地包括沼泽地、盐碱地、沙地、垃圾场、养殖场、未知地等。

⑤工程措施因子　工程措施指通过改变小地形（如坡改梯、引水拉沙等）来改善农业生产条件，以减少或防止土壤侵蚀而采取的措施。工程措施因子是指有工程措施的小区的土壤流失量与同等条件下清耕休闲地标准小区的土壤流失量之比，数值在0~1。主要计算方法有径流小区法、经验值表法、公式法。

工程措施因子是由标准小区长期观测资料率定得到，为无量纲经验值，主要根据某种土地利用类型是否具有水土保持措施进行赋值，其赋值方法是根据 USLE 模型 P 因子值表进行赋值或通过径流小区实测资料计算获得。某种水保工程措施因子计算公式为：

$$E = \frac{A_1}{A_0} \qquad (3\text{-}53)$$

式中，A_1 为具有工程措施的径流小区（其他条件与标准径流小区相同）土壤侵蚀模数；A_0 为裸地标准径流小区土壤侵蚀模数。

在 CSLE 模型中，刘宝元提出针对不同土地利用类型的工程措施因子计算公式为：

$$E' = \sum_{i=1}^{n} (\alpha_1 E_1 + \alpha_2 E_2 + \cdots + \alpha_n E_n) \qquad (3\text{-}54)$$

式中，E' 为某一土地利用类型的工程措施因子；E_i 为某一类工程措施的 E 因子值；α_i 为某一土地利用类型上采取的某一类工程措施占该土地利用类型面积的百分比（%）；n 为工程措施的类别数。

目前，我国区域水土流失动态监测工作中工程措施因子的计算采用经验值表法。

根据遥感解译获取的工程措施类型，按照水土保持工程措施因子赋值表（表3-13），获取水土保持工程措施因子值。经重采样，生成 10 m 空间分辨率（对应地形图比例尺 1∶1万）或 30 m 空间分辨率（对应地形图比例尺 1∶5万）的工程措施 E 因子栅格数据。

表3-13　水土保持工程措施因子赋值

二级级类	工程措施名称	工程措施代码	因子值 E
梯田	土坎水平梯田	20101	0.084
	石坎水平梯田	20102	0.121
	坡式梯田	20103	0.414
	隔坡梯田	20104	0.347

(续)

二级级类	工程措施名称	工程措施代码	因子值 E
地埂		202	0.347
水平阶(反坡梯田)		204	0.151
水平沟		205	0.335
鱼鳞坑		206	0.249
大型果树坑		207	0.16

⑥耕作措施因子 耕作措施指以犁、锄、耙等为耕地农具所采用的措施,以达到保水保土保肥的目的。耕作措施因子是指有耕作措施的小区的土壤流失量与同等条件下清耕休闲地标准小区的土壤流失量之比,数值在 0~1。

耕作措施因子也是由标准径流小区长期观测资料率定得到,为无量纲经验值,主要根据某种土地利用类型是否具有水土保持措施进行赋值,其计算方法是通过坡度来确定耕作措施因子或通过径流小区实测资料计算获得。某种耕作措施因子计算见式(3-55):

$$T = \frac{A_1}{A_0} \tag{3-55}$$

式中, A_1 为具有耕作措施径流小区(其他条件与标准径流小区的相同)土壤侵蚀模数; A_0 为标准小区土壤侵蚀模数。

在 CSLE 模型中,刘宝元提出针对不同土地利用类型的耕作措施因子计算公式:

$$T' = \sum_{i=1}^{m} (\beta_1 T_1 + \beta_2 T_2 + \cdots + \beta_n T_m) \tag{3-56}$$

式中, T' 为某一土地利用类型的耕作措施因子; T_i 为某一类耕作措施的 T 因子值; β_i 为某一土地利用类型上采取的某一类耕作措施占该土地利用类型面积的百分比(%); m 为耕作措施的类别数。

目前,我国区域水土流失动态监测工作中耕作措施因子的计算采用经验值表法。

根据全国轮作区及耕作措施赋值表(表 3-14),获取耕作措施因子值。经重采样,生成 10 m(地形图比例尺 1:1 万)或 30 m 空间分辨率(地形图比例尺 1:5 万)的耕作措施 T 因子栅格数据。

表 3-14 全国轮作区名称及代码(含 T 因子赋值)

一级区	一级区名	二级区	二级区名	T 值
01	青藏高原喜凉作物一熟轮歇区	11	藏东南川西河谷地喜凉作物一熟区	0.272
		12	海北甘南高原喜凉作物一熟轮歇区	0.272
02	北部中高原半干旱喜凉作物一熟区	21	后山坝上晋北高原山地半干旱喜凉作物一熟区	0.488
		22	陇中青东宁中南黄土丘陵半干旱喜凉作物一熟区	0.488
03	北部低高原易旱喜温一熟区	31	辽吉西蒙东南晋北半干旱喜温作物一熟区	0.417
		32	黄土高原东部易旱喜温作物一熟区	0.417
		33	晋东半湿润易旱作物一熟填闲区	0.417
		34	渭北陇东半湿润易旱冬小麦一熟填闲区	0.417

（续）

一级区	一级区名	二级区	二级区名	T值
04	东北平原丘陵半湿润喜温作物一熟区	41	大小兴安岭山麓岗地喜凉作物一熟区	0.331
		42	三江平原长白山地温凉作物一熟区	0.331
		43	松嫩平原喜温作物一熟区	0.331
		44	辽河平原丘陵温暖作物一熟填闲区	0.331
05	西北干旱灌溉一熟兼二熟区	51	河套河西灌溉一熟填闲区	0.279
		52	北疆灌溉一熟填闲区	0.281
		53	南疆东疆绿洲二熟一熟区	0.281
06	黄淮海平原丘陵水浇地二熟旱地二熟一熟区	61	燕山太行山前平原水浇地套复二熟旱地一熟区	0.397
		62	黑龙港缺水低平原水浇地二熟旱地一熟区	0.426
		63	鲁西北豫北平原水浇地粮棉两熟一熟区	0.391
		64	山东丘陵水浇地二熟旱坡地花生棉花一熟区	0.425
		65	黄淮平原南阳盆地旱地水浇地二熟区	0.413
		66	汾渭谷地水浇地二熟旱地一熟二熟区	0.378
		67	豫西丘陵山地旱地坡地一熟水浇地二熟区	0.392
07	西南中高原山地旱地二熟一熟水田二熟区	71	秦巴山区旱地二熟一熟兼水田两熟区	0.403
		72	川鄂湘黔低高原山地水田旱地两熟兼一熟区	0.396
		73	贵州高原水田旱地两熟一熟区	0.410
		74	云南高原水田旱地二熟一熟区	0.425
		75	滇黔边境高原山地河谷旱地一熟两熟区	0.429
08	江淮平原丘陵麦稻二熟区	81	江淮平原麦稻两熟兼三熟区	0.392
		82	鄂豫皖丘陵平原水田旱地两熟兼三熟区	0.372
09	四川盆地水旱二熟兼三熟区	91	盆西成都平原水田麦稻两熟区	0.422
		92	盆东丘陵低山水田旱地两熟三熟区	0.411
10	长江中下游平原丘陵水田三熟二熟区	101	沿江平原丘陵水田旱三熟二熟区	0.338
		102	两湖平原丘陵水田中三熟二熟区	0.312
11	东南丘陵山地水田旱地二熟三熟区	111	浙闽丘陵山地水田旱地三熟二熟区	0.354
		112	南岭丘陵山地水田旱地二熟三熟区	0.338
		113	滇南山地旱地水田二熟兼三熟区	0.395
12	华南丘陵沿海平原晚三熟热三熟区	121	华南低平原晚三熟区	0.466
		122	华南沿海西双版纳台南二熟三熟与热作区	0.459

注：全国轮作区分区详见《中国耕作制度 70 年》中附录 3《中国耕作制度区划县（市）名录》（中国农业出版社，2005 年）。

获取各因子栅格数据后，在 GIS 技术支持下，利用 CSLE 模型计算各栅格土壤侵蚀模数，依据水利部颁布的《土壤侵蚀分类分级标准》（SL 190—2007）评价土壤水蚀强度状况。

3.3.4　物理模型法

理论物理模型能较好地反映侵蚀机理，考虑因素全面，涉及与土壤侵蚀相关的所有过程。以土壤侵蚀过程为基础，利用水文学、水力学、土壤学、河流泥沙动力学及其他相关学科的基本原理，定量描述降雨及下垫面影响下的土壤侵蚀产沙过程，从而预报给定时间内的土壤侵蚀量及土壤侵蚀时空分布状况。但现阶段的物理模型大都停留在坡面及小流域尺度上，物理参数过多且难以获取，正处在日益完善和由传统集总式模型向以流域单元划分的分布式模型过渡的发展之中。

3.3.4.1　美国水蚀预报模型

由于 USLE 是经验统计模型，不能预测次降雨过程中所产生的土壤流失量、侵蚀过程和沉积位置等，难以模拟复杂坡面的侵蚀状况。为克服这些缺点，1985 年，美国农业部开展了用于替代 USLE 的新一代水蚀预报项目 WEPP（water Erosion Prediction Project）的研究。其在 1987 年完成了用户要求报告并规定了基本框架，1995 年发布 DOS 操作系统的坡面和流域版，1999 年改为 Windows 界面。为利用 DEM 自动生成流域边界、沟道和坡面，其在 1996 年开发基于 GIS 的 WEPP 版本，2001 年发布 GeoWEPP，2004 年发布网络版 GeoWEPP，可以通过互联网与农业部国家土壤侵蚀研究实验室服务器连接。

WEPP 模型模拟的主要过程包括入渗、径流、雨滴和径流分类作用、泥沙输移、沉积、植物生长和残茬分解等，可模拟每天多层土壤含水量变化及作物生长与残茬腐烂，也能模拟耕作方式及土壤压实对土壤侵蚀的影响。流域版 WEPP 模型是基于过程的连续模拟模型，评价小流域内地形、土壤特性及土地利用状况的时空变异性，可以确定沟道内泥沙沉积和侵蚀区域，反映农业管理措施实施对流域内侵蚀沉积过程时空变异性的影响等。

WEPP 模型外延性强，可较好地反映侵蚀产沙时空分布。但模型侵蚀产沙基础方程基于稳态建立，与实际瞬态侵蚀过程不符；细沟侵蚀预报没有考虑细沟流量随细沟发育过程的变化，忽略了降雨和下垫面条件对细沟分布密度的影响；不能用于预报切沟和河道侵蚀。

3.3.4.2　欧洲土壤侵蚀模型

欧洲 1986 年提出开展机理模型研究，1994 年推出欧洲土壤侵蚀模型 EROSEM（european soil erosion model），1998 年发布了基于 GIS 的新版本。

EROSEM 是以预报次暴雨造成的土壤流失量为目标的过程模型，用于描述和预报田间及流域尺度土壤流失及评价土壤保护措施。该模型从侵蚀产沙的过程入手，考虑植被截留、土壤表面状况、径流产生、剥蚀及径流搬运能力等方面对侵蚀过程的影响，将侵蚀分为细沟侵蚀和细沟间侵蚀两部分，尤其考虑了壤中流在自然景观中所起的重要作用，并根据区域降雨特性，采用与 RUSLE 不同的计算方法来计算降雨侵蚀力。

目前，EROSEM 并不能很好地模拟切沟侵蚀。由于该模型是一个针对欧洲平原地区的地貌和侵蚀特点的模型，适用于缓坡为主的小流域，在我国应用受到一定的限制。

3.3.4.3　荷兰土壤侵蚀模型

荷兰乌德勒大学和阿姆斯特丹大学以荷兰南部 Limburg（林堡）黄土地区为对象，1996 年研发了自带 GIS 栅格计算功能 PC-Raster 工具的荷兰土壤侵蚀模型 LISEM（limburg soil erosion model）。

LISEM 属于次降雨过程模拟，不仅实现了径流和侵蚀的空间计算，还能输入遥感数据，也可采用其他 GIS 软件，具有很强的灵活性。该模型较详细地考虑侵蚀产沙的各个过程，包括降雨、截留、填洼、渗透、水分垂直运动、表层水流、沟道水流、土壤分散和泥沙输移等过程，同时考虑了道路、轮痕和田间小路对水文和侵蚀过程的影响。

LISEM 可模拟 1~100 hm² 小流域次降雨所产生的径流量和侵蚀量，但不能应用于多个子流域组合的大流域的侵蚀产沙预报。模型中的许多参数需通过一系列野外观测才能获得，提高了模型的运行费用，限制了模型的推广应用。

3.3.4.4 其他模型

(1)澳大利亚格里菲斯大学土壤侵蚀模型

澳大利亚格里菲斯大学开发了坡面次降雨土壤侵蚀模型 GUEST(griffith university erosion system template)，1998 年引入 Hairsine(海尔辛)等提出的坡面水流模型和雨滴溅蚀过程，使其继续发展和完善。

GUEST 模型主要包括雨滴分离、径流分离和泥沙沉积 3 个子过程，还考虑了降雨和径流对新淤土层的二次分离、分散和搬运作用。

GUEST 模型需已知坡面出口断面径流过程，同时主要适用于裸地径流小区和坡度均匀的情况，因此限制了在其他地区的使用。

(2)农田管理系统化合物、径流和侵蚀模拟模型

为了评价田间尺度多种措施实施下的土壤侵蚀和水质状况，美国农业部于 20 世纪 80 年代推出农田管理系统化合物、径流和侵蚀模拟模型 CREAMS(chemical runoff and erosion from agricultural management systems)。

该模型包括径流、侵蚀产沙和化学污染物模拟 3 部分。其中，径流用曲线数法或 Green-Ampt 下渗曲线法计算；用修正的 USLE 进行坡面侵蚀量的计算；用 Foster(弗斯特)等提出的泥沙连续方程进行汇沙计算。不仅可用于预报次暴雨，也可用于预报长期平均值。

该模型参数单一，没有考虑流域土壤、地形和土地利用状况的差异，不适用于复杂地貌状况；不提供降雨过程信息，只能用于粗略计算和预测预报。

(3)流域非点源流域环境响应模型

流域非点源流域环境响应模型是 Beasley(比斯利)和 Huggins(哈金斯)在 20 世纪 70 年代原有流域非点源流域环境响应模型 ANSWERS(areal non-point source watershed environment response simulation)的基础上建立的，之后又对模型进行了改进和完善，使其能够用于次降雨条件下的地表径流模拟和土壤侵蚀量的测算，且是能模拟农业地区雨后及降雨期间流域水文特征的分布式模型。

ANSWERS 涉及的物理过程包括地表水文过程、侵蚀和泥沙运动过程，以及氮磷营养元素的运移过程。在土壤侵蚀研究中，该模型用于 BMPs 最佳管理措施对流域泥沙及水文过程的影响。

该模型与 EROSEM 一样，也是针对欧洲平原地区开发的，从机理上对缓坡侵蚀过程进行了量化分析，但模型中采用统计模型渗透方程，土壤侵蚀以 USLE 为基础，限制了模型的推广与应用。

(4)土壤侵蚀和生产力关系模型

土壤侵蚀和生产力关系模型是 Williams(威廉姆斯)等在 1984 年研制的基于"气候-土壤-作物-管理"综合连续系统的动力学模型 EPIC，可以评价土壤侵蚀对土壤生产力的影

响，能够模拟时间步长为一季度至上百年的农业生产和水土资源管理的效果。

EPIC 模型有气象模拟、水文模拟、侵蚀泥沙、营养循环、农药残留、植物生长、土壤温度、土壤耕作、经济效益和植物环境控制等模块，包括 350 多个数学方程，可模拟侵蚀产沙输沙、营养元素循环和作物生长等。

EPIC 只能模拟和计算约 1 hm^2 的区域，且所需的输入数据量大，在流域研究中未能得到广泛的应用。

思考题

1. 什么是坡面侵蚀监测？如何进行坡面侵蚀监测场地的选择及勘查？
2. 坡地径流场小区设计和布设的依据是什么？坡地径流场观测内容与方法有哪些？
3. 什么是小流域侵蚀监测？如何进行小流域选择与监测断面选取？
4. 如何开展小流域调查及径流与泥沙测定？
5. 什么是区域水力侵蚀监测？区域水力侵蚀监测方法及其优缺点是什么？

参考文献

郭索彦，李智广，2009. 我国水土保持监测的发展历程与成就[J]. 中国水土保持科学，7(5)：19-24.

郭索彦，2010. 水土保持监测理论与方法[M]. 北京：中国水利水电出版社.

郭索彦，2014. 土壤侵蚀调查与评价[M]. 北京：中国水利水电出版社.

李智广，2018. 水土保持监测[M]. 北京：中国水利水电出版社.

水利部国际合作与科技司，2010. 水利技术标准汇编·水土保持卷[M]. 北京：中国水利水电出版社.

水利部水土保持监测中心，2021. 2021 年度水土流失动态监测技术指南(水保监〔2021〕45 号)[Z]. 北京：水利部水土保持监测中心.

水利部水土保持监测中心，2015. 径流小区和小流域水土保持监测手册[M]. 北京：中国水利水电出版社.

王兵，丁访军，2012. 森林生态系统长期定位研究标准体系[M]. 北京：中国林业出版社.

谢云，岳天雨，2018. 土壤侵蚀模型在水土保持实践中的应用[J]. 中国水土保持科学，16(1)：25-37.

杨勤科，2015. 区域水土流失监测与评价[M]. 郑州：黄河水利出版社.

张曾哲，1994. 流域水文学[M]. 北京：中国林业出版社.

张建军，朱金兆，2013. 水土保持监测指标的观测方法[M]. 北京：中国林业出版社.

中华人民共和国水利部，2008. 土壤侵蚀分类分级标准：SL 190—2007[S]. 北京：中国水利水电出版社.

周瑞鹏，屈丽琴，赵莹，等，2022. 美国土壤侵蚀的调查体系和演变特征[J]. 中国水土保持科学，20(2)：139-150.

第 4 章

风力侵蚀监测

风力侵蚀(简称风蚀)是指土壤颗粒或沙粒在气流冲击作用下脱离地表，被搬运和堆积的一系列过程，以及随风运动的沙粒在打击岩石表面的过程中，使岩石碎屑剥离，出现擦痕与蜂窝的现象。风力侵蚀形式主要有沙丘(堆)及沙丘链、沙波纹、石漠与砾漠、风蚀洼地、风蚀谷与风蚀残丘和风蚀垄槽(雅丹)等。风力侵蚀监测就是对风力作用下的水土流失状况及其影响因素进行监测，评价风蚀对生态环境的影响，为水土保持规划、综合治理提供依据，一般可分为风蚀定位监测、沙源及沙丘状况监测、区域风蚀监测。风蚀定位监测是以风力侵蚀观测场为单元，监测风速风向、地表风蚀强度与风蚀量、输沙量、降尘及沙尘天气等的变化；沙源及沙丘状况监测是以沙漠、流动沙丘为单元，监测沙源、沙丘基本状况、沙丘地表形态及移动速度等；区域风蚀监测是以风力侵蚀区为单元，监测区域风力侵蚀状况及影响因子，评价区域水土保持措施及其效益。

4.1 风蚀定位监测

土壤风蚀的发生，一方面受起沙风的影响；另一方面也与土壤、植被、气象、地形及人为干扰活动有关。因此，风蚀监测不仅要关注引起风蚀的驱动力——起动风速与起沙风，也要关注风蚀的结果——风蚀强度、风蚀量、输沙量、沙尘浓度、降尘量等风沙活动变化，同时还需要监测能影响土壤风蚀的气象、土壤、地形、植被、人为活动等因子。关于土壤风蚀影响因子的监测参见第 2 章土壤侵蚀影响因素监测和其他参考书，本节重点介绍驱动力、风蚀结果的监测。

4.1.1 风蚀观测场布设

4.1.1.1 场地选择

①在干旱、半干旱风沙区选择风蚀或风沙活动具有区域典型性和代表性的地势开阔的地段作为观测场。观测场内既包含裸露、无防护的流动沙地(沙丘)，又包括半固定、固定沙地(沙丘)及其他区域内主要的地形地貌类型。在半湿润风沙区，则尽可能选择具有代表性的地势开阔、裸露、无防护的地段作观测场。

②观测场周围 100 m 以内尽量避免有围墙、建筑物、防护林、大型施工机械等影响风蚀或风沙运动的障碍物。

③观测场不宜设在风口、有狭窄过风面积、人为干扰强烈、牲畜活动频繁、干涸渠道、坟地等地段。

4.1.1.2　布局及设施设备

（1）场地布局

在干旱、半干旱风沙区，风蚀观测场面积一般应不小于 25 hm²；在半湿润地区的风蚀观测场面积应不小于 1 hm²，且地面要保持自然状态。观测场内至少设置标准观测区一个。标准观测区为地势开阔、裸露、无防护的地段，主要开展风速风向、风蚀强度、输沙量、流动沙丘运动等指标的观测，其面积不小于 1 hm²。

为开展不同防治措施、不同下垫面特征对风蚀的影响的监测，可在观测场内依观测目的、观测因子的不同而设立其他风蚀观测区。每个观测区的面积不小于 100 m²，数量需符合观测目的及统计要求，一般可设立 3 个重复。

（2）设施设备

设施设备配置分为风蚀标准观测区配置、风速风向及其他气象要素观测配置。

①风蚀标准观测区配置　建立在观测场的上风向，风蚀强度与风蚀量的监测需配置插钎、风蚀桥、风蚀盘、风蚀传感器等设备，单独或联合使用；输沙强度与输沙量的监测需配置不同类型的集沙仪；降尘强度与降尘量的监测需配置不同类型的降尘缸。

②风速风向及其他气象要素观测配置　可通过设置小气候观测站或标准气象站获得。小气候观测站或标准气象站应设在标准观测区的中部。若小气候观测站或标准气象站不在观测场内部设置，则站点与观测场的距离不应超过 1 km。小气候观测站或标准气象站可实时测定监测期间的风速、风向、大气温度、大气相对湿度、太阳辐射、蒸发量、土壤温湿度等，各仪器设备高度按标准气象站一般要求设置。对于风速监测，风速观测仪器方面应选择范围大（30~40 m/s）、性能稳定，能在低温（-40℃）、高温（+60℃）环境下正常工作的自记风速计；其他气象仪器的选择要符合标准气象站指标观测的最低要求，同时能在低温（-40℃）、高温（+60℃）环境下正常工作。若需进行地形、土壤、植被、下垫面粗糙度、田间管理措施等观测，可配置与各测定指标观测相关的设施设备。

4.1.2　风速风向观测

风是风蚀与风沙运动的驱动力，是风蚀计算与输沙量观测的重要指标。风是矢量，其观测包括风速和风向的观测。目前关于风的定位观测主要采用自动观测系统进行，测定不同高度的风速，但在野外半定位观测中，常用人工测定与自动采集两种方法进行。关于风速风向的常规监测，可结合安装在观测场内或附近的小气候观测站或标准气象站观测。此处重点介绍沙粒起动风速、起沙风况、风速廓线与防风效应的观测。

4.1.2.1　沙粒起动风速

研究区域的风沙运动，首先要确定该区域的起动风速。对于某一区域的沙粒来说，因其机械组成、地表粗糙程度、湿润状况等因子不同，起动风速也不同。沙粒起动风速是确定风沙运动发生与否及其强度的重要依据。为此，可以根据野外观测沙粒是否发生运动来确定沙粒的起动风速。

在野外调查中，可手持风速仪进行起动风速的观测，并做简要记录和描述。目前，野外测定沙粒起动风速仍采用仿真风沙地沙粒起动测定法进行。具体方法为：

①在已备好的一块模板上，喷上胶，均匀地撒上一层沙子制成平整的仿真地面，在选

择好的地段将仿真地面埋入沙中，使其与地面无缝隙连接，并在其上撒上薄层沙子。

②在紧挨仿真地面的背风向地面上平铺一块醒目的白纸。

③在野外用瞬时风速仪观察风速的变化，并时刻注意仿真地面和白纸上沙粒的动态。随着风力的逐渐增大，当发现仿真床面有个别沙粒开始运动或白纸上有沙粒出现时，记录下此时瞬时风速仪所测定出的风速，则该风速即为沙粒的起动风速。

为了更准确地描述沙粒的起动风速，一般需要进行多次平行测定，而后求其算术平均值即可得出该状态下的起动风速。目前，对于干旱、半干旱风沙区，一般采用 2 m 高度处 5.0 m/s 的风速作为起动风速。

4.1.2.2　起沙风况

利用风蚀观测场内或附近安装的 2 m 高度的小气候观测站或标准气象站记录的风速与风向数据，统计出 16 个风向大于起动风速的不同风速等级的持续时间（附表 14）。若利用观测场附近气象部门 10 m 高度气象台的气象数据时，应转换为 2 m 高度的气象数据。在区域风蚀监测中，目前主要使用气象部门多年的气象数据进行起沙风速与风向的统计，并按步长 1 m/s 的间隔进行等级划分。

4.1.2.3　风速廓线与防风效应

（1）风速廓线

风速廓线又称平均风速梯度，指风速随高度的分布曲线，是风的重要特性之一。它受地形、大气层结稳定度、天气形势的影响，在铅直方向上有不同的分布规律。

一般情况下，近地层风速廓线可用幂次律计算，见式（4-1）：

$$\bar{u}_z = \bar{u}_1 \left(\frac{z}{z_1} \right)^n \tag{4-1}$$

式中，$\bar{u}_z$ 为距离地面 z 高度处的平均风速；$\bar{u}_1$ 为距离地面 z_1 高度处的平均风速；指数 n 随层结稳定度而定，中性层结 $n \approx 0.25$，不稳定层结 n 较小，稳定层结 n 较大。

风速廓线的测量常采用多通道风杯风速计进行。安装风杯的主支架通常是圆柱杆或铁塔，主支架上再分出伸臂和支架。伸臂和支架均应伸出到远离主支架的迎风方向上。为避免不同高度处的风杯互相影响，上下层风杯间呈一定的夹角，伸臂和支架超出主支架 1 m。在近地层测量风速廓线时，仪器安装高度上多取等比数列分布，如在铁塔上分别在 0.25 m、0.5 m、1 m、2 m、4 m、8 m 等高度上安装风杯。如果所有仪器都安装在一根铁管上，风杯间会相互影响，影响测定数据的准确性，为避免不同高度风杯的相互干扰，可多备几根铁管，将风杯分别安装在不同的铁管上，形成不同高度梯度并同步观测，也可达到同时测量风速廓线的目的。

（2）防风效应观测

为同步开展不同防治措施、不同地形对风速的影响的监测，可采用多通道风速风向记录仪进行风速风向观测（图 4-1）。

观测时，在不同防治措施、不同地形条件下，布设风杯安装圆柱形不锈钢测杆，测杆上延伸出 50~100 cm 的伸臂支架。在支架上安装多通道风速风向记录仪的风杯。一般情况下，在测杆上安装 20 cm 和 200 cm 两个高度的风杯，测定两个高度的风速即可，风向标安装在任意测杆顶部。如果同时测定不同条件下的风速变化、防风效应及风速廓线，测杆

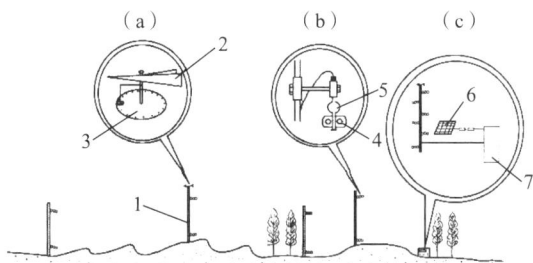

图 4-1　多通道风速风向记录仪

(a)风向感应部分；(b)风速感应部分；(c)数据采集部分
1-风速仪固定支架；2-风向标；3-风向感应盘；4-风杯；
5-风速感应器；6-太阳能电池；7-数据采集、显示、储存器

上可同步安装 4~6 个风杯。

4.1.2.4　地表粗糙度

粗糙度是反映地表粗糙程度的参数，是表征下垫面特性的一个重要物理量。在流体力学中，通常把固体表面凸出部分的平均高度称为粗糙度。在近地表气流中，风力随高度的增加而增加。这是因为地面对气流的阻力随高度的增加而减小，因此，在贴近地面某一高度上，可以找到风力与地面阻力相等的情况。此高度以下的风速为零，这个风速等于零的高度称为地表粗糙度。

粗糙度也是衡量防沙治沙效益的一个重要指标。防沙治沙工程均是通过采取一些防沙措施来改变地面粗糙度性质，以控制风沙流活动或改变其蚀积过程。如草方格沙障是增大地面粗糙度以降低风速，沙面不致受到风蚀，从而固定近地表流沙或使风沙流达到饱和而在沙障附近卸载。

根据粗糙度定义，直接测定地表上风速为零的高度，是十分困难的。因此，这个风速为零的高度是通过间接的方法测定，运用近地表气流在大气层结构为中性情况下的风速随高度分布规律进行计算。计算见式(4-2)：

$$V = 5.57 u_* \lg \frac{z}{z_0} \tag{4-2}$$

式中，V 为距离地面 z 高度处的风速(m/s)；z 为距离地面高度(cm)；u_* 为摩阻流速(m/s)；z_0 为地表粗糙度(cm)。

可以推导出粗糙度的计算公式为式(4-3)：

$$\lg z_0 = \frac{\lg z_2 - \dfrac{V_2}{V_1}\lg z_1}{1 - \dfrac{V_2}{V_1}} \tag{4-3}$$

式中，V_1 为距离地面 z_1 高度处的风速(m/s)；V_2 为距离地面 z_2 高度处的风速(m/s)。

由此可知，只要在野外测定出某一地表上任意两个高度所对应的风速，即可计算出某一地表的粗糙度。一般测定 50 cm 和 200 cm 高度处的风速，但从长期的风沙工程测试中发现，测定近地面 20 cm 处的风速，效果更佳，特别是对于草方格等低立式沙障，效果

更好。

4.1.3 地表风蚀强度与风蚀量监测

一定条件下，单位时间单位面积上风蚀的土壤质量称为土壤风蚀量。发生风蚀的过程主要是从地面分离的土粒被搬运损失的过程，因此，风蚀量可用一定条件下的风的搬运量来表示。拜格诺对沙丘沙和土壤搬运能力的研究结果表明，在一定条件下，风的搬动能力与摩阻流速的三次方成正比，即

$$Q = f \frac{\rho}{g} u_*^3 \tag{4-4}$$

式中，Q 为土壤风蚀强度 $[g/(cm \cdot s)]$；f 为与土粒性质有关的系数；g 为重力加速度 (cm/s^2)；u_* 为摩阻流速 (m/s)；ρ 为空气密度 (kg/cm^3)。

风蚀强度是指单位时间内单位面积地表土壤的平均风蚀或堆积深度，它与风蚀量关系密切。自然界影响风的搬运能力的因素十分复杂，不仅有风力的大小，还有土粒的粒径、形状、相对密度、沙粒的湿润程度、地表状况和空气稳定度等。因此，关于风蚀量的研究多采用风蚀量与风速间的经验公式近似计算或采用多因子的风蚀模型计算。事实上，风蚀量也可通过实地大面积监测地表土壤风蚀强度而进行直接观测，即在野外可通过定位测量地面高程的变化(如蚀积深度)来监测一个区域是风蚀还是堆积，求得该地区的风蚀强度，进而计算该地区的土壤风蚀量。

地表风蚀强度与风蚀量的常用监测方法有测钎法、风蚀桥法、三维激光扫描法等。其中，测钎、风蚀桥均可根据需要布设在风蚀观测场内，而三维激光地物扫描仪则根据监测需要在测定时携带至观测场内使用，测定完毕后带回。

4.1.3.1 测钎法

(1)测钎布设

在风蚀标准观测区及其他需要进行风蚀监测的观测区内，按 2 m×2 m 或其他间距布设测钎。测钎采用不易变形、热胀冷缩系数小、不易风化腐蚀的直径为 5 mm 左右的钢钎，测钎长度与布设深度依监测区的风蚀强度而定。对于弱风蚀堆积区，可选用 0.5 m 长的测钎，地面以上保留 20 cm；对于强风蚀堆积区，可选用 1.0 m 或更长的测钎，地面以上保留 50 cm。测钎布设完成后，绘制测钎布设图，并依一定顺序为每根测钎编号，以便记录测钎高度的变化。

(2)测钎测量

布设测钎的同时，用钢尺测量测钎顶部或测钎上某一标记位置(记为初始测量位置)到地面的距离，并按编号记录其高度($D_{前}$)。如果需要监测每次大风天气造成的风蚀变化，则必须在刮风前后对观测样地内的每根测钎进行测量，记录测钎初始位置到地面的距离($D_{后}$)。如果监测一定时间段内风蚀的动态变化，则可定期测量初始位置至地面的高度($D_{后}$)。测量测钎前后两次的高度差即为风蚀或堆积深度，记为 ΔD，则

$$\Delta D = D_{前} - D_{后}$$

当 ΔD 为正时，表示测钎所处的地表处于堆积状态；当 ΔD 为负时，则表示测钎所处的地表处于风蚀状态。

监测间隔可根据大风发生的频率确定，大风频率高，监测的间隔可以相对短一些；大风频率低，监测的间隔可长一些。一般的监测间隔为 15~30 d。监测记录见附表 15。

为避免因踩踏测钎周围而造成测量误差，观测时观测人员的脚应离开测钎一定距离（>30 cm），并尽量避免在测钎布设区来回走动、采样及进行其他指标的监测。

（3）风蚀强度与风蚀量计算

设一定间隔时间段，每根测钎初始位置到地面距离的变化量为 ΔD_i，则观测场内平均风蚀厚度（H）的计算见式（4-5）：

$$H = \sum_{i=1}^{n} \frac{\Delta D_i}{n} \tag{4-5}$$

式中，n 为观测场地内布设的测钎总数，如果监测过程中有测钎丢失，则 n 为最近一次测量时观测样地内测钎的保存数；ΔD_i 为第 i 根测钎初始位置到地面距离的变化量；H 为观测场平均风蚀厚度。

同样地，如果计算出的 H 为负值，说明观测场发生了风蚀；如果 H 为正值，则说明观测场发生了堆积。

风蚀强度（I_W）可用一定时间段内的平均风蚀厚度表示，即

$$I_W = \frac{H}{T} \tag{4-6}$$

式中，I_W 为风蚀强度；H 为观测场内平均风蚀厚度；T 为监测时段。

风蚀量可通过单位时间内平均风蚀深度（或风蚀强度）与单位面积及土壤容重来计算，见式（4-7）、式（4-8）：

$$W_E = \Delta H \gamma A \tag{4-7}$$

$$W_E = I_W T \gamma A \tag{4-8}$$

式中，W_E 为风蚀量（t）；ΔH 为风蚀深度（m）；γ 为容重（t/m³）；A 为土壤风蚀监测地段代表面积（m²）；I_W 为风蚀强度；T 为监测时段。

4.1.3.2　风蚀桥法

（1）风蚀桥布设

风蚀桥是用不易变形的金属制成的"Π"形框架，由两根桥腿（长约 50 cm 的钢筋）和 1 个横梁组成（图 4-2）。桥腿直径 5~8 mm，高 50 cm；横梁宽 2 cm，长 110 cm（刻度部分 100 cm）。梁上每隔 10 cm 刻画出测量用标记，并按从左到右的顺序进行编号。桥腿两端与横梁焊接成直角。

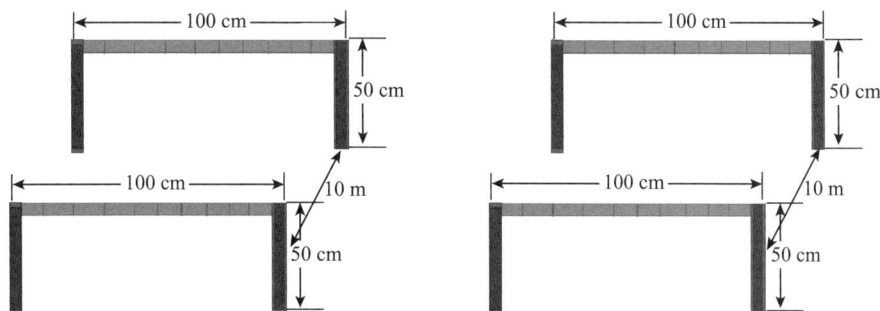

图 4-2　风蚀桥及其布设

在风蚀观测场内，沿与主风向垂直的方向布设单排或多排风蚀桥。风蚀桥桥腿插入土中 30 cm，要保证在重力作用下风蚀桥不会自然下沉，桥梁尽可能保持水平。风蚀桥间间距为 5 m 或 10 m，如果是多排布设，排距为 30~50 m。布设风蚀桥时，需要对每个风蚀桥按顺序进行编号，并绘制风蚀桥在监测场地内的分布图。

（2）风蚀桥测量

布设风蚀桥后，用钢尺在每个风蚀桥梁上按从左到右的顺序，测量桥梁上表面到地面的垂直距离。每个风蚀桥上测量 10 个数据，这 10 个数据可以反映风蚀桥下地面高程的起伏变化的原始状态。

定期（15~30 d）对观测场地内的所有风蚀桥按顺序进行观测，记录每个风蚀桥上每个测量标记到地面的垂直距离。与测钎法类同，每个风蚀桥上测点前后两次之差即可表示地表土壤风蚀或堆积的深度。具体记录表格见附表 16。

观测时，观测人员应该尽可能离风蚀桥一定距离，从侧面进行测量，防止因踩踏风蚀桥下面而造成测量误差。

（3）风蚀强度与风蚀量计算

将每个风蚀桥对应测点的风蚀或堆积深度进行平均，即可获得 1 m 长度内的平均风蚀深度，对监测地段内的 m 个风蚀桥的深度量测后即可获得所监测的平均风蚀深度，见式（4-9）：

$$H = \sum_{j=1}^{m} \frac{H_j}{m} \tag{4-9}$$

式中，H 为平均风蚀深度（m）；H_j 为第 j 个风蚀桥 1 m 长度内的平均风蚀深度（m）；m 为风蚀桥数量。

同样地，可用该观测区域土壤的平均容重、面积来获得观测区域的土壤风蚀量，见式（4-10）：

$$W_E = H\gamma A \tag{4-10}$$

式中，W_E 为观测区域的土壤风蚀量（t）；H 为平均风蚀深度（m）；γ 为观测区域的土壤容重（t/m³）；A 为观测区域面积（m²）。

4.1.3.3　三维激光扫描法

在进行地面风蚀深度或强度监测时，可利用三维激光扫描仪对观测场内地面全方位高密度地扫描一遍，获取观测区域的点云数据；间隔一定时间段后（15~30 d），可再进行一次全方位扫描，获取点云数据。对两次扫描的点云数据通过后处理软件获取各点的相应位置、高度等信息，某一点位两次高度的差异即可反映地表蚀积的变化，从而获取地表的蚀积强度，也可以直接计算某点风蚀的体积，结合观测场内土壤的容重即可计算得到风蚀量。

三维激光扫描仪也可用于风蚀防治工程防蚀效果的监测，即在布设防治措施前、完成措施布设一段时间后分别对同一观测区域进行扫描，即可获得该区域的蚀积状况与蚀积量。

4.1.4　输沙量监测

输沙量是风蚀监测的重要指标之一，常用集沙仪进行监测，以此来监测风沙流中的输沙量和风沙流结构。

4.1.4.1　集沙仪安装与数据采集

（1）集沙仪类型

常用的集沙仪类型有单管集沙仪、阶梯式集沙仪、刀式集沙仪、平口式集沙仪、沙尘采集仪、组合式多通道通风集沙仪、特制集沙仪、WITSEG 集沙仪、遥测集沙仪、楔形集沙仪、BSNE 集沙仪等。按集沙仪的集沙口能否与风同步移动，分为固定式集沙仪（图 4-3）和自动旋转式集沙仪（图 4-4）。

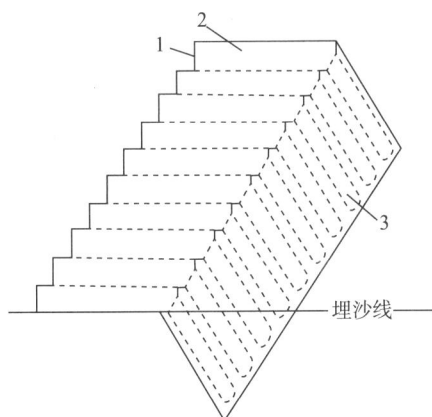

图 4-3　固定式集沙仪示意
1-进沙口；2-导沙管；3-集沙管

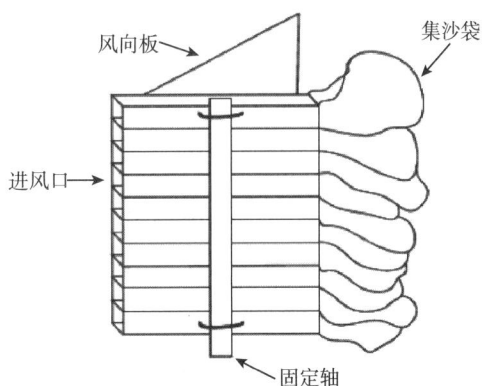

图 4-4　自动旋转式集沙仪示意

（2）安装与数据采集

安装固定式集沙仪时，必须保证最下面的进风口与地面平齐，整个进风口处于水平状态。安装时，必须将水平尺放在进风口上部检验是否水平，进风口必须与主风向保持垂直，同时排气孔必须保持畅通。安装集沙仪时需要用挡板挡住进沙口，避免安装期间沙粒的进入。安装好集沙仪后，打开挡板，记录集沙起始时间，一段时间后（典型大风天气下一般为 15~20 min）收集沙粒。收集时先用挡板挡住进沙口，将集沙仪取出，打开集沙盒并分层取下集沙管或集沙袋，分层称量每个集沙管或集沙袋中的沙粒重。

对于固定式集沙仪而言，其缺点就是当观测期间风向变化，会造成集沙量的减少而使得观测数据上出现误差。为减少误差，采用固定式集沙仪进行沙量收集时，应同时采用风速风向仪测定集沙时段内的风速大小与风向变化，记录真正进沙的时间段。此外，可采用旋转式集沙仪或多方位集沙仪代替固定式集沙仪进行输沙量的采集。旋转式集沙仪或多方位集沙仪的安装方法同固定式集沙仪，要保证下口与地面相平，保持排气孔的畅通，但无须注意与主风的垂直。鉴于其可旋转或全方位收集沙粒的特性，一般无须挡板遮挡进沙口，在安装时即可计时。

4.1.4.2 输移量与输移强度计算

假设某次大风从 t_1 时刻开始，到 t_2 时刻结束，有风的时段长为 Δt，每个进风口的面积为 S_i，每个集沙袋中的沙粒重为 W_i；进风口的数量为 n 个，观测高度内的平均风速为 V，不同高度上的风速为 V_i，则单位断面的风沙输移量 W 可表示为：

$$W = \frac{\sum\limits_{i=1}^{n} W_i}{\sum\limits_{i=1}^{n} S_i} \tag{4-11}$$

单位断面的风沙输移强度：

$$Q = \frac{W}{\Delta t} \tag{4-12}$$

单位体积气流中的含沙量：

$$q = \frac{W}{V\Delta t \sum\limits_{i=1}^{n} S_i} \tag{4-13}$$

不同高度上单位体积气流中的含沙量：

$$q_i = \frac{W_i}{V_i \Delta t S_i} \tag{4-14}$$

一般地，集沙仪只能用来测定某一垂直断面上的输沙量的情况，并不能明确其代表的水平地面面积的大小，因而不能用来计算某种土地利用方式的风蚀量，只能进行不同地类地面风蚀供沙能力间的相对比较。但也有学者认为，如果同时利用多个集沙仪进行配套测定，可以监测某地块的风蚀量。其测定方法具体为：在与主风向垂直的观测场的一边（进入边，风从这边进入观测场）均匀布设多个集沙仪，在另一边（离开边，风从这边离开观测场）也布设多个集沙仪。每次大风后收集每个集沙仪不同高度上集沙袋中的沙量，计算每个集沙仪的单位断面风沙输移量 W。根据进入观测场的输沙量和从观测场输出的沙量计算风蚀量。在测定风蚀量时，需结合小型气象观测站的设备，观测风速风向、表层土壤水分等影响风蚀的要素。

设进入边上每个集沙仪的单位断面风沙输移量为 W_j，离开边上的每个集沙仪的单位断面风沙输移量为 W_k，进入边和离开边上布设的集沙仪的数量分别为 n 和 m，观测场地的边长为 B，面积为 S，集沙仪高度为 H，集沙袋中沙子的容重为 d，则风蚀量 ΔH 为：

$$\Delta H = \left(\sum_{k=1}^{m} \frac{W_k}{m} - \sum_{j=1}^{n} \frac{W_j}{n} \right) \frac{HB}{Sd} \tag{4-15}$$

当 ΔH 为正值时，表示观测场内为风蚀；当 ΔH 为负值时，表示观测场内为堆积。如 ΔH 为零，表示从观测场吹走的沙子与沉积的沙子数量相等。但这种计算方法未能完全考虑悬移质与蠕移质的特性，因而这种方法还有待于进一步检验。

输沙量监测法测定风蚀记录表详见附表 17。

4.1.5 降尘及沙尘天气监测

风沙，特别是沙尘暴，不仅会造成源区地面的吹蚀，而且悬浮在空中的沙尘会长距离运输，其浓度也会随着运输而发生变化。通过一定的方法收集沙尘，可以分析其机械组成、沙尘浓度、化学组成，并且可以根据室内分析来推断沙尘的起源及特点。观测沙尘浓度和其时空分布特征的仪器种类很多，在实际应用中可根据具体情况选择使用。

4.1.5.1 降尘量观测

（1）降尘收集装置及其安装

降尘量观测一般采用降尘缸法收集。降尘缸是一个用于收集大气中悬浮沙尘等固相细粒物质的圆柱形容器，其内径一般为 15 cm，高 30 cm。根据降尘收集的目的，降尘缸可安装在距地面不同高度的地方，如 0.5 m、2 m、5 m、10 m。根据收集类型的不同，降尘分为干降尘和湿降尘两类。干降尘是利用降尘缸（玻璃缸或不锈钢桶）收集自然沉降的沙尘，缸内底部放置纱网、玻璃球等以防降尘再次飞出。而湿降尘用于收集随降水而降落的沙尘，一般利用聚乙烯或聚丙乙烯塑料桶来收集湿降尘：降水之前人为开盖，收集一次降水全过程的水样，降水结束后及时取回。

（2）降尘量监测频次

根据监测需求确定监测频次。如果要求监测每天的降尘量，可以在每日的固定时间（8:00）收集降尘缸中的降尘。如果仅监测大风天气时的降尘量，可在大风来临前布设降尘缸，大风结束后收集降尘缸中的降尘。如果监测一定时间段内的降尘，可以每隔一定时间后收集缸中的降尘，如在沙区常每隔 15~30 d 收集一次。

（3）降尘量计算

每次采样完毕后，将降尘缸取下，加水后将缸内的降尘冲洗至容器内，经过滤、烘干、称重后计算沉降量。如果需要对降尘样品的物理特征、化学成分进行分析，则根据物理、化学特性分析方法的要求在实验室内进行化验，此时需要注意降尘样品不能采用烘箱法烘干，而需阴干。

如果每个降尘缸内观测到的降尘量为 W_i，降尘缸的数量为 n，每个降尘缸的面积为 S，降尘的时段长为 T，则平均降尘强度 Q 的计算见式（4-16）：

$$Q = \sum_{i=1}^{n} \frac{W_i}{ST} \tag{4-16}$$

明确了观测区域的平均降尘强度后，可进一步推算单位面积的自然表面上沉降的降尘量，只需用平均降尘强度与监测时段和单位面积相乘，即可得到每平方千米沉降的总降尘量，如每月的降尘量可表示为 $t/(km^2 \cdot 月)$。

4.1.5.2 沙尘浓度采集

沙尘浓度采样器分为总沙尘浓度采样器和分级沙尘浓度采样器。总沙尘浓度采样器与大气污染观测中常见的总悬浮颗粒（TSP）采样器基本一样。常用的采样器按采样速率可分为大流量采样器（1 m^3/min 左右）、中流量采样器（0.1 m^3/min 左右）和小流量采样器（0.01 m^3/min 左右）。分级采样是指在一次采样过程中获取不同粒径段的沙尘样品，常见的安德森（Anderson）分级采样器可分 6~10 个不同的粒径段。

沙尘浓度采样法的基本原理是抽取一定体积含有沙尘的空气通过已知质量的滤膜，使沙尘被截留在滤膜上，根据分析采样前后滤膜质量之差及采样体积，即可计算沙尘的质量浓度。滤膜经过处理后，可对样品进行化学成分和物理特征分析。

对沙尘浓度进行采样分析时应注意以下几个问题：对可能引起样品污染的采样器部分进行严格清洁；根据采样器可能获取样品量的具体情况，选取合适的称重天平，样品量越少，对天平的精度要求越高；采样时间也应根据实际天气情况具体确定，防止采样滤膜由于样品量过多而堵塞，影响对采样体积的估算。

在采样过程中，应记录气温、湿度、风速、风向、云量、云状和能见度等气象参数，尤为重要的是记录各种沙尘天气(浮尘、扬沙和沙尘暴等)的起始时间和结束时间。

4.2 沙源及沙丘状况监测

4.2.1 沙源调查

确定一个区域沙漠沙的来源，是风沙地貌野外调查的主要任务之一。要弄清楚沙漠沙的来源，需要详细观察研究与沙漠沙有联系的岩层，特别是第四纪沉积物的剖面。尽量利用各种天然剖面，在必要的情况下，还可以进行一些简单的钻探。例如，最简单的是用土钻钻取土壤剖面或用工具挖掘土壤剖面。对野外沉积物剖面要进行分层描述，即按剖面上宏观的和细微的特征(如颜色、粒度、成分、结构和剥蚀面等)，将剖面分成若干层来描述。剖面分层描述要求如下：

①明确剖面所在的地貌部位和高度。

②明确剖面沉积物的干色、湿色和次生色等颜色特征。

③描述剖面粗碎屑物质的形状、成分及磨圆度等岩性特性(表4-1)。对于剖面中的有机沉积物(如泥炭、有机质淤泥和生物碎屑等)和化学沉积物(如盐类、薄层石膏、薄层铁壳和铁锰结核等)，应特别注意观察描述，由此可能提供有关古气候的证据。

表4-1 野外沙源沉积物鉴定特征

沉积物名称	肉眼观察或放大镜观察情况	干土性质	湿土性质	颗粒含量/%	
				<0.01 mm	<0.002 mm
砾石	2 mm 颗粒含量大于 50%	碎裂	—	—	—
砂土	几乎全部为大于 0.25 mm 的颗粒	松散的	在湿度大时具有表观的黏浆性，过度潮湿时即处于流动状态	5	—
黏土质沙	几乎全部为大于 0.25 mm 的颗粒，少数为黏土	松散的		5~10	<2
亚砂土	大于 0.25 mm 的颗粒占大多数，其余为黏土	用手掌压或掷于板上易压碎	具非塑性，不能搓成细条，球面形成裂纹破碎	10~30	2~10
亚黏土	占多数的为粉土颗粒，偶见大于 0.25 mm 的颗粒	用锤击或用手压，土块易碎	有塑性，不能搓成长条，弯折时断裂，可以捏成球形	30~50	10~30
黏土	同类细粉土，不含大于 0.25 mm 的颗粒	硬土不易被锤击成粉末	具可塑性，有黏性和滑感，易搓成直径小于 1 mm 的细长条或球形	>50	>30

注：来源于杜桓俭等，1981。

④描述剖面中的层理和其他构造(如包裹体、扰动构造、冰楔等)特征。构造特征可采用素描或摄影的方法进行记录。对层理要区别不同的类型,测定层理产状,分析层理物质组成,尤其要注意沙质斜层理的研究。

⑤测量不同岩性各层的厚度及其(厚度)沿剖面走向的变化。

⑥注意寻找有鉴定价值的动植物样品和化石。发掘哺乳动物化石时,要精心妥善带土包装,以免损坏难得的化石标本;采集植物化石时,要逐层用小刀剥取,注意保留周围的原状土,用棉纸包好(以待室内修理),并注意收集果实、种子、树木化石,要防止标本干缩、污染和混淆。

样品采集时必须按由下至上的顺序取样,以免由上至下取样时污染下层样品。

4.2.2 沙丘状况调查

①在野外调查过程中,应该尽可能详细地观测沙丘上植物生长的情况,包括沙丘上的植物种类、数量,植被的覆盖度(目测法估计)等,以确定沙丘的活动程度。

②通过挖掘剖面,描述沙丘上各部位沙子的湿润状况,并用盒尺测定其干沙层的厚度。

③在野外路线考察中,特别是对于沙漠边缘风沙危害地区进行考察时,注意搜集有关沙丘移动的数据。在进行野外路线考察时,可以通过访问当地居民,了解道路、地物(房屋、土工建筑等)被沙埋和变迁的情况,以大致确定沙丘移动方向、方式和速度。

4.2.3 沙丘地表形态变化及移动速度监测

在野外,可通过定位测量沙丘形态的变化(如沙丘不同部位的蚀积深度、沙丘高度的变化)来反映一个沙丘是风蚀还是风积的,进而求得该地区的风蚀强度和积沙强度,还可以通过对不同类型沙丘的地表进行重复多次(每季度一次或风季前后)的地形测量来分析沙丘地表形态的变化,反映沙丘风蚀或风积的强度。

沙丘移动的速度大小主要取决于风速和沙丘本身的高度大小。沙丘移动速度与其高度成反比,而与输沙量成正比。沙丘移动速度除了主要受风速和沙丘本身高度的影响,还与风向频率、沙丘的形态、密度和水分状况及植被等多种因素有关。

无论是沙丘的地表形态变化,还是沙丘移动速度的变化,通常都可使用测钎法、沙丘地形反复观测法、定位地形测量法、纵剖面测量法、GPS 定位观测法、遥感影像监测法等进行监测。

(1)测钎法

测钎法监测沙丘地表形态的变化与其监测地表风蚀强度的方法相同,即在沙丘不同部位以等间距布设测钎,并做好位置、距地面高度等信息的记录,按照与前述相同的方法进行计算即可获得沙丘表面不同位置处的风蚀或风积强度。因沙丘的风蚀或风积强度往往高于其他地类,因而,在使用测钎法监测沙丘地表形态变化时,测钎的长度需要较普通测钎长,其长度应至少达到 100 cm,地下和地上高度各占一半。

(2)沙丘地形反复观测法

沙丘地形反复观测法一般用于较长时段沙丘的地形变化监测。选择不同类型和高度的沙丘,利用经纬仪、全站仪、RTK、三维激光地物扫描仪等仪器进行重复多次(每季一次或在风季前后)的测量,绘制不同时期沙丘形态的平面图或等高线地形图,经比较便可以得到沙丘形态的变化、沙丘移动的方向和速度数据,以及沙丘移动速度和其本身体积(高度)的关系结论。再和风速、风向的资料对照,就可看出沙丘移动与风况之间的相互关系。

(3)定位地形测量法

选择不同类型和高度的典型沙丘,在沙丘正前方及四周埋设边界桩。边界桩埋深 1 m,外露 1 m。采用全站仪或 RTK 进行全地形测量,测量 1:200 的地形图,每年或者每季度测量一次。测量后绘制沙丘形态平面图和等高线图,利用测量软件比较分析得到沙丘的移动方向、移动距离及形态变化,计算沙丘移动速度。

(4)纵剖面测量法

纵剖面测量法比较简便,但不能像前一种方法那样反映出沙丘全部的动态,而只能反映出沙丘纵剖面变化的特征。因此,此法仅适用于一些半定位观测站的测量。其方法为:选定不同的沙丘,在垂直沙丘走向的迎风坡坡脚、迎风坡中部、沙丘丘顶、背风坡中部和背风坡坡脚埋设标志(可以采用测钎),重复量测并记录其距离变化,可得出在某一时间段内沙丘移动的方向和速度。

(5)GPS 定位观测法

GPS 定位观测法主要用于大面积测量沙丘移动。选择不同性质地面(包括下伏地貌、植被和水分条件等)的沙丘,采用野外数字化测图平台测定沙丘形状,把数据输入 GIS,同时用 GPS 标定沙丘的位置。经过一段时间后,用 GPS 现地定位观测,并结合 GIS 进行对比,从而确定沙丘移动速度和方向。

(6)遥感影像监测法

遥感影像监测法主要是利用高分辨率的遥感卫星影像或无人机航拍影像监测沙丘的运动与其外貌特征的变化。收集不同时期的高精度的卫星遥感影像资料,采用计算机判读与人工解译相结合的方法,比较不同时期的影像资料中沙丘的位置,结合使用 ArcGIS 或 ER-DAS 等软件进行分析,即可获得其位置的变换、外貌形态的变化,从而推算出在该时期内沙丘的移动速率、形态的变化等。

4.3 区域风蚀监测

区域风蚀监测是在分析区域风蚀侵蚀过程及其影响因素的基础上,采用地面调查和遥感监测相结合的方法,分析评价风力侵蚀面积、强度、分布和变化趋势,以及水土保持措施状况及效果。目前,国内外区域风蚀监测方法主要有综合评判法、抽样调查法、经验模型法、物理模型法等。

4.3.1 综合评判法

风力侵蚀综合评判法是指在风力侵蚀类型区或水力-风力复合侵蚀类型区,基于野外调查和遥感解译,获取床面形态、植被覆盖度等因子,依据风力侵蚀判别标准,定性分析评价区域风力侵蚀强度及其空间分布。该方法以中国为代表,中国先后开展了 3 次全国土壤侵蚀遥感普查。这里重点介绍基于 SL 190—2007 部颁标准的综合评判法。

根据部颁标准，风力侵蚀类型区是指日平均风速不小于 5 m/s、全年累计 30 d 以上，且多年降水量小于 300 mm（但南方及沿海风蚀区，如江西鄱阳湖滨湖地区、滨海地区、福建东山等不在此限值之内）的沙质土壤地区，主要分布于我国西北、华北、东北西部，包括新疆、青海、甘肃、宁夏、内蒙古、陕西的沙漠地区。水力-风力复合侵蚀类型区存在于北方沙漠边缘、中部古河道和南方滨海、滨湖地区。

《土壤侵蚀分类分级标准》（SL 190—2007）规定：风力侵蚀强度分级以年平均侵蚀模数为判别指标，在缺少实测及调查侵蚀模数资料时，可在经过分析后，运用风力侵蚀指标进行分级。风力侵蚀强度分级标准见表4-2。

表4-2　风力侵蚀强度分级

级别	床面形态 （地表形态）	植被覆盖度/% （非流沙面积）	风蚀厚度 /(mm/a)	侵蚀模数 /[t/(km² · a)]
微度	固定沙丘、沙地和滩地	>70	<2	<200
轻度	固定沙丘、半固定沙丘、沙地	70~50	2~10	200~250
中度	半固定沙丘、沙地	50~30	10~25	2 500~5 000
强度	半固定沙丘、流动沙丘、沙地	30~10	25~50	5 000~8 000
极强度	流动沙丘、沙地	<10	50~100	8 000~15 000
剧烈	大片流动沙丘	<10	>100	>15 000

风力侵蚀强度判定仅需床面形态、植被覆盖度两个因子。床面形态可通过野外实地调查获得；植被覆盖度采用遥感提取单时相植被覆盖度获得。

该方法考虑的风力侵蚀影响因子有限，如没有考虑风速风向、表土湿度和地表粗糙度等。评价结果只能用以判断风力侵蚀强度级别，无法定量估算土壤侵蚀模数。

4.3.2　抽样调查法

这里重点介绍中国抽样调查法。我国在第一次全国水利普查中，总结美国抽样调查方法，根据区域特点确定抽样方案，在全国范围内布设野外调查单元，调查抽样单元土壤侵蚀影响因子，利用土壤侵蚀模型计算抽样单元土壤侵蚀量，然后统计汇总得到省级、全国土壤侵蚀状况。

4.3.2.1　抽样方法

第一次全国水利普查采用分层不等概系统抽样方法确定野外调查单元。野外调查单元是指实地调查土地利用和水土保持措施的空间范围，在风力侵蚀区为 1 km×1 km 的网格。

（1）分层

在全国范围内统一划分四级网格，采用高斯-克吕格投影分带将全国分为 22 个 3°带。在每一带内分别以中央经线和赤道为基准向两侧划分。第一级为县级抽样区，是空间分辨率最低的网格系统，根据我国县域面积的主体特征，将该级网格大小确定为 40 km×40 km；第二级为乡级抽样区，在县级抽样区的基础上进一步划分 16 个 10 km×10 km 网格，基本反映我国乡域面积的主体特征；第三级为抽样控制区，将一个乡级抽样区进一步划分为 4 个

5 km×5 km 网格，保证每个 5 km×5 km 网格有一个调查点，从而对土壤侵蚀基本状况进行空间上的控制；第四级为基本抽样单元，是将一个抽样控制区进一步划分为 25 个 1 km×1 km 网格。以第四级的基本抽样调查单元为基础，按 4% 抽样密度在每个 5 km×5 km 控制区的中心抽取 1 个 1 km×1 km 网格，即为野外调查单元的基本位置(图 4-5)。

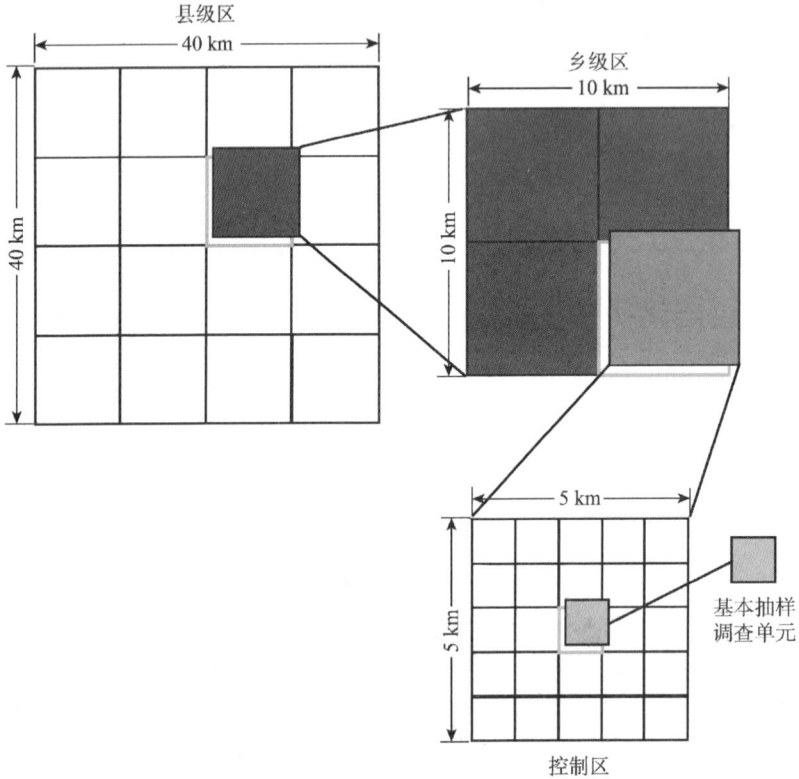

图 4-5　抽样分级系统

(2) 不等概

在 4% 抽样密度的基础上，考虑普查工作量，在不同区域采用不同抽样密度，其中，水力侵蚀区采用 4%、1% 抽样密度，风力侵蚀区采用 0.25%、0.062 5% 抽样密度。具体方法是以 4% 抽样密度结果为基础，分别在东西和南北方向每隔 1、3、7 个调查单元重新抽样，从而保证抽样密度之间调查单元空间位置的重合。在风力侵蚀区和水力风力侵蚀交错区，按 0.25% 密度布设；在风力冻融侵蚀交错区，按 0.062 5% 密度布设。同时考虑普查时间和任务要求，在面积较大的县内，适当降低抽样密度，抽取的野外调查单元总数原则上不超过 50 个。

(3) 系统抽样

选取每个控制区中心，避免了靠近道路等人为定点的影响，属于系统抽样。

按照上述方法，全国实际布设风力侵蚀野外调查单元 3 108 个，其中，风力侵蚀区 972 个，风力水力侵蚀交错区 1 757 个，风力冻融侵蚀交错区 37 个。

4.3.2.2　侵蚀评价

区域风力侵蚀评价包括因子获取和侵蚀计算两个方面。

（1）因子获取

风力侵蚀因子包括地表粗糙度、风力、表土湿度和植被覆盖度等。

①地表粗糙度　通过野外单元实地调查，填写野外调查表，拍摄地表近景照片，获得土地利用类型、植被类型、植被高度与盖度、地形起伏和微地貌等信息，用于量化地表粗糙度。

根据野外观测数据，按照翻耕耙平无垄（平整）耕地、翻耕耙平有垄（不平整）耕地、翻耕未耙平耕地、留茬耕地、沙地、灌草地和草原草地、已割草草地等不同下垫面，进行地表粗糙度赋值，获得地表粗糙度空间栅格图。

②风力　收集我国北方风蚀区 229 个气象站 1991—2010 年每年 1~5 月和 10~12 月 ≥ 5 m/s 的风速和风向的数据。采用收集的逐日 24 h 整点风速和风向资料，按 1 m/s 间隔统计全年大于等于起动风速的各等级风速的累积时间，插值获得各等级风速的累积时间分布栅格图。耕地起动风速取值为 5 m/s，草地、沙地起动风速按植被覆盖度取值。

③表土湿度　基于美国 Aqua 卫星 AMSR-E 数据，剔除冻土区域，去除植被影响，估算地表温度，计算表土湿度，生成表土湿度空间等值线，等间距为 0.50。

④植被覆盖度　采用 24 个半月多时相植被覆盖度。

（2）侵蚀计算

根据土地利用类型，采用相应的耕地、草（灌）地、沙地风力侵蚀模型，计算野外调查单元风力侵蚀模数。按照《土壤侵蚀分类分级标准》（SL 190—2007），进行风力侵蚀强度评价。风力侵蚀强度统计以县级行政单位为基本单元进行，再按省级、全国汇总。

4.3.3　经验模型法

4.3.3.1　美国风蚀方程

（1）风蚀方程 WEQ

风蚀方程 WEQ 是由 Woodruff（伍德拉夫）和 Siddoway（西多威）在 1965 年提出的风蚀预报模型，用于预报美国农田的年风蚀量，应用于 1977 年及之后的全美资源调查。该模型旨在分析田间地表情况和田间管理措施对侵蚀速率的影响，进而有效防治农田的风力侵蚀。

WEQ 由环境控制因素和土壤风蚀速率之间的经验关系发展而来。WEQ 包含了土壤风蚀可蚀性因子 I、气候因子 C、地表粗糙度因子 K、地块长度因子 L、植被覆盖因子 V 5 个因子，是风蚀最主要的田间控制因子。WEQ 的表达式为：

$$E=f(I, C, K, L, V) \tag{4-17}$$

土壤可蚀性因子需要大量的野外监测获得，但获取成本高昂。由于数据的缺乏，限制了 WEQ 在北美之外地区的应用。

WEQ 以年为时间尺度，使得它不能有效预报风蚀过程的动态趋势。WEQ 仅能预报某一区域的年平均风蚀状况，在指导土壤风蚀防治实践方面存在一定的不足。此外，WEQ 是一个经验模型，注重宏观上应用的方便，没有反映微观的风蚀动力机制方面的研究成果，得不到风蚀基础理论的支持。

（2）修正风蚀方程 RWEQ

由于 WEQ 的不足限制了其使用范围，Fryrear（弗莱尔）等提出修正风蚀方程（revised wind erosion equation，RWEQ），用在小于一年的时间尺度上预报土壤风蚀量。RWEQ 整合了 WEQ 建立后取得的经验性定量研究成果和基于过程的定量研究成果。此外，RWEQ 考虑了土地管理措施因素对地表状况、植被状况、土壤含水量变化的影响。

RWEQ 的输入参数结构与 WEQ 类似，但其使用的综合因子反映了针对输入参数的田间试验和风洞试验的新发展。RWEQ 的表达式为：

$$Q_x = Q_{max}\left[1 - e^{-\left(\frac{x}{L}\right)^2}\right] \tag{4-18}$$

$$Q_{max} = 109.8(WF, EF, SCF, K', COG) \tag{4-19}$$

式中，Q_x 为田块长度 x 处的风蚀量（kg/m）；Q_{max} 为风力的最大输沙能力（kg/m）；EF 为土壤可蚀性因子；SCF 为土壤结皮因子；WF 为气象因子；L 为地块长度（m）；K' 为土壤粗糙度；COG 为植被因子。

RWEQ 可以在不同的时间尺度上应用，模型以单次风蚀过程为基准计算风蚀量。输入变量是利用农田土壤上的田间试验得到的经验关系计算，也可以利用实际测得的输入数据计算。RWEQ 假设在预报区内的土地管理措施、地表结皮、植被覆盖是均一的，因而不能准确预报地表状况差异较大的土地类型的土壤风蚀量。

尽管 RWEQ 能够预报更小时间尺度的风蚀量，但采用了与 WEQ 相同的建模思路，主要是根据美国大平原地区的实际条件建立起来的许多参数的经验型缺乏理论和物理过程基础，从而限制了该模型的普适性。

4.3.3.2 中国风蚀方程

中国科学院寒区旱区环境与工程研究所开展了中国半干旱典型草原区栗钙土（包括有植被覆盖的草地和无植被覆盖的农田）和风沙土的土壤风蚀试验，并根据风洞试验结果，分别建立了典型草原区耕地、草（灌）地、沙地的风蚀预报经验模型。该模型将非风蚀地表类型（如水体、道路、城镇用地等）以外的易风蚀地表划分为耕地、草（灌）地（包含退耕地）、沙地（漠）三大类，分别针对不同地表类型估算土壤风蚀量。

（1）耕地风蚀模型

风洞试验表明，耕地土壤风蚀与地表粗糙状况密切相关。地表越平整，则粗糙度越低，风蚀模数越大。耕地土壤风蚀模数与地表粗糙度、试验风速存在如下关系。

$$\ln Q_{ta} = a_1 + \frac{b_1}{Z_0} + c_1 U^{0.5} \tag{4-20}$$

式中，Q_{ta} 为耕地土壤风蚀模数[t/(hm² · a)]；Z_0 为地表粗糙度（cm）；a_1、b_1、c_1 为与土壤类型有关的常数（无量纲）；U 为试验风速（m/s）。

该风洞试验条件下的土壤风蚀模数计算方法，应用到大田实际风蚀模数计算中时，必须进行风速或尺度修订。

①风速修订　计算大田风蚀模数时，需要利用当地气象站记录的风速资料，而上式中的 U 是风洞轴线风速，与气象站 10 m 观测高度测定的风速有一定差距，因此，应将气象

站记录的风速换算为风洞轴线风速。在假定风洞试验动力相似得到保证的前提下，气象站观测风速($U_{气象站}$)与风洞轴线风速($U_{风洞}$)之间的换算关系为：

$$U_{风洞} = A U_{气象站} \tag{4-21}$$

式中，A 为与下垫面有关的风速修订系数(无量纲)。

②尺度修订　风洞内用以进行土壤风蚀试验的土壤盒表面沿风向的长度仅为 1.0 m，而田块长度对风蚀模数有很大影响，直接利用风洞模型计算大田条件下的风蚀模数，将导致计算结果远高于实际值。通过对比青海共和盆地典型草原区土壤风蚀模数的风洞计算结果和基于 ^{137}Cs 示踪计算的实际风蚀模数，大田条件下的土壤风蚀模数约为风洞条件下的0.018 倍。考虑到青海共和盆地典型草原区和京津风沙源区气候条件、土壤条件等方面的相似性，将风洞内的风蚀模型推广到风蚀预报尺度修订系数确定为 0.018。

经上述修订后，耕地风力侵蚀模型计算见式(4-22)：

$$Q_{fa} = 0.018(1 - W) \sum_{j=1} T_j \exp\left\{ -9.208 + \frac{0.018}{Z_0} + 1.955(0.893U_j)^{0.5} \right\} \tag{4-22}$$

式中，Q_{fa} 为耕地土壤风蚀模数[$t/(hm^2 \cdot a)$]；W 为表土湿度因子(%)；T_j 为一年内风蚀发生期间风速为 U_j 的累积时间(min)；U_j 为风力因子，指气象站整点风速统计中大于临界侵蚀风速的第 j 级风速(m/s)，而临界侵蚀风速与土壤可蚀性有关；Z_0 为地表粗糙度(cm)。

(2)草(灌)地风蚀模型

风洞条件下，草(灌)地植被盖度、风速与土壤风蚀模数存在以下形式的经验关系式。

$$\ln Q_{tg} = a_2 + b_2 VC^2 + \frac{c_2}{U} \tag{4-23}$$

式中，Q_{tg} 为草(灌)地风蚀模数[$t/(hm^2 \cdot a)$]；VC 为植被盖度(%)；a_2、b_2、c_2 为与土壤类型有关的常数(无量纲)。

经修订后，野外大田条件下，草(灌)地风蚀模型由下式表示：

$$Q_{fg} = 0.018(1 - W) \sum_{j=1} T_j \exp\left(2.4869 - 0.0014 VC^2 - \frac{61.3935}{U_j} \right)$$

(3)沙地(漠)风蚀模型

利用风沙土原状土完成的土壤风蚀风洞试验，建立了风洞条件下植被盖度、风速与土壤风蚀模数之间的经验关系式，见式(4-23)：

$$\ln Q_{ts} = a_3 + b_3 VC + c_3 \frac{\ln U}{U} \tag{4-24}$$

式中，Q_{ts} 为沙地(漠)风蚀模数[$t/(hm^2 \cdot a)$]；a_3、b_3、c_3 为与土壤类型有关的常数(无量纲)。

经修订后，野外大田条件下，沙地(漠)风蚀模型由下式表示：

$$Q_{fs} = 0.018(1 - W) \sum_{j=1} T_j \exp\left\{ 6.1689 - 0.0743 VC - \frac{27.9613 \ln(0.893U_j)}{0.893U_j} \right\}$$

修订后的耕地、草(灌)地、沙地(漠)风力侵蚀模型应用于第一次全国水利普查风力侵蚀普查和全国水土流失动态监测风力侵蚀监测中。在风力侵蚀地区，根据土地利用类型，分别选用与之对应的修订后的耕地、草（灌）地、沙地（漠）风力侵蚀模数，计算土壤侵蚀模数。

4.3.4 物理模型法

4.3.4.1 欧洲轻质土壤风蚀模型

WEELS（wind erosion on european light soils）是由 Böhner（博纳）等 2003 年提出的基于过程的模型，模拟摩擦速度大于临界摩擦速度时的风蚀，可用于预报不同气候和土地利用之下的长期风蚀、评价风蚀风险。WEELS 由 Beinhauer（贝因豪尔）等建立的 EROKLI 模型发展而来，可以利用分辨率为 25 m×25 m 的输入数据在 5 km×5 km 以下的局地尺度上应用。

WEELS 具有模块化结构，可以在 GIS 系统中运行。通过 4 个模块分别处理土壤湿度、土壤可蚀性、地表粗糙度、土地管理对临界摩擦速度的影响，联合计算理解摩擦风速。土壤可蚀性借由土壤粒径分布和土壤类型计算；土地管理因子包括耕作方法、作物类别、作物轮作等。WEELS 并未将表土湿度和植被作为土壤可蚀性影响因素，而是将其作为风力侵蚀力影响因素。

WEELS 可以计算小时尺度的风蚀量。评价风蚀风险度时，WEELS 通过预报风蚀持续时间和相应的最大风蚀速率来完成。

4.3.4.2 澳大利亚综合风蚀模型系统

IWEMS（integrated wind erosion modelling system）是 WEAM（wind erosion assessment model）的升级版。WEAM 由邵亚平在 1994 年定量研究澳大利亚东南部 Murray（默里）盆地的风蚀速率时提出，结合了当时有关风沙流及大气沙尘输移的实验和理论研究的主要成果，输出结果为气流方向的沙尘通量和垂直方向的沙尘通量。

IWEMS 具有和 WEAM 相同的模型架构，在 GIS 系统运行，可以与气象预报模型对接，利用其输出数据作为输入数据。IWEMS 的沙尘扩散和输移尺度扩大到了澳洲全境，此外还在亚洲应用。GIS 系统中地表性状因子的输入数据具有 25 km×25 km 的空间分辨率；大气因子具有 10~31 个垂直分层，水平分辨率为 5 km×5 km 到 75 km×75 km。

除空间尺度扩大以外，IWEMS 的输入数据也被升级。基于多种难侵蚀物质和地表可蚀性颗粒研究成果，对临界摩擦速度的计算进行了修正。以 WEAM 的拖曳力模型为基础，分别对于小型难侵蚀物质和大型难侵蚀物质建立了独立的拖曳力模型。为解决土壤可蚀性空间变异问题，开发了土壤类型图，将土壤分为可蚀性土壤和不可蚀性土壤，并根据田间取样，对可蚀性土壤的粒径分布测数据进行赋值。由于缺乏澳洲地表结皮时间变化的定量数据，土壤结皮因子设为常数。

思考题

1. 风蚀观测场地如何选择？需要配备哪些设施设备？
2. 什么是风蚀量、输沙量、降尘量？如何监测？
3. 沙源及沙丘状况监测内容包括哪些？
4. 区域风力侵蚀监测方法有哪些？

参考文献

陈巧，陈永富，胡庭兴，2005. 地表土壤湿度和植被状况的监测及其与沙尘暴发生的关系探讨[J]. 四川农业大学学报，23(3)：295-299.

丁国栋，赵媛媛，2021. 风沙物理学[M]. 北京：中国林业出版社.

董治宝，2005. 风沙起动形式与起动假说[J]. 干旱气象，23(2)：64-69.

董治宝，陈渭南，李振山，等，1996. 植被对土壤风蚀影响作用的实验研究[J]. 土壤侵蚀与水土保持学报，2(2)：1-8.

董治宝，李振山，1998. 风成沙粒度特征对其风蚀可蚀性的影响[J]. 土壤侵蚀与水土保持学报，4(4)：1-5，12.

董智，2004. 乌兰布和沙漠绿洲风蚀控制机理研究[D]. 北京：北京林业大学.

杜桓俭，陈华慧，曹伯勋，1981. 地貌学及第四纪地质学[M]. 北京：地质出版社.

樊瑞静，李生宇，俞祥祥，等，2017. 塔克拉玛干沙漠腹地沙粒胶结体的粒度特征[J]. 中国沙漠，37(6)：1059-1065.

高尚玉，张春来，邹学勇，等，2012. 京津风沙源治理工程效益[M].2 版. 北京：科学出版社.

郭雨华，赵廷宁，丁国栋，等，2006. 灌木林盖度对风沙土风蚀作用的影响[J]. 水土保持研究，13(5)：245-247.

李国平，2006. 新编动力气象学[M]. 北京：气象出版社.

李智广，邹学勇，程宏，2013. 我国风力侵蚀抽样调查方法[J]. 中国水土保持科学，11(4)：17-21.

廖超英，郑粉莉，刘国彬，等，2004. 风蚀预报系统(WEPS)介绍[J]. 水土保持研究，11(4)：77-79.

刘贤万，1995. 实验风沙物理学与风沙工程学[M]. 北京：科学出版社.

马玉明，王和林，姚云峰，等，2004. 风沙动力学[M]. 呼和浩特：远方出版社.

王萍，胡文文，郑晓静，2008. 沙粒的跃移与悬移[J]. 中国科学 G 辑：物理学力学天文学，38(7)：908-918.

王翔宇，原鹏飞，丁国栋，等，2008. 不同植被覆盖防治土壤风蚀对比研究[J]. 水土保持研究，15(5)：38-41.

吴正，2003. 风沙地貌与治沙工程学[M]. 北京：科学出版社.

张春来，董光荣，邹学勇，等，2005. 青海贵南草原沙漠化影响因子的贡献率[J]. 中国沙漠(4)：511-518.

张建军，朱金兆，2013. 水土保持监测指标的观测方法[M]. 北京：中国林业出版社.

中华人民共和国水利部，2008. 土壤侵蚀分类分级标准：SL 190—2007[S]. 北京：中国水利水电出版社.

第 5 章

冻融侵蚀及其他侵蚀监测

本章重点介绍冻融侵蚀、重力侵蚀及混合侵蚀监测。这 3 类侵蚀具有破坏性大、规模差异悬殊等特点，开展这 3 类监测，对于保护人民生命财产安全和生态文明建设具有重大意义。

5.1 冻融侵蚀监测

冻融侵蚀是在寒冷环境下，由于温度变化导致岩土体的组成物质频繁热胀冷缩及水分频繁发生固液态相变，造成岩土体的机械破坏，被破坏的岩土体在水力、重力、风力等作用下被搬运、迁移和堆积的过程，以及冻土活动层融化，表土层在降水和积雪融水作用下含水量趋于饱和并逐渐液化，在重力作用下沿冻结层面顺坡向下蠕动的过程。全球每年约有 5 000 万 km² 的近地表土壤经历着冻融循环，土壤的冻融变化影响着能量平衡、生态系统和水文循环，对地表植被生长和地表径流有显著影响。我国的冻融侵蚀主要分布于高海拔的青藏高原地区、高纬度的东北地区及西北高山区，开展区域冻融侵蚀调查与监测对我国生态安全，尤其是青藏高原国家生态安全屏障保护具有重要意义。

冻融侵蚀监测主要围绕影响因子、侵蚀形式、冻融侵蚀量或侵蚀强度及危害、防治措施及其实施效果展开。冻融侵蚀监测通常可分为定位监测和区域监测，空间尺度不同，冻融侵蚀监测的内容和方法也有所不同。

5.1.1 冻融侵蚀类型及表现形式

冻融作用为主形成的土壤侵蚀类型主要有冻融风化侵蚀、冻融泥流侵蚀、冻融分选侵蚀、冻融滑(崩)塌侵蚀及其他类型，各冻融侵蚀类型的表现形式多样。

(1)冻融风化侵蚀

岩土体孔隙和裂隙中充填的水分，随气温下降而发生冻结、膨胀，使周围岩土体破裂，随气温上升，冻体消融，水分再次充填，如此周而复始，岩土体风化崩解成易被风力、重力、水力搬运移动的微小颗粒；或岩土体中不同矿物因膨胀系数不同，温度变化下形成差异胀缩，造成岩土体风化崩解成易被风力、重力、水力搬运移动的微小颗粒，即冻融风化侵蚀。表现形式主要有岩屑锥与岩屑裙、岩屑坡、石柱和土柱、石海和石河、平底谷等。

(2)冻融泥流侵蚀

冻融泥流侵蚀是发生在斜坡上的一种冻融侵蚀现象。当冻土层上部解冻时，融水使岩土体表层细粒物质达到饱和状态,使土层具有一定的塑性,在重力作用下沿斜坡的冻融界面向下坡缓慢移动,称为冻融泥流侵蚀。其主要分布在坡度较缓的斜坡上。表现形式主要为鳞片状草皮坡坎、泥流扇、舌状泥流、冰川式泥流、泥流阶地等。

(3)冻融分选侵蚀

当地面的松散物质粗细不匀和水含量较高时,经融解冻结的反复作用,使粗细物质发生分选聚集,最后形成石多边形、斑状土、石堤、石带和石冰川等微地貌类型。

(4)冻融滑(崩)塌侵蚀

由于气候骤然变暖或人为活动影响,多年冻土层中埋藏冰融化,造成上覆土层塌陷,或在坡面上,表层消融、被水饱和的土层沿冻融界面向下滑动,或在沟壑两侧,土体经反复冻融崩塌,称为冻融滑(崩)塌侵蚀。热融洼地、热融滑塌、沟壁融塌等为主要表现形式。

5.1.2 定位监测

冻融侵蚀类型及表现形式丰富多样,定量监测较为困难,目前定位监测主要针对寒冻剥蚀和热融滑塌两种冻融侵蚀形式开展。

5.1.2.1 冻融侵蚀观测场地选择

冻融侵蚀定位监测站一般由观测场、调查样地、辅助设施等组成。首先要确定监测站的位置,监测站应能够综合获取土壤侵蚀及其影响因素、水土保持措施效益等信息。监测站的选址应具有科学性、代表性和典型性,同时要考虑水、电、通信、交通、生活等条件的便利性,应充分考虑监测站观测设施的长期性、连续性和稳定性。观测场应有代表性,满足寒冻剥蚀和热融滑塌监测内容的要求,在人畜(兽)活动区,应设围栏保护。

寒冻剥蚀观测场应至少有阳坡(正南面)和阴坡(正北面)两个标准坡坡面。观测场坡面应均整,无凸起危岩,有设置测钎的条件;观测场的观测坡脚不受洪水威胁、无其他干扰破坏。观测场整体布局应紧凑,尽量相互靠拢。每一观测场,坡面与坡脚设施配套,相互校验。观测场建造采用自然坡面,无须人工修整,并设警示牌保护。

热融滑塌观测场设置在坡面上,周围应无高大物体影响,要求通视良好。观测场顺坡设置成矩形,面积不小于 200 m^2。观测场在 4 个坡向设置的情况下,可不重复设置。在一个坡向情况下,应有 1~2 个重复设置。观测场保持自然坡面,无需人工整理,设栏保护。

5.1.2.2 冻融侵蚀监测指标

冻融侵蚀监测指标包含环境背景调查与监测指标。环境背景调查内容主要包括观测场位置、地质背景、气候条件、植被覆盖条件、土壤本底特征等;监测指标主要为水热条件、土壤理化性质、植被覆盖、地表形变等。

监测指标中的水热条件包括降水、风速风向、日照、气温、地温、土壤水分等指标;土壤理化性质包括土壤类型、土壤厚度、土壤质地、土壤容重、有机质含量、机械组成等指标;植被覆盖包括植被类型、植被覆盖度、植物高度等指标;地表形变包括剥蚀厚度、位移量、侵蚀量等指标。

5.1.2.3 冻融侵蚀监测设施配置

冻融侵蚀监测设施根据冻融侵蚀监测目的和监测内容,分为寒冻剥蚀监测设施和热融滑塌监测设施。

（1）寒冻剥蚀监测设施

寒冻剥蚀监测设施是监测高寒地区寒冻风化、冰劈作用，以及人为活动导致的寒冻剥蚀及其影响因素的设施设备，主要包括寒冻剥蚀观测设施、气象观测设施、分析设施和其他配套设施。气象观测设施应建在观测场区内，配置必要的降水、风速风向、地温、气温、日照、土壤水分等观测设备。

为测定坡面剥蚀厚度，测钎应按照网状（面观测）或带状（条带观测）布设，测钎间距2.0~3.0 m。测钎长度为30~50 cm、直径10~12 mm，顶端刨光并有"十"字刻线，另一端为尖形或偏刃形，表面用红、白漆相间涂刷并编号。测钎网（带）设置后，观测时用钢丝连接，量测相距10 cm，测量精度±1 mm。用围栏收集法称重的精度为±1.0 g，面积量算相对误差为±1.0%。

收集栏设在坡面脚下平台上，以收集泻积物。收集栏一般设置双层，内层用木板、木桩围成骨架，其上铺设耐用织物，封闭严密，收集片、碎屑泻积物。外层用木桩（或钢筋混凝土桩）及普通镀锌铁丝网围起，收集滚动粗大坠积物。

（2）热融滑塌监测设施

热融滑塌监测设施是监测冻土区坡面受气温变动影响，发生在解冻面以上消融层的滑塌、泥流等侵蚀的监测设施，主要包括热融滑塌的面积、厚度观测设施，调查分析坡面特性、植被覆盖度及物质组成的设施，以及气象观测设施等。气象观测设施应建在观测场区内，配置必要的降水、风速风向、地温、气温、日照、土壤水分等观测设备。

标桩用钢筋混凝土制作，直径不大于5 cm，长度为30~50 cm。桩顶中心设小钉，用红、白彩漆相间涂刷并编号。标桩成网状或排状打入地下，标桩间距5~10 m，打入深度不超过15 cm。标桩位置精度±1 cm，位移误差±1 cm，高度误差±1 mm。温度观测精度±0.1℃。

基桩及校验桩直径为10~12 cm，长度为50~70 cm（大于解冻层厚度），用钢筋混凝土制成。桩顶有出露钉头，并刻"十"字线，埋入不受干扰的观测场附近，埋入深度应大于解冻层厚度。其中，校验桩最好选择装在基岩露头处。

以上寒冻剥蚀和热融滑塌观测场中，在监测剥蚀和滑塌时均采用了接触地表的观测方式，对原始坡面会产生一定的影响。为了避免对观测场原始地表形成干扰，可以考虑在观测场周围设置固定基桩作为控制点，采用高精度三维扫描仪获取微地形信息，利用无接触监测设施进行位移量或滑塌量计算。

5.1.3 区域监测

根据区域的不同，可划分为不同的区域监测类型，以流域划分可分为小流域、中流域、大流域监测；以行政区划分可分为县级、省级及国家级监测；以关注度或重要性划分可分为重点片区、一般片区监测等。监测方法有以抽样调查或典型调查为主的普查方法、空间全覆盖的遥感监测方法，以遥感监测方法较为常用。要实现冻融侵蚀监测，首先需要界定冻融侵蚀区，其次是确定冻融侵蚀模型并进行评价因子信息提取，再通过综合评价确定冻融侵蚀强度。

5.1.3.1 冻融侵蚀区范围的确定

冻融侵蚀区是指寒冷气候条件下具有强烈的冻融循环作用，且有相应的冻融侵蚀地貌形态表现的区域。判定一个区域是否属于冻融侵蚀区的关键是看该区域的侵蚀动力是否以冻融循环作用为主。如果把发生冻融作用或冻融侵蚀的区域等同于冻融侵蚀区，显然扩大了冻融侵蚀区的范围，冻融侵蚀区往往小于发生冻融作用或冻融侵蚀的区域。冻融侵蚀区范围的确定从两个方面入手：一是确定冻融侵蚀区下界海拔；二是确定冻融侵蚀有无上界海拔。

冻融侵蚀是多年冻土在冻融交替作用下发生的土壤侵蚀现象，然而人们发现青藏高原多年冻土区外围 100~300 m，外力作用仍以冻融循环作用为主，地貌类型也以冻融侵蚀地貌（冰缘地貌）为主，冰缘区下界比多年冻土下界低 100~300 m，统一将多年冻土区下界下移 200 m 左右作为冻融侵蚀区下界。西北高山区、东北高纬度地区，可以通过冻融侵蚀区下限平均气温等温线确定，将 -2℃的年等温线作为冻融侵蚀评价范围的下限海拔参考。

确定冻融侵蚀区的关键是看一个区域的侵蚀营力是否以冻融循环作用为主，并存在冻融侵蚀地貌形态。这一准则同样适用于冻融侵蚀上界的讨论。一些学者把雪线当成冻融循环作用（冰缘作用）上限。然而，就在地球最高山地珠穆朗玛峰上仍可见到相当丰富的寒冻风化碎屑，这说明雪线不是冻融作用的上限，只不过雪线以上冻融作用相对较弱，冻融侵蚀以微度或轻度的为主，因此，不能将雪线作为冻融侵蚀区的上限。事实上，在雪线以上，如果为永久冰雪覆盖区，则土壤侵蚀主要为冰川侵蚀，包括冰川的刨蚀、掘蚀及刮蚀等；如果不是永久冰雪覆盖区，就一定存在冻融侵蚀且冻融侵蚀是主要的侵蚀类型。因此，可以说冻融作用是没有上限的，可以认为冻融侵蚀没有海拔上限。

5.1.3.2　中国冻融侵蚀模型

冻融侵蚀评价采用多因子综合评价模型计算冻融侵蚀强度综合指数，判定冻融侵蚀强度。根据 2011 年开展的第一次全国水利普查水土保持情况普查，以及 2018 年以来水利部组织的全国水土流失动态监测，采用的冻融侵蚀预测预报模型为：

$$FI = \sum_{i=1}^{6} W_i I_i \tag{5-1}$$

式中，FI 为冻融侵蚀强度综合指数（无量纲），不同的取值范围对应不同的冻融侵蚀强度；W_i 为年均冻融日循环天数、日均冻融相变水量、年均降水量、坡度、坡向和植被覆盖度 6 个评价指标的权重（无量纲）；I_i 为年均冻融日循环天数、日均冻融相变水量、年均降水量、坡度、坡向和植被覆盖度 6 个评价指标不同范围对应的等级值，参考表 5-1；i 为 1，2，…，6。

5.1.3.3　冻融侵蚀评价指标获取方法

在冻融侵蚀强度评价的 6 个指标中，年均冻融日循环天数和日均冻融相变水量是冻融侵蚀的主要动力因素，在冻融侵蚀发育中起着主导作用，在冻融侵蚀评价中也起着非常重要的作用。年均降水量、坡度、坡向和植被覆盖度从不同方面决定了冻融侵蚀的分布和强度，也是冻融侵蚀评价的主要因子。

（1）年冻融日循环天数

年冻融日循环天数指一年中冻融日循环发生的天数，以一日内土壤温度的变化作为判定标准。土壤温度日最大值大于 0℃而最小值小于 0℃时认为该日发生冻融循环过程，即认为土壤发生夜间冻结、白天消融的日冻融循环过程。累计多年年冻融日循环天数除以计

表 5-1 不同评价指标对应的 I 值

年均冻融日循环天数/d		日均冻融相变水量/%		年均降水量/mm		坡度/°		坡向/°		植被覆盖度/%	
指标范围	I 值	指标范围	I 值	指标范围	I 值	指标范围	I 值	指标范围	I 值	指标范围	I 值
≤100	1	≤3	1	≤150	1	≤8	1	0~45, 315~360	1	60~100	1
100~170	2	3~5	2	150~300	2	8~15	2	45~90, 270~315	2	40~60	2
170~240	3	5~7	3	300~500	3	15~25	3	90~135, 225~270	3	20~40	3
>240	4	>7	4	>500	4	>25	4	135~225	4	0~20	4

算年数得到年均冻融日循环天数。

年冻融日循环天数以地表温度为判定条件，可采用微波遥感、光学遥感等数据源反演地表温度，判定冻融循环状态，如风云 3 号卫星搭载的微波成像仪数据，AMSR-E、AMSR2 被动微波遥感数据和 MODIS 等光学卫星传感器数据都可用于反演年冻融日循环天数指标。

（2）日均冻融相变水量

水从液态冻结成固态时体积约增加 1.1 倍，冻融循环过程中，水体的变化对岩土体的机械破坏作用影响最为明显。相变水量是指土地冻融过程中发生相变的水量。相变水量增加，冻结时由于水体结冰、体积增大而对土地的破坏作用增加。日均冻融相变水量反映了土壤含水量对冻融侵蚀强度的影响。

微波遥感能利用冰晶和水分在介电特性上具有巨大差异这一特性来反演地表冻融过程中的相变水量，从而用于对冻融侵蚀强度的评估，如风云 3 号卫星搭载的微波成像仪、AMSR-E、AMSR2 等传感器数据都可用于反演日均冻融相变水量指标。

（3）年均降水量

在冻融侵蚀中，降水不仅通过雨滴击溅和形成地表径流为土壤侵蚀提供直接动力因素，还随着降水量增加，土壤含水量上升，造成冻融相变水量增加，增强冻融侵蚀。

降水量一般采用气象站点降水数据获取，但由于我国冻融侵蚀区往往气象站稀少，依靠仅有的气象台站提供的降水量资料，难以对该地区降水量的时空分布做出准确的估算。降雨卫星的成功发射使获得区域长时间序列、分布的降水过程资料成为可能，目前可采用 TRMM 数据、GPM 数据、APHRODITE 等数据作为补充进行年降水量的估算。

（4）坡度、坡向

坡度和坡向是影响冻融侵蚀的两个地形因子。坡度是重要的土壤侵蚀影响因素，也是冻融侵蚀的一个重要影响因素。坡度越大，岩土体表面失稳的可能性越大。这样在寒冻风化和冻融作用下，被破坏的岩土体发生滑动、跌落、翻滚、跳跃等作用的可能性明显增加。在冻融侵蚀区看到的大量的冻融滑塌、冻融泥流、石流坡等冻融侵蚀现象都与坡度有关。

坡向反映了不同地形条件下，坡面接收太阳辐射的能力。冻融侵蚀区所处地理环境温度很低，多数时间地表温度低于 0℃，而阳坡太阳光照时间长，地面接收太阳辐射能量强，白天地表剧烈升温而高于 0℃，造成阳坡冻融循环作用明显强于阴坡。阳坡受太阳辐射影响，蒸发强烈，土壤湿度低，植被长势普遍较同地点阴坡差，因此，阳坡植被对土壤保持功能较阴坡低。这也是造成阴、阳坡冻融侵蚀差异的一个因素。

对于坡度和坡向，可通过适宜比例尺遥感立体像对，利用数字摄影测量等技术获取数字高程模型，或直接选取 1∶5 000、1∶1 万、1∶2.5 万、1∶5 万等适宜比例尺数字高程模型计算坡度坡向。

(5) 植被覆盖度

植被对冻融侵蚀的影响作用主要表现在两方面。一方面，植被通过截留降水、根系护土等作用直接保护地表，降低土壤侵蚀(冻融侵蚀区往往也有水力侵蚀存在)；另一方面，植被的存在明显使地表温度的变化程度降低，从而减弱冻融循环作用，降低冻融侵蚀。

区域冻融侵蚀监测一般采用遥感影像获取植被覆盖度，提取植被覆盖度分为单时相植被覆盖度和多时相植被覆盖度。单时相植被覆盖度是采用单次遥感影像所对应的植被覆盖度值，多时相植被覆盖度是采用多期单时相遥感影像获取的植被覆盖度值，分为半月、月和年植被覆盖度。多时相植被覆盖度可采用下列方法获取：

①半月植被覆盖度由半月内多期单时相植被覆盖度最大值合成获取，月平均植被覆盖度由本月 2 个半月植被覆盖度计算获取，年平均植被覆盖度由本年 12 个月平均植被覆盖度计算获取。

②根据实测样地数据获取的植被覆盖度季节变化曲线，计算半月、月、年植被覆盖度。

一般采用 24 个半月植被覆盖度的平均值，考虑存在云雪覆盖的较大影响，取一年中最大值更为可靠。在青藏高原的高寒区，冻融循环作用四季均有可能发生，因此，在植被覆盖度计算时需要考虑枯黄植被的覆盖。目前采用较多的信息源有 MODIS 遥感数据产品，Landsat、Sentinel 等遥感影像，通过选用合适的植被指数及估算方法进行植被覆盖度的反演。

5.1.3.4　遥感监测工作的一般要求

遥感监测工作一般按照资料准备、遥感影像选择与预处理、解译标志建立、信息提取与野外验证、分析评价和成果资料管理等程序进行。资料准备中应搜集已有成果资料，至少包括监测区域的地形图、土地利用、地貌、土壤、植被、水文、气象、水土流失防治等资料。基础地理信息数据收集应根据监测成果精度要求，选择对应的比例尺进行。小流域监测成果比例尺不小于 1∶1 万，县级行政区监测成果比例尺不小于 1∶5 万，省(自治区、直辖市)、水土流失重点预防区和重点治理区监测成果比例尺不小于 1∶10 万，全国、流域性监测成果比例尺不小于 1∶25 万。

(1) 遥感影像选择与预处理

①遥感影像的选择

a. 根据调查成果精度的要求，选择适宜的遥感影像空间分辨率。开展 1∶25 万、1∶10 万、1∶5 万、1∶1 万比例尺精度的水土保持遥感监测，宜选择空间分辨率不低于 30 m、10 m、5 m、2.5 m 的遥感影像。

b. 选择适宜时相。选择易于区分土地利用、植被、水土保持措施等类型、变化特征的遥感影像。

c. 遥感影像采用的谱段范围一般为可见光、近红外、热红外和微波等。其中，可见光遥感影像中，绿波段适用于植被类型，红波段适用于城市用地、道路、土壤、地貌与植被的区分；近红外遥感影像适用于植被类型、植被覆盖度与水体的识别；热红外遥感影像适用于土壤湿度与地表温度信息的提取；微波遥感影像适用于土壤湿度、地表温度等信息提取和地形测量。

②遥感影像预处理　用于遥感监测的影像需经过辐射校正、几何纠正和必要的增强、合成、融合、镶嵌等预处理。对于地形起伏较大的山区，对遥感影像还应进行正射纠正。

a. 根据搜集到的遥感信息，选择最佳波段组合，应利用数字图像处理方法进行信息增强。对于一些特定目标的解译，宜选择与其相适用的信息增强处理方法。

b. 利用地形图选取控制点进行几何校正时，校正后图面误差应不大于 0.5 mm，最大应不大于 1 mm。对于丘陵、山区侧视角较大的图像，可利用数字高程模型进行地形位移校正。

c. 采用影像对影像校正时，两者配准后的误差不应大于 0.5 个像元。

d. 涉及多源、多时相或多景遥感影像预处理时，应实现无缝镶嵌。

（2）解译标志建立

遥感影像解译前，根据监测内容、遥感影像分辨率、时相、色调、几何特征、影像处理方法、外业调查等建立遥感解译标志。其内容应包括具有指导意义的土地利用、植被类型及其植被覆盖度、土壤侵蚀状况、水土流失防治措施的典型影像特征。建立的解译标志应具有代表性、实用性和稳定性。解译标志建立可采用解译经验、遥感图像与实地对照、与相同地区既有的典型遥感解译成果对照等方法进行。

解译标志应通过野外验证，并根据实地情况修改和补充。对于典型的解译标志和重要的要素分类界线、同质要素由于空间变异间接引起的解译标志差异等，应实地拍摄照片、绘制野外素描图，并做好野外记录。

（3）信息提取与野外验证

在冻融侵蚀评价中获取信息（获取方法见 5.1.3.3），野外验证的主要内容包括：①解译标志检验；②信息提取结果验证；③解译中的疑、难点及需要补充的解译标志验证；④与现有资料对比有较大差异的解译结果验证。

验证可采用抽样调查的方法进行。验证样本包含所有类型，并在空间上均匀分布。验证点的实地平面位置误差应小于所使用的遥感影像 1 个像元大小，图斑属性判对率一般应大于 90%。

5.1.3.5　冻融侵蚀综合评价与动态变化分析

通过冻融侵蚀评价指标的获取，利用冻融侵蚀评价模型获取冻融侵蚀强度指数，依据指数值的大小可分级确定冻融侵蚀强度等级。冻融侵蚀强度等级划分指标需要通过各地貌类型区或自然地理区的调查研究确定，各区域可能存在一定差异。

基于监测成果，可进行区域年度及不同周期的冻融侵蚀强度动态变化对比分析，考虑影响因素及可能的变化因子，可从地表温度、降水、土壤湿度、辐射、土地利用、植被覆盖度、水土保持措施、人为扰动及相关政策方面等进行动态变化分析，以探讨冻融侵蚀变化的驱动机制。

5.2　重力侵蚀监测

重力侵蚀是指在重力作用下，单个落石、碎屑或整块土体、岩体沿坡面或坡体由上向下运动的现象，主要包括滑坡、崩岗、崩塌形式。

重力侵蚀监测可分为点、面两个层次，不同层次监测的目的、内容、方法都有所区别。点的监测主要指对典型重力侵蚀体(地段)进行实地调查和地面观测，精度较面的监测更高，其监测结果可为重力侵蚀危害评价及防治提供数据基础，也可为面的监测提供校正；面的监测主要是指区域重力侵蚀监测，目的是了解区域重力侵蚀的总体情况，包括各重力侵蚀类型的面积、分布、强度，以及相关的植被覆盖、土地利用、地形因子等动态指标。针对点、面两个监测层次，重力侵蚀监测可分为典型重力侵蚀体监测、区域重力侵蚀监测。典型重力侵蚀体监测由于侵蚀形式的不同，在内容和方法上有一定的差异，而区域重力侵蚀监测在内容和方法方面具有一定的共性。

5.2.1　典型重力侵蚀体监测

典型重力侵蚀体监测针对重力侵蚀的不同形式，以其单个的侵蚀体如滑坡体、崩塌体、泻溜体、崩岗等为对象进行的监测，主要监测侵蚀体的基本信息特征、变形和位移情况及侵蚀量等。通过典型监测，明晰单个重力侵蚀发生的原因、规模及可能产生的危害隐患，为提出有效的侵蚀防治措施、制定科学合理的灾害预警策略提供依据。这里重点介绍滑坡、崩岗、崩塌、泻溜、陷穴和蠕动侵蚀形式(侵蚀体)的监测。

5.2.1.1　滑坡监测

滑坡是指斜坡上的土体或岩体在重力作用下，沿着一定的软弱面或软弱带，整体或者分散地顺坡向下滑动的自然现象。影响滑坡发育的成因主要有地震、岩土类型、地质构造、地形地貌和水文地质、降水和融雪、地表水冲刷、浸泡，以及不合理的人类工程活动，如开挖坡脚、坡体上部堆载、爆破、水库蓄(泄)水、矿山开采等都可诱发滑坡，还有如海啸、风暴潮、冻融等作用也可诱发滑坡。

滑坡监测包括基本信息及特征、变形、形成和变形相关的因素、变形破坏宏观前兆等。

(1)基本信息及特征监测

基本信息及特征监测包括滑坡发生时间、地点(含地理坐标)、滑坡体基本信息特征、滑坡防治情况等。可采用调查法获得，滑坡信息调查表详见附表18。

①滑坡区调查　包括滑坡所处地理位置、斜坡形态、沟谷发育、河岸冲刷、堆积物、地表水及植被，滑坡体周边地层岩性、斜坡结构类型、岩体结构及地质构造、水文地质条件等。

②滑坡体调查　包括滑坡的形成与规模、边界特征、表部特征、内部特征、变形活动特征等。

③滑坡形成条件及诱因调查　包括自然因素、人为因素及综合因素。

④滑坡危害调查　包括调查滑坡发生发展历史，破坏地面工程、环境和人员伤亡、经济损失等现状，分析与预测滑坡的稳定性和滑坡发生后可能成灾范围及灾情，分析判断可能的滑动路径、影响范围、次生灾害及危害。

⑤滑坡防治情况调查　调查滑坡灾害勘察、监测、工程治理措施等的防治现状及效果。

（2）变形监测

变形监测包括位移和倾斜监测，以及与变形有关的物理量的监测，可采用排桩法、GPS 法、TDR 法进行。

位移监测分为地表和地下（钻孔、平硐等）绝对位移监测和相对位移监测，是滑体监测的主要内容。绝对位移监测是指对滑体的三维（X、Y、Z）位移量、位移方向与位移速率的监测；相对位移监测是指滑体重点变形部位、裂缝、崩滑带等的点与点之间的相对位移量，包括张开、闭合、错动、抬升、下沉等。

倾斜监测分为地面倾斜监测和地下（平硐、竖井、钻孔等）倾斜监测，主要用以监测滑坡的角变位与倾倒、倾摆变形、切层蠕滑及滑移-弯曲型滑坡。

与变形有关的物理量监测一般包括地声监测、地应力监测和地温监测等。这些物理量不能直接反映变形量，但能反映变形强度，可配合其他监测，分析、掌握变形动态，进行变形破坏预报。

①排桩法　主要用于滑坡不同变形阶段的监测，可监测滑坡二维、三维绝对位移量。该方法操作简便易行，投入少，成本低，便于普及，直观性强。

a. 选址：应布设于滑坡频繁发生而且危害较大的有代表性的地方。同时，站址选择时应考虑已有的基础和条件，且要交通便利。

b. 监测设施与布设：监测设施主要包括测桩、标桩和觇标。

测桩：依据性质，测桩分基准桩、置镜桩和照准桩。基准桩设置在滑体以外的不动体上固定不变，要求通视良好，能观测滑体的变化；置镜桩设在不动体上，能观测滑体上设置的照准桩，置镜桩一般在观测期不变，若遇特殊情况，也可重设；照准桩设置在滑体上，用以指示桩位处的地面变化，所以要牢靠、清晰。在设置时，考虑到滑体各部分移动变化的差异，一般沿滑体滑动中心线及两侧，分设上、中、下三排桩。若滑体较大，可以加密。桩距一般为 15～30 m，最大不超过 50 m。

标桩：是为监测滑体地面破裂线的位移变化而设置的。破裂面在滑坡发育过程中变化灵敏，且不同位置变化差异很大。因此，标桩设置密度较大，桩距一般为 15 m 左右，并成对设置，即一桩在滑动体上，另一桩在不动体上，两者间距以不超过 5 m 为好，以提高测量精度。

觇标：是用以监测大型滑体上建筑物破坏变形的小设施，为一个不大于 20 cm×20 cm 的水泥片。其上有锥形小坑 3 个，呈正三角形排列。觇标铺设在建筑物破裂隙上（墙上或地面上），使其中两个小坑连线与裂缝平行（在破裂面一侧），另一个小坑在破裂面另一侧。设置密度可随建筑物部位的变化而变化，无严格限定。

c. 观测与要求：由于滑体运动是三维的，测桩与标桩观测既要有方位（二维）变化，还要有高程变化。一般观测程序是先在要观测的滑坡底单现场踏察，以初步确定测桩的设置方案；布设基准桩、置镜桩、照准桩和标桩（标桩一般在有明显裂隙出现后设置）；由基准桩作控制测量，再由置镜桩精测照准桩和标桩的方位和高程，并用直尺测标桩对的距离；用大比例尺绘制已编号的各桩位置及高程图，作为观测的基础。之后，定期观测照准桩位置和高程变化，与前期观测值比较后可知变形位移量。一般初期可每月测一次，随变形加快可 5~10 d 或 1~5 d 测一次，对于具体观测限期需视实际情况而定。

觇标观测一般只作二维观测，即由每一个锥形坑测量到裂缝边缘距离和该处裂缝开裂宽度的变化量。观测期限可按排桩法同期进行，也可依据实际情况确定。

滑坡发生后的测量：通常用经纬仪测量获得该滑坡体未滑前的大比例尺地形图，作为对比计算的基础。当滑坡发生后，再精测一次，用同样的比例尺绘图。根据两图作若干横断面图，并量算断面面积及高程变化，分别计算部分体积和总体积。由于滑动后岩体破碎，堆积体会有空隙存在，测量体积偏大。对此可通过两种途径解决：一是根据滑体遗留的痕迹，实测滑体宽、长、厚度并计算予以校核；二是估测堆积物孔隙率，计算后给予扣除。用两者测算体积值修正前述断面量算体积，估算出较为准确的滑坡侵蚀体积。

②GPS 法　主要用于动态监测滑坡的变形和位移情况。GPS 监测系统示意如图 5-1 所示，GPS 观测墩具体结构如图 5-2 所示。

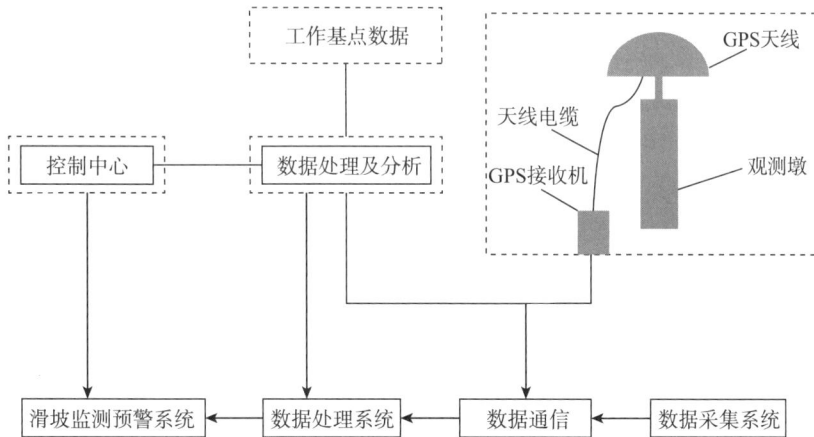

图 5-1　GPS 监测系统示意

用于监测滑坡变形的 GPS 控制网由若干个独立的三角观测环组成。GPS 法采用国家GPS 测量 WGS-84 大地坐标系统，对岩体的变形与滑坡位移进行监测。

a. GPS 网选点：观测滑坡的 GPS 网中相邻点最小距离为 500 m，最大距离为 10 km。该 GPS 网的点与点之间不要求通视，但各点的位置应满足两个要求：一是远离大功率无线电发射源（距离不小于 400 m），远离高压输电线（距离不得小于 200 m），远离强烈干扰卫星信号的接收物体；二是地面基础稳定，易于点的保存。

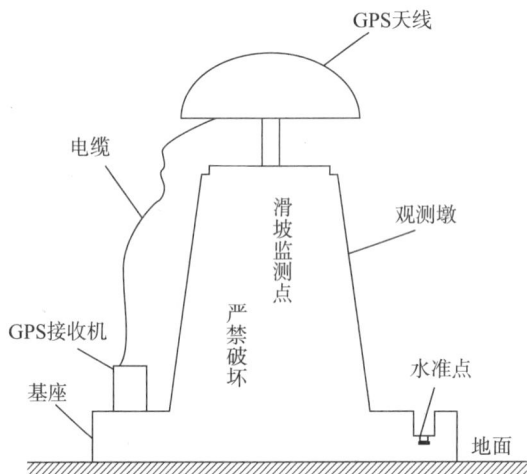

图 5-2 GPS 观测墩具体结构示意

b. 观测要求：观测的有效时段长度不小于 150 min；观测值的采样间隔时间应取 15 s；每个时段用于获取同步观测值的卫星总数不少于 3 颗；每颗卫星被连续跟踪观测的时间不得少于 15 min；每个测段应观测两个时段，且应日夜对称安排。

③TDR 法 TDR 是时域反射法的简称，是一种远程电子测量技术。TDR 监测法主要用于监测滑坡体的变形和位移状况。

TDR 滑坡稳定性监测系统的组成及埋设如图 5-3 所示。首先，在待监测的岩体或土体中钻孔，将同轴电缆放置于钻孔中，顶端与 TDR 测试仪相连，并以砂浆填充电缆与钻孔之间的空隙，以保证同轴电缆与岩体或土体的同步变形。岩体或土体的位移和变形使埋置于其中的同轴电缆产生剪切、拉伸变形，从而导致其局部特性阻抗的变化。电磁波将在这些阻抗变化区域发生反射和透射，并反映于 TDR 波形之中。通过对波形的分析，结合室内标定试验建立起的剪切和拉伸与 TDR 波形的量化关系，便可掌握岩体或土体的变形和位移状况。

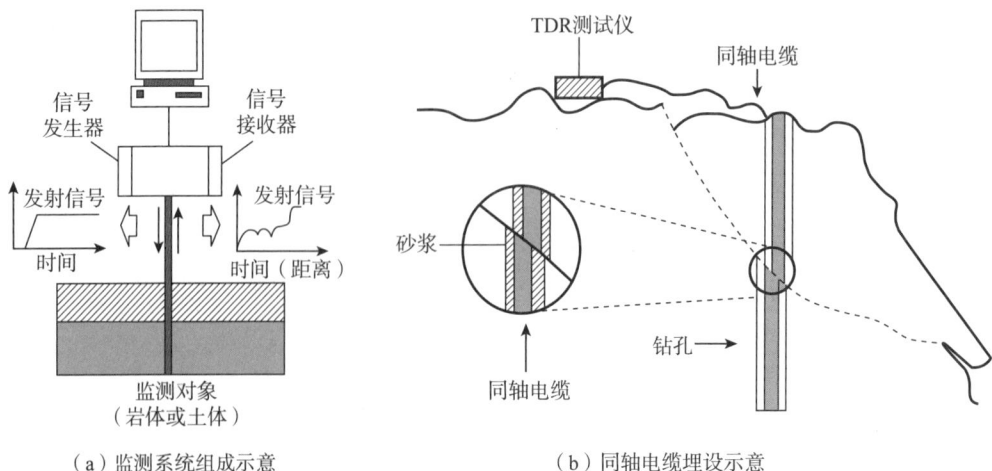

（a）监测系统组成示意　　　　　　（b）同轴电缆埋设示意

图 5-3 TDR 滑坡稳定性监测系统示意

（3）形成和变形相关的因素监测

形成和变形相关的因素主要包括地表水动态、地下水动态、气象变化、地震活动及人类活动等，其监测可采用调查法。

①地表水动态监测　包括与滑坡形成和其活动有关的地表水的水位、流量、含沙量等动态变化，以及地表水冲蚀作用对滑体的影响，需分析地表水动态变化与滑坡内地下水补给、径流、排泄的关系，进行地表水与滑坡形成与稳定性的相关分析。

②地下水动态监测　包括滑坡范围内钻孔、井、硐、坑、盲沟等地下水的水位、水压、水量、水温、水质等的动态变化，泉水的流量、水温、水质等的动态变化，土体含水量等的动态变化。分析地下水补给、径流、排泄及其与地表水、大气降水的关系，进行地下水与滑坡形成与稳定性的相关分析。

③气象变化监测　包括降水量、降雪量、融雪量、气温等，进行降水与滑坡形成与稳定性的相关分析。

④地震活动监测　监测附近及外围地震活动情况或收集信息，分析地震强度及其发生时间、地点，评价其对滑坡形成与稳定性的影响。

⑤人类活动监测　主要是指与滑坡的形成、活动有关的人类工程活动，如洞掘、削坡、加载、爆破、振动，以及高山湖、水库或渠道渗漏、溃决等，并据以分析其对滑坡形成与稳定性的影响。

（4）变形破坏宏观前兆监测

变形破坏宏观前兆监测主要包括宏观形变监测、宏观地声监测、动物异常监测、地表水和地下水宏观异常监测等，采用调查法。

①宏观形变监测　包括滑坡变形破坏前常常出现的地表裂缝和前缘岩土体局部坍塌、鼓胀、剪出，以及建筑物或农田、道路等的破坏等。测量其产出部位、变形量及其变形速率。

②宏观地声监测　监听在滑坡变形破坏前常常发出的宏观地声，及其发声地段。

③动物异常监测　观察滑坡变形破坏前，其上动物（鸡狗牛羊等）常常出现的异常活动现象。

④地表水和地下水宏观异常监测　监测滑坡地段地表水、地下水水位突变（上升或下降）或水量突变（增大或减小），泉水突然消失、增大、浑浊及突然出现新泉等现象。

滑坡监测方法应根据滑坡特点，本着少而精的原则选用。目前，滑坡监测方法和仪器实际应用已十分成熟，但普遍存在的问题是数据采集需要人工定期到现场进行，使得滑坡监测缺乏实时性。在很多情况下，不稳定边坡处于边远地区，人员很难到达，尤其是在滑坡的临发阶段，人员到现场监测可能存在危险。

5.2.1.2　崩岗监测

崩岗通常是指山坡剧烈风化的岩体受水力与重力的混合作用，向下崩落的现象，主要分布在我国的一些花岗岩地区，是南方最严重的土壤侵蚀类型之一。崩岗按崩岗外表形态划分可分为条形崩岗、瓢形崩岗、弧形崩岗等，依据崩岗面积可分为小型崩岗、中型崩岗和大型崩岗，此外，按崩岗活动情况还可把崩岗分为活动型崩岗和稳定型崩岗。

崩岗的形成主要受自然因素、人为因素影响，地质地貌是其发育的背景，深厚的风化层是其发育的物质基础，气候条件是其发育的动力，而人类活动是其发育的重大诱因。

崩岗监测包括基本信息及特征、变形位移情况和侵蚀量的监测。

（1）基本信息及特征监测

基本信息及特征监测主要包括崩岗地点（含地理坐标）、崩岗沟口宽度、崩岗平均深度、崩岗形态、崩岗侵蚀发育类型、崩岗发生坡度及坡向、崩岗侵蚀支沟条数及长度、土壤类型、植被覆盖度、崩岗面积、防治面积等。这些数据主要通过调查得出，崩岗信息调查表详见附表19。

对于未治理崩岗，主要调查集水区面积、洪积扇面积、主崩岗沟长度、平均宽度与坡降、沟口宽度、支沟数量、崩岗植被覆盖度、平均侵蚀量、直接与间接危害的农田、人口、财产、拟采取的水土保持工程措施等内容。对于已治理崩岗，主要调查崩岗的现状、治理措施现状、投资与治理效益等内容。

a. 崩岗发生的地点：包括乡（镇）名、村名、崩岗所处的小地名和经纬度。以崩岗出口线的中点为经纬度测点，混合型崩岗以多个崩口连线的中点为测点，通过手持GPS现场确定崩岗经纬度，并以地形图验证。

b. 崩岗面积、深度、宽度：崩岗面积通常指沟壑的投影面积，不包括洪积扇面积。通常采用GPS或传统测量的方法测定崩岗面积，对于面积较大的崩岗，也可以在地形图上勾绘后量算，单位为m^2。平均深度和沟口宽度采用传统测量的方法，崩岗侵蚀沟沟口和沟头两个点的高程的平均值即为平均深度，单位为m。

c. 崩岗形态与类型：调查的崩岗形态分为瓢形、条形、爪形、弧形、混合型等5种，崩岗类型分为活动型和稳定型两种类型。

d. 崩岗防治面积：包括崩岗集水区面积、洪积扇面积和崩岗面积。集水区面积用地形图勾绘量算，洪积扇面积采取传统测量方法或符合精度要求的GPS测量计算。

e. 危害情况：指淹没农田、损毁房屋、损坏基础设施（道路、桥梁、水库）、受灾人口、经济损失多少等情况。

f. 治理情况：采用何种措施（造林、种草、谷坊、拦沙坝、排水沟、挡土墙）进行治理。

（2）变形位移情况监测

变形位移情况监测主要包括各部位如崩口、崩壁、崩积体、崩岗沟及冲积扇区的变形位移量，以此了解崩岗的发育状况，主要通过侵蚀针（排桩）法分析计算获取。崩岗侵蚀针法观测表详见附表20。

侵蚀针（排桩）法是测量坡面侵蚀形态的一种常见方法。侵蚀针又称插钎、测钎，通常采用不易变形和损坏的钢钎，在监测大中型崩岗时，一般用直径7~10 cm的水泥桩或木桩代替钢钎。崩岗监测中通常用侵蚀针法测量崩壁、崩积体、崩岗沟，以及冲积扇区的变形位移量。

侵蚀针的布设间距根据观测区域的大小及地表起伏状况确定，通常间距在20~100 cm，观测大中型崩岗时，间距通常为1~2 m。首先把标记好刻度的侵蚀针按一定的间隔垂直打入地面，侵蚀针打入地面深度与针体刻度线平齐。侵蚀针插入土壤中时，应尽量减少扰动，确保牢固稳定。

需要注意的是，侵蚀针应垂直打入坡面；侵蚀针打入应尽量选择在周边土质均匀处进行，避免在大石或其他物质附近打入，影响观测精度；在测量时，应观测侵蚀针左侧及右侧数字，进行平均后计算；观测人员进行量测时，应尽量避免对观测区域造成破坏，以保证观测数据的合理性。

（3）侵蚀量监测

崩岗侵蚀量是指风化花岗岩坡面上单位面积崩岗的数量，表达崩岗侵蚀的强烈程度，主要通过侵蚀针（排桩）法、控制站法、三维激光扫描法分析计算获取。

①侵蚀针（排桩）法　在每次暴雨后和汛期结束时，测量侵蚀针刻度线距地面的高度，以此计算土壤侵蚀厚度和总的土壤侵蚀量。

②控制站法　是在崩岗集水区出口部位设立可以进行水位、流速和泥沙等量测的水工建筑物。控制站选址应避开妨碍测验进行的变动回水、冲淤急剧变化、分流、斜流、严重漫滩等的地貌、地物，且应选在沟道顺直、水流集中、便于布设测验设施的位置。

监测内容一般包括径流、泥沙等土壤侵蚀影响因子，并以此推测侵蚀量。也可以根据需要设立其他监测内容，如土壤水分、水质等。监测要求见表 5-2。

表 5-2　控制站监测内容一览表

监测内容		监测要求
水位观测	自记观测	自记水位计测水位，要求每场暴雨进行一次校核和检查；对于水位变化平缓、质量较好的自记水位计，可以适当减少校测和检查次数；对于水位变化急剧、质量较差的自记水位计，可以适当增加校核和检查次数
	人工观测	宜每 5 min 观测记录一次，短历时暴雨应每 2~3 min 观测记录一次
泥沙观测		每次洪水过程观测不应少于 10 次，应根据水位变化确定观测时间； 应采用瓶式采样器采样，每次采样不得少于 500 mL； 泥沙含量采用烘干法测定，以 1/100 天平称重测定； 悬移质泥沙的粒级（mm）可划分为：<0.002、0.002~0.005、0.005~0.05、0.05~0.1、0.1~0.25、0.25~0.5、0.5~1.0、1.0~2.0、>2.0，每年应选择产流最多、有代表性的降水过程进行 1~2 次采样分析

③三维激光扫描法　是 20 世纪 90 年代中期出现的一项高新技术，它的出现被视为继 GPS 之后又一项测绘技术新突破。

应用三维激光扫描技术开展崩岗监测，除了可获取崩岗沟口宽度、崩岗平均深度、崩岗侵蚀支沟条数及长度、崩岗面积等指标外，还可根据不同时期扫描数据分析对比，获取期间侵蚀量及侵蚀空间分布情况，其工作流程包括 3 个方面：三维激光扫描测量、三维数据处理和侵蚀量计算与分析。

a. 三维激光扫描测量：通常以一个雨季为观测时段，在雨季前和雨季后各测量一次。扫描测量时，仪器和标靶设置原则应既能保证整个测量区域能被覆盖到，又能使获取的原始数据量最小化和减少设站的次数。仪器架设遵循从高至低原则。靶标设置遵循两个原则：一是近似三角形的原则，以便能获得测量区域的整体坐标配准精度；二是靶标不能距离扫描仪太远，应在扫描仪测量距离允许范围之内。

扫描的同时可以勾画现场注释草图和记录扫描日志，以便有序地记录所有扫描和扫描中生成的靶标，有助于后期的拼接和建模。测区内沟谷发育深且窄时，由于沟壁遮挡会出现"黑洞"，即扫描仪测量不到的地方，可以结合传统测量仪器如 RTK-GPS 进行"黑洞"数据补充和加密测量，同时对特殊地貌和地区进行拍照记录，以便于后期数据处理和编辑。扫描过程中随时观察生成的点云，以便对数据进行实时补充。

每站扫描完后，对至少 3 个靶标进行扫描，可设置 4 个靶标，其中 1 个作为备用靶标。测区范围比较大时，既要对靶标进行精细扫描，还需用 GPS 或者全站仪测出每个靶标中心的三维坐标，以便减少后续利用多站数据配准和拼接引起的传递误差。为了防止靶标挪动和丢失，靶标测量在每一站扫描结束后立即进行。需要注意以下两点：一是仪器距离测量区域应在 1.5 m 以内；二是靶标不能距离仪器太近，太近会给后期的数据拼接和处理时带来较大的坐标转换误差和拼接误差。崩岗三维激光扫描测量记录表见附表 21。

b. 三维数据处理：树木和外侧沟壁有遮挡作用，单站式扫描难以覆盖整个扫描区域，因此，一般对扫描区域进行 2~3 站扫描。多站数据拼接实质上是以标靶点的空间位置为控制点，将多站点云数据无缝融合。在依次扫描获取各站点云数据及标靶位置后，进行数据合并拼接，将各站点数据转换到统一坐标系下，得到完整的扫描点云。

经过拼接得到的点云数据中包含了扫描监测区域周边较多的地貌、植物等信息，还需进行进一步处理。在三维数据处理软件中通过点云数据编辑功能，剔除干扰点，实现点云的去噪。崩岗测量数据统计表见附表 22。

c. 侵蚀量计算与分析：经过去噪的扫描区域点云数据，在三维数据处理软件中可对其进行崩岗沟口宽度、崩岗平均深度、崩岗侵蚀支沟条数及长度、崩岗面积等特征数据的量取。

对于侵蚀量计算，需要在三维数据处理软件中的扫描区域顶部设置计算水平面，并根据三维点云数据生成扫描区域的三角网格 TIN，计算扫描区域表面与计算水平面之间的体积量。运用该方法计算出不同时间段的体积量，两者相减即可得到该时期内坡面侵蚀的体积变化量。

此外，还可将数据导入 ArcGIS，将前后两次 DEM 数据对比，进行相减运算，形成新的 DEM 图层，从而反映前后地表的高程差值，获得侵蚀空间分布情况。

5.2.1.3 崩塌监测

崩塌是指斜坡上的岩屑或块体在重力作用下，快速向下坡移动的过程。崩塌一般发生在 45°以上的陡坡上，且坡度越大，崩塌规模越大；在日温差、年温差大的地区，若遇暴雨，增加岩土体负荷，容易发生崩塌。地震出现，会触发大范围崩塌。

崩塌监测包括形态特征、影响因素、变形位移(含运动特征)及其他监测。

(1)形态特征监测

形态特征监测包括崩塌体数量、外部平面形状、结构及剖面特征监测等。

①崩塌体数量监测　可采用相关沉积法进行，相关沉积法是测量崩塌发生后的塌积物体积再进行估算。塌积物中存在大块岩土体构架的空洞，量算的体积往往偏大，因此，还要在坡面上依据两侧未崩塌坡面出露的宽度(厚度)、崩塌坡面长度和高度计算出体积予以校核。

②外部平面形状监测　可以采用现场直接测量、图面测量、遥感绘制等方法。

③结构和剖面特征监测　采用现场调查法，利用崩塌出露的岩土面或开挖剖面，分析

记录绘制剖面分层及物质特征，可以进一步判断崩塌次数及其规模、间隔时间等。

（2）影响因素监测

影响因素监测包括地形条件、地质岩性、水文地质、地表水文、气象条件、人为活动等的监测。

①地形条件监测　包括坡度、坡向、高差等。

②地质岩性监测　可利用资料收集分析，或是采用地质学方法对出露岩土面进行观测判断。

③水文地质监测　可以采用钻孔观测，即每隔一定时间测一次钻孔或井中的水位、水温，并取水样进行化验，查看异常变化。

④地表水文监测　主要是对于处在河流、湖泊（水库）和海洋附近的斜坡，进行水位、波浪、冲刷作用等的观测，采用水位计、水位标尺、岸坡量测方法。

⑤气象条件监测　包括降水、风、温度等。

⑥人为活动监测　包含开挖、回填、排水、灌溉等能够影响崩塌体发生发展的各个活动类型，采用现场调查法。

（3）变形位移（含运动特征）监测

变形位移（含运动特征）监测包括平面位移量、垂直位移量，地表位移量、地下位移量，变形位移速率、位移方向、变形位移部位及发生时间、运动方式、稳定阶段等的监测。

位移量可以借用观测网（方格网），用经纬仪测量各观测桩的平面位移和用水平仪测量其高程变化，也可用木桩在裂缝两侧直接测量位移数值。

大规模高风险的崩塌体监测还可以采用 GPS 测量、自动遥测、激光全息摄影等方法获得位置变化及其时空分布规律。

深部位移观测方法主要包括测斜仪法、放射性同位素法、电阻丝片法、金属球法等。

①测斜仪法　用钻孔打穿滑动面直到稳定地层，下入套管，然后，在不同时间将测斜仪放入钻孔之中，测定不同深度上钻孔壁斜度的变化，换算成不同深度的位移。

②放射性同位素法　将放射性同位素（一般用 ^{60}Co）放在不同深度的地层中，然后在地表接收它的位移情况，借以测定深部地层的位移量。

③电阻丝片法　在钻孔中放入贴有很多电阻丝片的灵敏度较高的薄金属管或塑料管，在地面上用应变仪测定其电阻值变化，即可反映不同深度的位移量。

④金属球法　在钻孔中投入金属球，对球体通电后，量测电场强度，即可确定金属球移动位置。

（4）其他监测

大规模的崩塌监测还可以监测温度变化、应力场变化、水质变化等。

①温度变化监测　可以采用低温计、遥感测温技术等。

②应力场变化监测　可参考岩土力学方法进行。

③水质变化监测　一般取崩塌体下部出流水（土壤水）进行水质基本指标测定，利用水质变化间接判断监测对象的活动迹象，如含沙量增加、化学指标突变等，以此说明破裂面松动情况。

对于规模较小、危险性较低的崩塌监测，可以现场使用工具直接量取数值进行记录；对于规模较大或者危险性较高的崩塌监测，可使用各种无线技术获得监测点的监测信息等。

5.2.1.4　泻溜监测

泻溜是指在陡峭的山坡或沟坡上，由于冷热干湿交替变化，表层物质严重风化，造成土石体表面松散和内聚力降低，形成与母岩体接触不稳定的碎屑物质，在重力作用下时断时续地沿斜坡坡面或沟坡坡面下泻的现象。多发生在 45°~70° 的裸露陡坡、易风化的破碎岩体和含黏土矿物较多的土体。

泻溜监测包括泻溜面特征监测和泻溜量监测。

（1）泻溜面特征监测

泻溜面特征监测包括泻溜坡面的岩性、坡度、坡向、海拔、坡面被覆等综合特征。坡面被覆包含高山雪被、植被类型、植被盖度、郁闭度等，其中，雪被调查包括覆雪范围、海拔、盖度、厚度、雪温等。

泻溜面特征监测中，坡面岩性地形监测采用地质学传统方法，雪被调查采用传统仪器量测和生态学方法监测相结合。

（2）泻溜量监测

泻溜量是指观测坡面剥落物的质量，单位为（kg/m^2）或（t/km^2）。泻溜量的监测方法有集泥槽法和测针法。

①集泥槽法　是在要观测的典型坡面底部，紧贴坡面用青砖砌筑收集槽，收集泻溜物，进而计算出泻溜剥蚀量的方法。因此，槽体容积设定以能收集泻溜面一定时段最大泻溜量为准。通常为便于收集、清理，槽体略向一侧倾斜。泻溜的土岩体细小，下落时常受风、鸟的影响而产生偏离，所以，设置槽的观测坡面应均整，不应有过多过大的坡度转折变化。为防止泻溜物下落在槽外，一般槽的外缘稍高（有时在紧接槽体的坡脚还修一平台）。槽体长度主要依据可能而定：长度越大，观测精度越高；长度越小，观测精度越低，一般不小于 5 m。设置集泥槽时，应结合沟谷其他观测项目进行，以便管理。由于它设置于裸坡坡脚，还应注意降水及坡面径流的影响。黄土区泻溜主要发生在冬末春初和雨后天晴之初，通常每月观测一次。

②测针法　是将细针（可用细钉代替）按等距布设在要观测的裸露坡面上，从上到下形成观测带（岩性一致也可从左到右），带宽 1 m。若要设置重复，可相邻布设两条观测带，通过定期观测测针间坡面到两测针顶面连线距离的大小变化，计算出泻溜剥蚀的平均厚度。该法若从上向下布设测针，为避免人为影响，高度较大，除注意安全外，还要注意不要影响观测带。测针打入土坡会破坏周围小范围土体，因而不能测量测针处坡面变化，必须在远离测针至少 5 cm 的地方进行测量。在布设好测针后，即可量测坡面到相邻测针顶连线的距离，依次记录作为基数，后每月量测一次，用后者减去基数得该月该点剥蚀厚度，用算术平均法求得平均剥蚀厚度，再计算单位平面面积剥蚀量。

5.2.1.5　陷穴监测

陷穴是指在黄土地区或黄土状堆积物较深厚地区的堆积层中，地表层发生近于圆柱形土体垂直向下塌落的现象。陷穴有时单个出现，有时呈珠串状从坡面的上部向坡面下部排列，且下部连通，为侵蚀沟的发展创造了条件。

目前对于陷穴监测尚没有统一的标准和方法，一般可以将陷穴监测分为陷穴特征监测、陷穴调查两种。

（1）陷穴特征监测

陷穴特征监测包括陷穴发生部位、数量、形状、塌陷深度、陷穴体积等。发生部位是指陷穴在坡面的位置、间距及排列形状等；数量是在同一坡面、在同一影响要素下陷穴发生的个数；形状包含平面形状和立体形状；塌陷深度指陷穴内部最低点与原坡面之间的距离；陷穴体积指塌陷的容积。

陷穴特征监测方法中，陷穴形状通过测量地表陷穴口及与其平行多个向下的断面尺寸获得；塌陷深度以最低点与陷穴口顺坡线中点之间的垂距表达；陷穴体积可以采用断面法进行计算。陷穴口面积记为 S_1，自陷穴口中心向陷穴最低点连线上选取若干个断面，面积依次记为 S_2，S_3，$\cdots$，S_n，间距依次为 L_1，L_2，L_3，$\cdots$，L_n，则体积（V）按照式（5-2）计算。

$$V = \frac{S_2 + S_1}{2}L_1 + \frac{S_3 + S_2}{2}L_2 + \cdots + \frac{S_n + S_{n-1}}{2}L_{n-1} \tag{5-2}$$

（2）陷穴调查

陷穴调查包括地质调查和勘探调查。地质调查是根据分布规律和影响要素进行宏观区域性的工程地质定性评价，并提出推断的黄土陷穴可能存在的位置，为进一步查明陷穴提供基础资料；勘探调查建立在地质调查的基础之上，确定了基本可能位置后，利用各种勘查手段进行陷穴的具体分布和特征调查。

陷穴调查方法有目测调查、锥探调查、电探调查、挖探调查、钻探调查、其他先进技术调查等。

①目测调查　利用冬、春季的气候特点，在地面裂缝处插放树枝，于次日清晨观察其上是否有冰霜附着，以推测该裂缝下是否有暗穴存在，如树枝上附有冰霜，则陷穴就深大；在秋季清晨日出时，如黄土裂缝中冒雾气，则其下有暗穴；在雨天观察地面裂缝的渗水，如不断向下渗，则其下可能有陷穴。

②锥探调查　以锥杆打入或用阳杆打入地层，若铲头进入陷穴之中，则其土层阻力突然消失，锥杆下进变快，则证明其下有陷穴。

③电探调查　利用不同岩石具有不同电阻率这一特性来测定地下有无陷穴。在获得的电阻率等值线图上，陷穴部分正好位于低阻等值线的圈闭范围。

④挖探调查　根据地表裂隙布置探坑，可以在探坑中采取原状土样观察地层性的变化。

⑤钻探调查　只有在所有目测调查之后，为证实问题或以其他方法不能推断的时候，才采用钻探调查。钻探获得地下岩层结构从而判断有物质损失的底层范围或是有内部塌陷的部位。

⑥其他先进技术调查　包括雷达物探技，应用瞬态瑞利面波法、浅层三分量地震勘探技术等。利用设备发射一定频率的波信号，获得剖面下的波频等信息，分析存在的地下陷穴。

5.2.1.6 蠕动监测

蠕动主要是指土体、岩层及风化碎屑物质在重力作用下，顺坡向下发生的缓慢移动现象。根据蠕动的规模和性质，可以将蠕动划分为松散层蠕动、岩层蠕动。蠕动监测主要是蠕动特征监测，包括蠕动发生的自然地理条件、蠕动范围、蠕动位移等的监测。

(1)蠕动发生的自然地理条件监测

蠕动发生的自然地理条件监测包括蠕动区域的地面标志、地形地貌、岩土体组成及结构、土壤水分、降水、温度等。

地面标识通过调查记录蠕动区域地表物体的位移变形等进行综合归纳获得，其余指标采用常规仪器测量。

(2)蠕动范围监测

蠕动范围监测包括蠕动发生的分布区域、变形的边界和深度等。

蠕动发生的分布区域根据蠕动引起的地面标志范围初步确定，如醉树、电线杆、篱笆、栅栏或建筑物顺坡倾斜，围墙扭裂，坡地上草皮呈鱼鳞状，坡面岩屑层呈阶梯状或微波状等；蠕动发生变形的边界和深度利用开挖剖面法确定，在地面标志确定的范围周界和内部，选择四界定点、边界中点、内部对角线或者等距网格交点位置开挖岩土剖面。如果岩土体有天然的断面边界，也可以利用该边界测量蠕动发生的深度范围。

(3)蠕动位移监测

蠕动位移监测包括绝对位移和相对位移。绝对位移主要是指蠕动物质相对于原位置发生的位移距离；相对位移是指不同深度岩土体间的相对位移距离。

蠕动绝对位移观测可参照崩塌滑坡的位移观测技术，也可采用简易地面标志物进行观测。在发生蠕动的范围内，地面放置轻质薄片，如薄瓷片、木片、塑料片等。薄片应规则整齐，面积以 $100\ cm^2$ 左右为宜，紧贴地面放置，必要时粘贴于地表，定期观测薄片的位移距离，计算位移距离和速率。

相对位移利用剖面法或是斜测仪法获得，计算各个深度层次的位移情况和相对位移量。

5.2.2 区域重力侵蚀监测

区域重力侵蚀监测主要针对重力侵蚀易发区，通常以1∶1万或1∶5万标准图幅为基本工作单元，在充分收集、分析已有资料的基础上，利用调查和遥感解译相结合的手段，开展区域地形地貌、地质特征、土壤植被、水文气象、土地利用等重力侵蚀要素及影响因素监测，获取滑坡、崩岗等重力侵蚀的规模和特征，综合分析重力侵蚀区域时空分布规律，并对重力侵蚀程度和危害进行评价。

5.2.2.1 监测内容

区域重力侵蚀监测内容主要包括重力侵蚀形成条件与诱发因素、重力侵蚀现状与防治、社会经济状况及区域重力侵蚀特征等。

(1)重力侵蚀形成条件与诱发因素

重力侵蚀形成条件与诱发因素主要包括气象、水文、地形地貌、地层与构造、水文地质、工程地质和人类工程经济活动等。

（2）重力侵蚀现状与防治

重力侵蚀现状与防治主要包括历史上所发生的各类重力侵蚀的时间、类型、规模、危害，以及已开展的调查、监测、治理等情况。

（3）社会经济状况

社会经济状况主要包括人口与经济现状数据，城镇化、水利水电、交通、矿山、耕地等工农业建设工程分布状况和国民经济建设规划、生态环境保护规划，以及各类自然、人文资源及其开发状况与规划等。

（4）区域重力侵蚀特征

区域重力侵蚀特征主要包括重力侵蚀的类型、边界、规模、形态，以及空间分布特征，通过对比分析可得出位移特征、活动状态、发展趋势。

在此基础上还可进一步评价其危害范围和程度，分析其成因及发展规律。

5.2.2.2　监测方法

区域重力侵蚀监测的方法主要包括调查和遥感解译。

（1）调查

调查通常采用收集统计资料的方法。收集资料是调查中最便捷的一种方法，具有费用低、效率高的特点。通常，资料来源主要有水利、国土资源、农业等部门的观测资料、调查资料、区划和规划成果、史志类资料、统计资料、法规和文件、图形图像。一般来说，国家统计机关发布的统计资料、普查资料，以及相关部门或行业协会发布的资料和学术刊物上发表的文章较为可靠。

由于收集得到的资料不是经过实地调查得到的第一手资料，其调查目的、性质、方法等不是针对当前的调查，其来源、时间区间、口径范围等方面存在差异，必然存在着局限性，在众多的资料中有效分析利用有用的数据是关键。因此，收集资料必须注意资料数据的实用性、时效性、完整性、准确性、可靠性、代表性、可比性。应对收集到的资料分类汇总，进行必要的统计分析。在分析研究的基础上，认真科学地去评估和筛选，剔除不真实的资料数据，并在充分利用现有资料的基础上查找不足，拟定下一步需要收集的资料计划，予以充实完善。

采用调查法获取重力侵蚀形成条件与诱发因素、重力侵蚀现状与防治、社会经济状况等监测内容。

（2）遥感解译

遥感解译是以遥感数据为主要信息源，获取区域重力侵蚀特征及其发育环境要素信息，确定区域重力侵蚀的类型、规模及空间分布特征，分析区域重力侵蚀形成和发育的环境背景条件，编制区域重力侵蚀类型、规模、分布遥感解译图件。

遥感解译获取内容主要包括重力侵蚀体特征及其自然环境背景条件。自然环境背景条件包括与滑坡、崩岗等发育有关的地貌类型、土壤类型、植被覆盖度、土地利用等，这里重点介绍重力侵蚀体特征的解译。

重力侵蚀体特征解译包括识别重力侵蚀体，确定重力侵蚀空间分布特征，解译重力侵蚀体的类型、边界、规模、形态特征，主要包括数据源选择、图像预处理、解译标志建立、特征信息提取及验证、分析评价等。

①数据源选择 遥感影像可选用中高分辨率卫星、航空、无人机遥感数据。数据源选取应综合考虑监测区域地表植被状况、地质环境条件、监测精度、解译范围、遥感数据存档情况及获取时间等方面的因素。如开展 1∶5 万监测工作，应选用地面分辨率优于 5 m 的遥感数据；开展重点重力侵蚀典型区域监测，在采用无存档大比例尺航空遥感数据的情况下，优先选用无人机遥感技术。数据源选择时还应选用植被覆盖度低时段的遥感影像，应具有较强的现势性，能反映区域的现状。目前常用的高分辨率影像主要有 GF、ZY-3、SPOT5、IKONOS、QuickBird 等。这些影像数据的共同特点是既具有高分辨率的全色波段，又提供多光谱数据，通过一定的多源数据融合方法，可以得到兼具高分辨率和丰富的色彩信息的融合影像，从而有效提高目标识别和分类研究的水平。

②图像预处理 选定遥感影像后，需采用国家控制点、地形图采集、GPS 现场实测点等消除遥感图像畸变，与地理坐标配准，对卫星遥感影像进行几何校正。在建立控制点网基础上采用地形图、航片立体像对、卫星图像像对或雷达数据生成 DEM。DEM 的精度必须满足国家测绘规范的相关要求。

③解译标志建立 不同类型的重力侵蚀体在解译标志上有所不同，应在充分收集、分析工作区地质资料的基础上，通过野外实地踏勘，建立不同类型重力侵蚀体的遥感解译标志。通常情况下滑坡、崩岗的解译标志特点如下。

a. 滑坡：滑坡在遥感图像上多呈簸箕形、舌形、椭圆形、长椅形、倒梨形、牛角形、平行四边形、菱形、树叶形、叠瓦形或不规则状等平面形态，多分布在峡谷中的缓坡、分水岭地段的阴坡、侵蚀基准面急剧变化的主沟和支沟交会地段及其源头等处，滑坡体上的植被通常较周围植被年轻。在峡谷中见到垄丘、坑洼、阶地错断或不衔接、阶地级数变化突然或被掩埋成平缓山坡、蠕成起伏丘体、谷坡显著不对称、山坡沟谷出现沟槽改道、沟谷断头、横断面显著变窄变浅、沟道纵坡陡缓显著变化或沟底整体上升等，这些现象都可能是滑坡存在的标志。此外，不正常河流弯道、局部河道突然变窄、滑坡地表的湿地和泉水等，斜坡前部地下水呈线状出露，也是滑坡的良好解译标志。

b. 崩岗：崩岗在遥感图像上呈条形、瓢形、弧形、爪状等，多分布在海拔 100~500 m 的丘陵地区，在 5°~25° 的坡度区间中最为常见。崩岗通常地表裸露，与周边良好植被对比鲜明。

④特征信息提取及验证 主要采用目视解译和人机交互式解译的方法。为增强重力侵蚀辨识及其环境背景视觉效果，可采用多时相遥感影像开展监测区域环境背景对比解译，利用遥感影像立体像对生成立体模型并与 DEM 数据结合进行叠置分析，制作三维可视化的虚拟场景。利用调查区遥感解译标志，以计算机为工作平台，结合背景资料，采用二维与三维相结合、人机交互方式，遵循从资料丰富地区开始，逐步向资料匮乏地区和微观问题研究过渡，循序渐进、反复进行，提高区域重力侵蚀遥感解译判识准确率，对识别解译出的重力侵蚀体编制初步解译图。

⑤分析评价 结合野外调查，对遥感解译结果进行实地验证，确认重力侵蚀及其类型，确定重力侵蚀及其组成部分的边界，计算覆盖面积(规模)。必要时通过不同时相图像

对比了解重力侵蚀的活动状态，进一步分析其位移特征、活动状态、发展趋势，评价其危害范围和程度，分析重力侵蚀的成因及发育规律，编制重力侵蚀遥感解译图。

5.3　混合侵蚀监测

混合侵蚀是指水力侵蚀和重力侵蚀共同参与产生的一种特殊侵蚀类型。混合侵蚀的结果按侵蚀物质的种类或组成的不同分为泥石流、泥流和石洪，其中后两者属于泥石流的特殊类型，因此，混合侵蚀监测重点是泥石流的监测。

泥石流是我国山区常见的自然灾害现象，是一种介于滑坡和洪水之间的含泥、沙和石块的固液两相流体，具有暴发突然、运动快速、历时短暂等特点，物质容重大、破坏力强，在世界各国具有特殊地形、地貌状况的山区中也常有发生。泥石流形成的基本条件包括固体物源、水源和地形条件，一般发生于地形陡峭，松散堆积物丰富，有突发性、持续性暴雨或有丰富冰川融雪的山区流域。流域内岩石的高度风化、冻融循环等都可造成表层土体的强度弱化，进而成为泥石流的潜在物源；强降雨或者由于降水、冰雪融化、湖体溃决等造成的洪水，是激发泥石流的主要水力因素。随着人类开发建设向山区的大规模推进，不合理的山体开挖、弃土弃渣堆砌、滥伐乱垦等人类活动，也成为影响泥石流形成的重要因素。

泥石流监测是泥石流学科研究的重要组成部分，同时也是防灾减灾的重要手段。泥石流监测的对象、目的、内容、手段和方法如下。

①监测对象　对人民生命财产和基础设施造成威胁的泥石流沟谷。

②监测目的　通过对影响泥石流活动的环境因子和泥石流发生、运动、成灾工程的监测，把握泥石流特征和活动趋势，为泥石流的理论研究和预警预报等工作提供科学数据。

③监测内容　包括形成条件(固体物质来源、气象水文条件等)监测、运动和动力特征(流动运动要素、动力要素等)监测、流体特征(物质组成及其物理化学性质等)监测和冲淤特征监测等，5.3.1详述。

④监测手段　常规监测和专业设备监测相结合，具体情况下，根据泥石流流域的危害性，选择常规监测或专业设备为主的监测系统监测。

⑤监测方法　对于某一泥石流沟谷建立监测系统，应包括降水监测、物源监测、泥石流监测及群测群防等。通过上述监测系统的规范监测，全面掌握泥石流的形成、运动、成灾过程，并结合专业仪器设备进行综合分析，以增加临界预警的可行性。

下面主要介绍小流域泥石流监测内容和常用的监测方法。

5.3.1　小流域泥石流监测内容

泥石流监测内容有形成条件(气象水文条件、固体物质来源等)监测、运动和动力学特征(流动动态要素、动力要素等)监测、流体特征(物质组成及其物理化学性质等)监测和冲淤特征监测等。

（1）形成条件监测

①气象水文条件　降水量、降雨强度及过程的监测是泥石流形成条件监测中最重要的内容之一。在泥石流流域降雨定点监测之前，应通过对影响该区域的天气系统及流域历史降雨资料进行分析，对降雨时空分布有一个全面的了解后，再布设雨量监测点。雨量监测点的数量根据流域面积大小和降雨分布特征等而定，一般不少于3个，即布设点应能有效地监测全流域的降雨状况，并且易于进行日常的维护与资料的收集。

在雨量监测仪器方面，目前较为常用的是自动遥测雨量计。降雨信息可通过无线传输方式传送到设在监测站的接收设备上，可在第一时间实时获取降雨资料，据此对上游泥石流形成区的降水情况进行分析，从而判断出是否有可能发生泥石流，达到预报泥石流的目的。近年来，高速发展的卫星和雷达雨量估测方法也可为区域尺度雨量监测提供有效支撑，但其在山区流域的应用效果尚需验证。

水源来自冰雪和冻土消融的，监测其消融水量和消融历时等。当上游或高处有高山冰湖、水库、渠道时，应监测其渗漏或溃决的可能性。

②固体物质来源　固体物质来源是泥石流形成的物质基础，应在研究其他地质环境和固体物质、性质、类型、规模的基础上，进行稳定状态监测。固体物质来源于滑坡、崩塌的，其监测内容按滑坡、崩塌规定的监测内容进行监测；固体物质来源于松散物质（含松散体岩土层和人工弃石、弃渣等堆积物）的，应监测其在受暴雨、洪流冲蚀等作用下的稳定状况。

泥石流形成区固体物质的土体特征参数包括土体含水量、土体水势、土体孔隙水压力和土壤温度等。泥石流暴发前源区土体特征参数会发生明显变化，如含水量急剧上升、水势波动起伏下降和孔隙水压力急剧增加等。可在泥石流形成区可能发生滑坡和崩塌的坡面剖面上设置监测点。土体含水量的监测一般采用时域反射法（TDR）进行；土体孔隙水压力监测可以采用孔隙水压力计。固体物质（如崩塌、滑坡）的补给活动也可以通过监测桩、位移计、倾斜仪等设备监测。根据位移量，可分析滑坡的活动规律、滑动速度及固体物质的补给量。泥石流流域内局部区域的松散固体物质变化也可采用高分辨率、高精度的三维激光扫描仪定期测量计算得到。

（2）运动和动力学特征监测

泥石流的运动和动力学特征监测，是在泥石流流通段监测其运动过程中产生的各种物理特征量。泥石流运动要素监测包括暴发时间、历时、过程、类型、流态和流速、泥位、流面宽度、爬高、阵流次数、沟床纵横坡度变化等；泥石流动力要素监测包括泥石流流体动压力、龙头冲击力、石块冲击力和泥石流地声频谱、振幅等。同一断面处上述监测同步进行，可保障数据具有更好的配套性，在分析使用时价值更高。由于泥石流具有巨大的破坏能力，运动和动力学要素监测除冲击力监测建议采用直接接触式监测外，其他参数一般采用非接触式的监测。

①流速监测　传统原型监测中，对泥石流表面流速的监测通常采用的方法有浮标法、龙头跟踪法等。其中，浮标法测速是借用水文测量中传统的测速方法，一般只用于可视条件良好且泥石流流态平稳（如黏性层流或连续流）的流速测量。龙头跟踪法适用于有明显阵

性特征的黏性泥石流，阵性流龙头到达上断面开始计时，到达下断面停止计时。

对于一般流域，根据流域自身条件，可选用非接触测量法。目前较为常用的是雷达测速仪，可用于各种类型泥石流流速的测量。测量时将雷达测速仪的天线安置在泥石流沟道边，用定向瞄准器对准测试目标位，当泥石流通过测试段时，测速仪自动测定泥石流的表面流速并记录。

②泥深监测　泥石流泥深是指其通过测流断面时流体的实际厚度。它是计算泥石流过流断面面积，进而计算泥石流流量及分析泥石流运动和动力学特征的重要参数。

泥石流泥深的监测方法有标尺法、图像解析法和非接触测距仪法等。标尺法是在监测断面处设置标尺，直接用测量仪或目测确定泥面高度，进而获取泥深值；图像解析法是使用摄像机或照相机，参照标尺或岸上特征物拍摄图像，通过图像分析确定泥深，其多采用人工监测解析，目前也出现了一些自动解析的设备，但可靠性方面还有待改进；非接触测距仪操作简单，精度较高，只需要在泥石流沟道上方一定高度的位置悬挂测距仪，记录泥石流过流前和过流时测距仪与沟道物体表面距离（即泥位），两者的差值即为泥石流泥深。标尺法和图像解析法受能见度条件限制，精度较低，只能作为辅助手段，在实际运用中大多采用非接触式的超声波、雷达或激光测距的方法。

③冲击力监测　泥石流的冲击力监测采用接触式监测，传感器一般采用压电式传感器。压电式传感器的测力原理是利用传感器受力后，内部发生极化现象而产生电荷，通过远距离遥测、遥控和高频率采样，保证持续取得测试数据。一般在泥石流的流通段沟道内建造抗冲击固定台架，该台架应设置在主流线位置，受力面与泥石流主流线垂直，在迎向泥石流的受力面上按照一定的垂直间距安装冲击力传感器，传感器的安装个数根据泥石流可能的规模和深度合理设置。

（3）流体特征监测

泥石流的流体特征监测内容包括：固体物质组成（岩性或矿物成分）、块度、颗粒组成，以及流体的稠度、重度、可溶盐等物理化学特性，研究其结构、构造和物理化学特性的内在联系与流变模式等。可通过固定断面采集泥石流样品，进而在实验室内进行相关理化分析获得上述参数特征。

（4）冲淤特征监测

泥石流暴发时造成沟道的强烈冲刷和淤积，可大幅改变沟床地形。泥石流冲淤监测一般采用固定断面（主要为横断面）测量法，监测精度高或有特殊要求时也可采用地形测量的方法。监测时，断面点及控制点应尽量与附近的大地控制点和国家水准点连测，也可采用独立坐标和假定高程系统。

目前，多用全站仪等常规测量工具在泥石流暴发前后测量沟道的固定断面，定量获得冲淤变化数据。断面位置的选设应根据实际需要先在地形图上初选，再结合实地调查而选定。一般应选在横断面形态显著变化（如支沟入口、分汊口和沟道急弯等）、游荡剧烈、比降明显变化的地方及其他监测设施分布断面等位置。选定后，应保持断面位置相对稳定，长期不变。

固定断面测量时，除遵循相关测量规范外，还要根据监测目的和泥石流的冲淤特征进行相应的测次安排和补充测量，一般采用全站仪、扫描仪等设备进行测量。

5.3.2 监测方法

泥石流监测方法主要包括人工调查、断面仪器测量、遥感技术测量、无人机低空摄影测量等。

（1）人工调查

人工调查侧重于调查泥石流形成条件与诱因、发生情况、频率、危害性、防治情况等。泥石流调查需采用点线面相结合，以专业调查为主的方式开展，可以为泥石流针对性监测提供背景条件方面的数据支持。

形成条件与诱因主要包括流域地形地貌、地质构造、流域植被、土地利用状况、社会经济情况、气候及各种诱发因素等。泥石流隐患调查侧重于沟谷地质环境条件、沟谷地貌形态特征、松散堆积物储量、发生泥石流的诱发因素、可能的泥石流类型、威胁对象和可能的成灾情况等。

泥石流发生和危害情况主要包括泥石流暴发时间、历时、泥石流流体特征、降水情况等。调查了解历史泥石流残留在沟道中的各种痕迹和堆积物特征，调查了解泥石流危害的对象、危害形式（淤埋和漫流、冲刷和磨蚀、撞击和爬高、堵塞或挤压河道）；初步圈定泥石流可能危害的地区，分析预测今后一定时期内泥石流的发展趋势和可能造成的危害。

泥石流防治情况主要调查泥石流灾害勘查、监测、工程治理措施等防治现状及效果。

（2）断面仪器测量

断面仪器测量法是泥石流监测基本方法之一，主要用于监测泥石流流态、泥位、流速、动力参数等，结合相关监测手段和仪器设备，可进行自动化程度更高、精准化程度更高的参数监测。

监测断面布设可根据泥石流运动特征进行。在沟道顺直、沟岸稳定、纵坡平顺，不易被泥石流淹没的流通段区域布设泥石流监测断面，一般选择在流通区段的中下部，设置监测断面 2~3 个，上、下断面间的距离一般为 20~100 m。

监测断面处可布设泥位仪、流速仪、压力计、冲击力仪等仪器设备进行相关运动和动力学参数的监测。超声波泥位计、雷达测速计等是目前较为常用的非接触监测设备，地声、地震动监测设备也可为流速和流量等运动参数的计算提供参考。

其他泥石流的特征参数，如固体物质组成（岩性或矿物成分）、块度、颗粒组成和流体稠度、容重、重度（重力密度）、可溶盐等物理化学特性，研究其结构、构造和物理化学特性的内在联系与流变模式等，也可通过在固定断面采样分析实现。

（3）遥感技术测量

遥感技术是目前识别区域滑坡、泥石流及宏观调查其发育环境的不可缺少的技术。遥感技术在识别泥石流沟谷流域、区划泥石流区域分布图、判别泥石流的微地貌类型等方面可提供重要技术支撑。它具有以下特点：①全天候；②实时、快速；③精度高；④周期性。

雷达影像测量技术，如合成孔径雷达干涉测量技术（INSAR），具有全天时、全天候工作能力，对植被及地表具有一定的穿透性且通过调节最佳监测视角能非常有效地探测目标地物的空间形态及结构。其优势在于全天候、实时、快速、精度高(毫米级)、费用相对低，但其监测受控于卫星的过境时间。

目前，遥感技术正向着高分辨率(地面和光谱)、多时相和多角度方向发展，遥感技术的应用也正经历由静态到动态、由定性到定量，以及由局部区域到全球的发展过程，成像雷达尤其是 INSAR 更是遥感领域的新兴课题。

利用遥感技术对泥石流进行调查研究，需遵循由宏观到微观、由概略到具体的原则。工作方法可按照遥感资料收集→室内判断→转绘成初步判识图→外业重点验证→室内重复判释和图件整饰→提交成果图的流程。通过野外调查建立影像解译判读标志，通过对研究区内不同地貌区和气候区进行野外调查，利用 GPS 进行精确定位，建立全面系统的泥石流物源区、汇流区和堆积区的影像解译标志，可为泥石流的区域调查和大尺度监测提供依据。

(4)无人机低空摄影测量

近几年无人机低空摄影测量技术的高速发展，为小尺度的泥石流监测提供了新兴手段。目前无人机测量精度可达毫米级，因此，可为泥石流的物源变化、流动状态等要素的监测提供更精准的结果。该技术主要利用无人机的定位和航拍功能，对泥石流进行低空全方位拍摄，根据生成的航拍影像，确定泥石流发生的地点、规模等，并根据影像解译估算侵蚀量。同时如果对同一泥石流侵蚀体进行多时段连续航拍，即可获得泥石流发展规律，为泥石流的灾害监测和预警提供依据。

思考题

1. 冻融侵蚀定位监测场地如何选择？主要监测指标和设施配置包括哪些？
2. 如何监测评价我国区域冻融侵蚀？
3. 如何监测滑坡侵蚀和崩岗侵蚀？
4. 泥石流特征要素监测内容包括哪些？如何开展监测？

参考文献

李智广，2018. 水土保持监测[M]. 北京：中国水利水电出版社.

李智广，刘淑珍，张建国，等，2012. 我国冻融侵蚀的调查方法[J]. 中国水土保持科学，10(4)：1-5.

廖义善，唐常源，袁再健，等，2018. 南方红壤区崩岗侵蚀及其防治研究进展[J]. 土壤学报，55(6)：1297-1312.

刘淑珍，刘斌涛，陶和平，等，2013. 我国冻融侵蚀现状及防治对策[J]. 中国水土保持(10)：41-44.

刘希林，张大林，2015. 崩岗地貌侵蚀过程三维立体监测研究——以广东五华县莲塘岗崩岗为例[J]. 水土保持学报，29(1)：26-31.

刘希林，张大林，2015. 基于三维激光扫描的崩岗侵蚀的时空分析[J]. 农业工程学报，31(4)：204-211.

孟兴民，陈冠，郭鹏，等，2013. 白龙江流域滑坡泥石流灾害研究进展与展望[J]. 海洋地质与第四纪地质，33(4)：1-15.

吴悦，任涛，王璇，2014. 基于北斗短报文的泥石流监测预警系统[J]. 自动化与仪表，29(3)：19-22.

杨顺，潘华利，王钧，等，2014. 泥石流监测预警研究现状综述[J]. 灾害学，29(1)：150-156.

张洪江，2008. 土壤侵蚀原理[M]. 北京：中国林业出版社.

张建国，刘淑珍，2005. 界定西藏冻融侵蚀区分布的一种新方法[J]. 地理与地理信息科学(2)：32-34，47.

张建国，刘淑珍，范建容，2005. 基于 GIS 的四川省冻融侵蚀界定与评价[J]. 山地学报，23(2)：248-253.

张信宝，吴积善，汪阳春，等，2006. 川西北高原的地貌垂直地带性与寒冻夷平面[J]. 山地学报，24(5)：607-611.

中华人民共和国水利部，2008. 土壤侵蚀分类分级标准：SL 190—2007[S]. 北京：中国水利水电出版社.

第 6 章

水土保持措施监测

水土保持措施是指为防治水土流失，保护、改良和合理利用水土资源，改善生态环境所采取的工程、植物和耕作等措施的总称。水土保持措施监测是指运用多种技术手段和方法，对水土保持措施的状况及其防治效果开展的调查、观测和分析工作。通过监测，了解和掌握水土保持措施的类型、数量、质量、分布及其防治效果，为优化综合治理模式、开展水土流失综合防治及效益评价提供基础。本章重点介绍常规水土保持措施监测，生产建设项目水土保持措施监测内容见第 7 章。

6.1 水土保持措施类型

水土保持措施有不同的分类方法。根据治理措施特性，水土保持措施可分为工程措施、植物措施、耕作措施；根据治理对象，水土保持措施可分为坡耕地治理措施、荒地治理措施、沟壑治理措施、风沙治理措施、崩岗治理措施等。本节主要针对治理措施特性分类进行介绍。

6.1.1 工程措施

水土保持工程措施是指为防治水土流失，保护和合理利用水土资源而修筑的各项工程。根据外营力类型，工程措施可分为水蚀防治工程措施、风蚀防治工程措施、重力侵蚀防治工程措施和混合侵蚀防治工程措施。

（1）水蚀防治工程措施

水蚀防治工程措施种类多，包括坡面防治工程、沟道治理工程和小型蓄水用水工程，代表性的措施主要有梯田、坡面水系工程、淤地坝、小型蓄水保土工程等。

①梯田　指为防治水土流失，通过人工或推土机等方式，在山丘区坡地上沿等高线方向修筑的条状台阶式或波浪式断面的田地，是治理坡耕地水土流失的有效措施。

根据地面坡度、断面形式、田坎建筑材料和施工方法，梯田可划分为不同类型。根据地面坡度，分为陡坡区梯田和缓坡区梯田；根据断面形式，分为水平梯田、坡式梯田、陡坡梯田和反坡梯田等；根据田坎建筑材料，分为土坎梯田、石坎梯田和植物坎梯田等；根据施工方法，分为人工梯田和机修梯田。

②坡面水系工程　指为防治坡面水土流失而建的拦、引、蓄、灌、排等工程的总称。代表性的有截水沟、排水沟、引水沟、水平沟、鱼鳞坑、竹节沟等工程。

③淤地坝　指在沟道里为了拦泥淤地所建的坝，坝内所淤成的土地为坝地，是黄土高

原所特有的沟道治理工程。

④小型蓄水保土工程 指将坡地径流、山洪径流及地下潜流拦蓄起来，减少水土流失危害，用于灌溉农田，满足人畜用水需求的点状和线状工程措施。点状工程主要包括水窖、塘坝、谷坊、涝池、沉沙池、拦沙坝；线状工程主要包括沟头防护工程、导洪工程。

（2）风蚀防治工程措施

风蚀防治工程措施是指为防治风力侵蚀所采取的工程措施。根据风蚀产生的条件和风沙流结构特征，就其原理和途径可将其概括为提高地表粗糙度、阻止气流对地面直接作用、提高沙粒起动风速、改变风沙流蚀积关系等。代表性的措施主要有机械沙障固沙、引水拉沙造地等。

①机械沙障固沙 指采用柴草、活性沙生植物的枝茎或其他材料平铺或直立于风蚀沙丘地面，以提高地面粗糙度，削弱近地层风速，固定地面沙粒，减缓和制止沙丘流动的固沙措施。

②引水拉沙造地 指在有水源条件的风沙区，采用引水拉沙、翻淤压沙、客土造田等方式，将原沙地、沙滩改造成可耕种农田的措施。

（3）重力侵蚀防治工程措施

重力侵蚀的治理难度大，多以预防为主。为防止和抑制重力侵蚀，经常采取排水工程措施、削坡减重和反压填土措施、支挡工程措施、锚固措施、护坡工程措施、滑动带加固措施、落石防护措施等。代表性的措施主要有喷浆护坡、排水沟、截水沟、喷浆砌石护面、支撑锚固等。

（4）混合侵蚀防治工程措施

混合侵蚀防治工程以拦、排为主，与稳、调、蓄相结合。工程措施主要是在泥石流流域内采用工程构筑物，包括拦沙沉沙工程、排导工程。代表性的措施主要有拦沙坝、排导槽、谷坊、护坝、护岸、挡墙等。

6.1.2 植物措施

水土保持植物措施（又称林草措施或生物措施）是指为达到涵养水源、保持水土、改善生态环境等目的，保护与合理利用水土资源，采取造林、种草及封育等方法，提高林草植被覆盖率，维护和提高土地生产力的一种水土保持措施。

（1）造林措施

水土保持造林措施是指采用人工或飞播方式营造乔木林、灌木林、混交林、经果林、四旁林等林分，从而实现涵养水源、保持水土、改善气候等目的。

（2）种草措施

水土保持种草措施是指在水土流失区，为蓄水保土、改良土壤、美化环境、促进畜牧业发展等而进行的草本植物栽培与管理经营的措施。

（3）封育措施

封育措施是指对具有天然下种或萌蘖能力的区域，利用自然修复能力，辅以人工补植和抚育，促进植被恢复、控制水土流失、改善生态环境的一项技术措施，它包括封禁育林、封禁育草两大类。

6.1.3　耕作措施

水土保持耕作措施是指在水蚀或风蚀的农田中，采用改变微地形、增加地面覆盖和增加土壤入渗等方法，达到保水、保土、保肥等目的，有效防止水土流失、提高作物产量。

（1）改变微地形耕作措施

改变微地形耕作措施包括等高耕作、等高沟垄种植、垄作区田、掏钵（穴状）、抗旱丰产沟、休闲地水平犁沟、中耕培垄等。

（2）增加地面覆盖措施

增加地面覆盖措施包括草田轮作、间作与套种、横坡带状间作、休闲地绿肥、轮作、地膜覆盖等。

（3）增加土壤入渗措施

增加土壤入渗措施包括留茬少耕、免耕等。

6.2　水土保持措施监测指标

6.2.1　工程措施监测指标

6.2.1.1　水蚀防治工程措施

水蚀防治工程措施主要涉及梯田、坡面水系工程、淤地坝、小型蓄水保土工程等。

（1）梯田

梯田措施监测指标包括梯田类型、设计标准、断面要素及规格尺寸、面积、工程量、田埂材料、运行状态、田面及田埂利用情况等。

①梯田类型　指根据地面坡度、断面形式、田坎建筑材料和施工方法等进行划分的类型。

②设计标准　即梯田防御暴雨标准。根据当地降雨特点，分别采用当地最易产生严重水土流失的短历时、高强度暴雨，一般采用 10 年一遇 3~6 h 最大暴雨。在干旱、半干旱地区，多采用 20 年一遇 3~6 h 最大暴雨。

③断面要素及规格尺寸　指原地面坡度、梯田田坎坡度、梯田田坎高度、田面宽度、田面坡度、排水沟等信息。

④面积　指梯田田面和埂坎的垂直投影面积。

⑤工程量　指修筑梯田的动土量和土方移动量。动土量纯指土方体积（m^3），移动量还考虑了运移距离和工作量大小（$m^3 \cdot m$）。水平梯田动土量和土方移动量计算见式（6-1）和式（6-2）：

$$V = \frac{1}{2}\left(\frac{B}{2} \times \frac{H}{2}L\right) = \frac{1}{8}BHL \tag{6-1}$$

$$W = V\frac{2}{3}B = \frac{1}{12}B^2HL \tag{6-2}$$

式中，V 为单位面积梯田动土量(m^3)；W 为单位面积土方移动量($m^3 \cdot m$)；L 为单位面积梯田长度(m)；H 为田坎长度(m)；B 为田面净宽(m)。

⑥田埂材料　指田埂的修筑材料，如土坎、石坎、六角砖等。

⑦运行状态　指是否正常耕作，有无撂荒、弃耕等现象。

⑧田面利用情况　了解种植作物种类。

⑨田埂利用情况　指在土坎梯田地区，已经利用的埂坎面积与总埂坎面积之比，即埂坎利用率。

（2）坡面水系工程

坡面水系工程监测指标主要包括工程的组成类型、工程材料、工程量、控制面积、工程数量或长度等。

①组成类型　截水沟、排水沟、引水沟、水平沟、鱼鳞坑、竹节沟等。

②工程材料　指修建工程材料，如土质、石质、水泥、混凝土等。

③工程量　指修筑工程的动土量和土方移动量。

④控制面积　指工程所能保护的土地面积。

⑤工程数量或长度　指工程的总数量或总长度。

（3）淤地坝

淤地坝监测指标主要包括淤地坝种类与数量、建筑物组成、建筑物规格尺寸、库容、工程量、控制面积、淤地面积，以及运行安全状态（如是否出现坝体沉降、裂缝、位移与渗漏）等。对于大型淤地坝，应在掌握上述监测指标的同时进一步了解工程名称、已淤库容、所属项目名称及准确的地理位置。

①淤地坝种类与数量　淤地坝一般分为小型、中型、大型 3 类。其中，小型淤地坝坝高 5~15 m，库容为 1 万~10 万 m^3；中型淤地坝坝高 15~25 m，库容为 10 万~50 万 m^3；大型淤地坝坝高 25 m 以上，库容为 50 万~500 万 m^3，属于水土保持治沟骨干工程。

②建筑物组成　淤地坝由土坝、溢洪道和泄水洞组成。对于小型淤地坝，建筑物一般为土坝与溢洪道或土坝与泄水洞；对于中型淤地坝，建筑物多数为土坝与溢洪道或土坝与泄水洞，少数为土坝、溢洪道和泄水洞；对于大型淤地坝，建筑物一般是土坝、溢洪道和泄水洞。

③建筑物规格尺寸　指土坝（坝高、坝体断面）、溢洪道和泄水洞的尺寸大小。

④库容　指淤地坝坝体不同高程等高线与上游沟谷合围而成的容积。

⑤工程量　指修建淤地坝动用的土方和石方总体积。

⑥控制面积　指淤地坝上游集水区域的全部面积。

⑦淤地面积　指淤地坝淤积泥沙后，形成的可以耕种利用的面积。

⑧运行安全状态　包括坝体的沉降量、裂缝的出现及扩展、坝坡位移、渗漏量等。

（4）小型蓄水保土工程

小型蓄水保土工程监测指标主要包括工程种类、数量、规格、建筑材料、工程量等。

①工程种类　点状工程包括水窖、塘坝、谷坊、涝池、沉沙池、拦沙坝等；线状工程包括沟头防护工程、导洪工程等。

②数量　指工程的总个数或长度。

③规格　指工程建设尺寸、容积等。

④建筑材料　指工程建设采用的主要材料。

⑤工程量　指建设工程需要的动土量和土方移动量。

6.2.1.2　风蚀防治工程措施

风蚀防治工程措施包括机械沙障固沙和引水拉沙造地等。

（1）机械沙障固沙

机械沙障固沙监测指标主要包括沙障类型、沙障材料、固沙面积等。

①沙障类型　包括平铺式沙障、直立式沙障。平铺式沙障包括带状铺设、全面铺设；直立式沙障按高度的不同分为高立式沙障、低立式沙障、隐蔽式沙障，按透风度的不同分为透风式、紧密式、不透风式。

②沙障材料　指沙障所采用的主要材料，如柴草、秸秆、黏土、树枝、板条、卵石等。

③固沙面积　指沙障防护范围的垂直投影面积。

（2）引水拉沙造地

引水拉沙造地监测指标包括造地方式、造地面积、附属工程类型和数量等。

①造地方式　有引水拉沙、翻淤压沙、客土造田等。

②造地面积　指采用引水拉沙造地方式形成的可耕作田地的垂直投影面积。

③附属工程类型和数量　指在引水拉沙造地工程中修建的引水渠、蓄水池、冲沙壕、围埝、排水口等措施的数量或长度。

6.2.1.3　重力侵蚀防治工程措施

重力侵蚀防治工程措施主要包括喷浆护坡、排水沟、截水沟等。监测指标包括防治措施类型、防治面积和数量、工程量等。

①防治措施类型　喷浆护坡、排水沟、截水沟、种草、喷浆砌石护面、支撑锚固等。

②防治面积和数量　采用各种措施防护治理潜在滑动坡面及堆积物坡面的实际斜坡面积（非平面面积）和重力侵蚀的个数。

③工程量　指采用各种工程措施，防治重力侵蚀发生和复活的工程量。

6.2.1.4　混合侵蚀防治工程措施

混合侵蚀防治工程措施主要包括拦沙坝、排导槽等，监测指标包括工程类型、工程数量和工程量。

①工程类型　包括拦沙坝、排导槽、谷坊、护坝、护岸、挡墙等。

a. 拦沙坝：指用以拦蓄粗砂块石等固体碎屑的坝，类型有格栅坝、重力坝、砌石坝等，常修建于泥石流发育的沟谷中。

b. 排导槽：指用以排泄输导泥石流，使其堆积在固定无害地区，避免对工矿、村镇建筑、良田等造成淹没危害的工程，常修建于泥石流频繁活动、需要保护的沟道下游。

②工程数量　包括拦沙坝、谷坊、护坝的数量（座）和库容大小，排导槽的条数和长度，护岸、挡墙等工程的个数和长度。

③工程量　修建拦沙坝、排导工程等动用的土、石方量。

6.2.2　植物措施监测指标

植物措施监测主要包括造林措施监测、种草措施监测、封育措施监测。

6.2.2.1　造林措施监测

造林措施包括营造乔木林、灌木林、混交林、经济林等林分。监测指标包括造林方法、造林面积、造林类别、林分类型、林分组成、林木种类、造林密度、林分密度、成活率、生物生产量、郁闭度(或覆盖度)、林下盖度及生长状况等。

①造林方法　分为植苗造林、播种造林和分殖造林，播种造林可分为人工播种造林和飞播造林。

②造林面积　造林区域的垂直投影面积。

③造林类别　包括人工造林、人工更新、人工促进天然更新、疏林地补植等。

④林分类型　按树木类型分为乔木林、灌木林、竹林等；按造林目的或用途分为防护林、用材林、经济林(经果林)等，四旁林(村旁、宅旁、路旁、水旁植树)归于防护林。

⑤林分组成　纯林和混交林。纯林类型包括灌木纯林、乔木纯林；混交林类型包括针阔混交林、乔灌混交林、乔灌草混交林等。

⑥林木种类　指造林的树种。

⑦造林密度　又称初植密度或栽植密度，指单位面积造林地上种植点的数量。

⑧林分密度　通常用株数密度表示，即单位面积林分的林木株数。

⑨成活率　指单位面积上的成活株数与造林时的总株数的百分比。

⑩生物生产量　简称生物量，指单位面积上所有生物利用太阳能同化二氧化碳、制造和积累有机物质的总量。生物生产量是评价生态系统结构与功能和水土保持经济效益的基础。

⑪郁闭度(或覆盖度)　指林地中林木树冠在阳光直射下在地面的总投影面积(冠幅)与此林地(林分)总面积的比。它反映林分的密度。

⑫林下盖度　指林下草、灌地上部分在阳光直射下在地面的总投影面积占地面总面积的比例。

⑬生长状况　包括树高、胸径、冠幅、枝下高等。

农田防护林是造林措施中一种特殊的类型，其监测指标涉及农田防护林类型、林带组成与规格、防护面积、树种等。

①农田防护林类型　分为呈带状的农田防护林带和呈网状的农田防护林网。

②林带组成与规格　农田防护林带由主林带和副林带构成，二者按照一定的距离纵横交错构成农田防护林网。主林带用于防止主要害风，林带和风向垂直时防护效果最好。但根据具体条件，允许林带与垂直风向有一定偏离，偏离角不得超过30°，否则防护效果将明显下降。副林带与主林带相垂直，用于防止次要害风，增强主林带的防护效果。农田防护林带还可与路旁、渠旁绿化相结合，构成林网体系。

③防护面积　指农田防护林起到防护作用的面积。

④树种　指农田防护林造林树种。

6.2.2.2　种草措施监测

水土保持种草措施监测指标包括种草方式、草木种类、种草面积、盖度、收割方式、放牧方式、生长状况、成活率及生物生产量等。

①种草方式　包括条播、穴播、撒播和飞播等。

②草木种类　指种植草的草种。

③种草面积　指采用种草措施地的垂直投影面积。

④盖度　指草地上部分垂直投影的面积占地面的比率。

⑤收割方式　指根据不同的草类的生长特点和经济目的确定的收割时期与方式，可分为分期分区轮收、分期皆收等。

⑥放牧方式　指根据不同的草类的生长特点和经济目的确定的放牧时期与方式，可分为分区轮牧、定期放牧。

⑦生长状况　指草高度、密度等状况。

⑧成活率及生物生产量　可参考造林措施的成活率及生物生产量。

6.2.2.3　封育措施监测

封育措施包括封禁育林（包括疏林补植）和封禁育草两大类，其监测指标包括封禁方式、治理面积，以及封育林草的成活率、生物生产量、郁闭度（或覆盖度）及生长状况。

①封禁方式　分为全年全封、季节封禁和轮封轮牧等。

②治理面积　实施封育管护措施后，林草郁闭度达 0.8 以上的面积，或高寒草原区植被覆盖度达到 40%、干旱草原区植被覆盖度达到 30% 以上的面积，且有明显封育指示牌。

③封育林草的成活率、生物生产量、郁闭度（或覆盖度）及生长状况　监测指标参见造林措施和种草措施。

6.2.3　耕作措施监测指标

耕作措施监测指标包括耕作措施类型、耕作措施面积、作物种类、作物盖度等。

①耕作措施类型　根据水土保持耕作措施的作用性质，可分为改变微地形、增加地面覆盖、增加土壤入渗三类。改变微地形耕作措施包括等高耕作、等高沟垄种植、垄作区田、掏钵（穴状）、抗旱丰产沟、休闲地水平犁沟、中耕培垄等；增加地面覆盖措施包括草田轮作、间作与套种、横坡带状间作、休闲地绿肥、轮作、地膜覆盖等；增加土壤入渗措施包括留茬少耕、免耕等。

②耕作措施面积　指各种耕作措施的垂直投影面积。

③作物种类　指种植作物的物种。

④作物盖度　指作物地上部分垂直投影的面积占地面的比率。

6.2.4　水土保持措施及其监测指标

根据《水土保持综合治理　技术规范》（GB/T 16453—2008），结合不同类型区水土保持措施特点，考虑监测尺度及精度要求，可构建具有区域特色或研究特色的水土保持措施体系。

常规的水土保持措施分类及监测指标参见表 6-1。

表 6-1 水土保持措施分类与监测指标一览表

水土保持措施类型			监测指标
工程措施	水蚀防治	梯田	梯田类型、设计标准、断面要素及其规格尺寸、面积、工程量、田埂材料、运行状态、田面及田埂利用情况等
		坡面水系工程	工程的组成类型、工程材料、工程量、控制面积、工程数量或长度等
		淤地坝	种类及其数量、建筑物组成及规格尺寸、库容、工程量、控制面积、淤地面积，以及运行安全状态(如坝体沉降、裂缝、位移与渗漏)等
		小型蓄水保土工程	工程种类、数量、规格、建筑材料、工程量等
	风蚀防治	机械沙障固沙	沙障类型、材料、固沙面积等
		引水拉沙造地	造地方式、造地面积、附属工程类型和数量等
	重力侵蚀防治	喷浆护坡、排水沟	防治措施类型、防治面积和数量、工程量等
	混合侵蚀防治	拦沙坝、排导槽	工程类型、数量和工程量。
植物措施	造林措施	乔木林、灌木林、混交林、经济林、四旁林	造林方法、造林种类、造林面积、林分类型、林分组成、林木种类、造林密度、成活率、生物生产量、郁闭度(覆盖度)及生长状况等
	种草措施		种草方式、草木种类、面积、成活率、生物生产量、盖度、收割方式、放牧方式及生长状况等
	封育措施	封山育林、封坡育草	封禁方式、治理类型、面积，以及封育林草的成活率、生物生产量、郁闭度(覆盖度)及生长状况
	农田防护林		农田防护林类型、林带组成与规格防护面积、树种等
耕作措施	改变微地形	等高耕作、等高沟垄种植、垄作区田、掏钵(穴状)、抗旱丰产沟、休闲地水平犁沟、中耕培垄	措施类型、面积、作物种类、作物盖度等
	增加地面覆盖	草田轮作、间作与套种、横坡带状间作、休闲地绿肥、轮作、地膜覆盖	
	增加土壤入渗	留茬少耕、免耕	

6.3 水土保持措施监测方法

水土保持措施监测方法主要有资料收集分析法、野外调查法、遥感调查法、抽样调查法等。一般情况下，工程措施的类型、数量、质量、工程量等多采用资料收集分析法及野外调查法；不同类型工程措施及植物措施的面积、数量、分布等常采用遥感调查法；大范围、区域性的水土保持措施一般采用遥感调查法和抽样调查法相结合的方法。实际应用中，综合考虑科学研究或生产实践需求，一般选取一种或几种方法开展水土保持措施监测工作。

6.3.1　资料收集分析法

资料收集分析法主要是通过收集相关的研究报告、统计年报、工程项目、监理监测、调查数据等资料，进行分类、整理与分析，获取水土保持措施相关数据。一般情况下，对于无法从遥感影像上直接解译，野外调查工作量大的线状、点状水土保持工程措施，封禁治理措施，风沙治理措施等工程种类、数量/面积、规格、材料、工程量等内容，采用资料收集分析法。

（1）资料收集

收集的资料包括省、市、县各级的水土保持治理措施统计资料、图件，国家级和省级重点治理区水土保持治理措施资料，自然及社会经济情况专题图件（包括各种土地利用现状图、植被图、水土流失图和水土保持图等），科研院所的水土保持措施研究资料、淤地坝监测资料，有关水土保持措施效益分析统计资料、图件及调查报告、研究文献资料等。

（2）数据分析

资料分析时，注意对从不同渠道获得的数据进行相互对比，以确定合理的数据。如水土保持工程措施资料的分析优先以水土保持部门资料为主，其他部门数据作为补充和修正；对林草措施中的造林措施、封育措施，以林业部门资料为主，水土保持部门资料为辅；小型蓄水保土工程与抗旱保收、人畜饮水解决或贫困区扶贫工程有关，应以水利和扶贫部门资料为主；梯田面积和规格等以水土保持部门和国土部门数据为主。

6.3.2　野外调查法

野外调查法是指通过野外实地勘测、现场记录、图斑勾绘、访问座谈等方式获得水土保持措施数据。该方法适用于典型样区、典型小流域或典型水土保持工程等调查对象，涉及范围小，精度较高，工作量大。

（1）调查流程

根据水土保持措施监测的工作需求，野外调查工作一般采用以下流程。

①系统培训，统一标准　在进行外业调查前，需要对技术人员进行系统培训，把调查的流程、方法、内容和相关表格填写等工作讲解清楚，尤其是涉及分组调查时，应统一不同小组的技术标准。

②规范调查记录过程　调查时，按照确定的调查路线，以不低于 1∶1 万比例尺地形图为参考，携带照相机、计算机等信息记录和存储设备，利用 GPS、测距仪、皮尺等测量设备，在野外对于水土保持措施图斑进行现场调查，通过测量、记录、拍照、摄像等方式对图斑边界、措施质量进行调查和记录。

③详细记录调查数据　野外调查时，应对调查范围内的主要坡面、干沟和主要支沟逐坡、逐沟和逐乡、逐村地现场进行。按照调查项目和内容取得第一手资料，并详细填写专门设计的外业调查表格。

④数据汇总整理 外业调查完毕，应及时完成外业调查成果整理，包括定位点坐标、照片、外业记录表等。

（2）调查方法

野外调查中，综合考虑工作需求，对水土保持工程措施、林草措施、耕作措施进行有针对性的调查。目前，随着技术发展，导航定位技术、三维激光扫描仪、无人机遥感技术、手持移动终端等在水土保持措施野外调查工作中有较多应用。野外调查常采用地面测量和无人机航摄相结合的方式进行。其中，地面测量可以采用样方法、拍照、测量记录等进行，无人机航摄可生成正射影像、三维影像、多光谱数据等信息，通过遥感解译提取相关指标。

①导航定位技术 GPS、北斗等导航定位技术是目前最理想的定位技术系统，可应用于野外调查定位记录，以及对水土保持措施面积、工程措施工程量等方面的监测。

②三维激光扫描仪 利用发射和接收脉冲式激光的原理，以点云（大量高精度三维数据）的方式真实再现所测物体的彩色三维立体景观。利用三维激光扫描仪可以进行水土保持工程措施工程量的测算分析等工作。

③无人机遥感技术 以无人机作为空中平台，以机载遥感设备（高分辨率数码相机、轻型光学相机、红外扫描仪）获取信息，集成了高空拍摄、遥控、遥测、视频影像、微波传输和计算机影像信息等应用技术，具有机动灵活、快速高效、精细准确、安全、作业成本低等特点，在小区域高分辨率影像快速获取方面具有明显优势。利用无人机遥感技术，可以有效解决大比例尺水土保持措施监测问题，获得高精度的措施面积和分布等信息，同时还可以通过三维建模进行地形信息提取或工程量数据分析等。

④手持移动终端 集成实时定位、查看、跟踪、位置分享、信息传递、语音导航、轨迹记录、测距及测面积等多种功能，可快速定位水土保持措施位置并可现场量测获得措施长度、面积等数据，减少纸质图作业及数据矢量化环节，提高调查效率与质量。如借助手机、平板灯设备，采用奥维互动地图等移动 APP 进行现场调查路线规划、轨迹记录、信息填写、图斑勾绘等工作，实现调查数据的快速、准确、高效记录。

6.3.3 遥感调查法

遥感调查法是指利用遥感技术开展水土保持措施调查的方法。根据遥感平台的不同，一般分为航空遥感、航天遥感和地面遥感。通过遥感监测，可以获得监测区域的水土保持工程措施、林草措施的数量及其分布等信息。

遥感调查法主要包括数据源采集与处理、解译标志建立与信息提取、野外复核验证与信息更新、成果完善分析。

（1）数据源采集与处理

①数据源采集 根据任务和范围需求，综合考虑遥感信息源的分辨率、时相、时间跨度、价格等因素，合理选择遥感数据源，并搜集区域地形图、土地利用、地貌、土壤、植被、水土保持措施状况等统计、专题图表资料等已有成果和遥感数据。

对于数据源时相，一般提取水土保持工程措施类型的遥感影像时相要求为冬春季，避免植被对水土保持工程措施的遮挡；提取植被覆盖信息的遥感影像时相要求为植被生长较为茂盛的 6~9 月。此外，全国、大江大河、省(自治区、直辖市)、重点防治区等遥感信息的时间跨度一般不超过两年，地(市)、县、重点支流遥感影像的时间跨度一般不超过 1 年，乡镇、小流域遥感影像的时间跨度一般不超过 6 个月。

②数据源处理　航天遥感信息源处理包括影像纠正、融合、增强、匀色、镶嵌、裁切等。影像几何纠正、正射纠正一般以 1:1 万地形图、DEM 为依据，融合、增强、匀色、镶嵌、裁切等处理可在 ENVI、GIS 等专业软件使用下逐幅进行。不同数据源应采用相同的坐标系和投影。

航空遥感信息源处理主要包括像控点外业测量、内定向、相对定向、绝对定向、特征点线采集、数字地面模型(digital terrain model，DTM)，数字地面模型生成、正射纠正和影像拼接等。

目前遥感影像的处理技术相当成熟，影像提供部门可以在处理软件上批量化生产，应用部门可直接使用处理后的成品。

(2)解译标志建立与信息提取

通过野外调查，结合影像的色彩、纹理、空间位置等信息，建立水土保持措施解译标志。解译标志应具有典型性和代表性，并涉及区域内所有可通过遥感解译获取的水土保持措施类型。野外工作中应了解监测区的自然条件、水土流失特点、各种类型的水土保持措施等情况，并与遥感影像进行对照，建立不少于 1 套解译标志。

采用 2 m 分辨率的遥感影像，可对梯田及林草措施的经济林、乔木林、灌木林、草地等措施类型和面积进行解译提取；采用 1 m 以上分辨率遥感影像，可对截水沟、排水沟等部分坡面水系工程，谷坊、塘坝等小型蓄水保土工程的类型和数量进行解译。

(3)野外复核验证与信息更新

野外复核验证主要是对遥感解译中有疑问的区域进行调查，并对影像解译图斑、提取的林草植被覆盖度进行精度验证，以保证监测成果具有准确性和可靠性，调查比例在 0.5%以上。

野外复核验证多采用典型调查和路线调查等方法进行。野外复核验证图斑多以随机抽样的方法确定，同时选取典型水土保持措施图斑、有疑问的图斑进行调查。调查结束，整理调查成果，并对图斑边界、属性等解译成果进行完善更新。

此外，可将遥感解译水土保持措施与资料搜集等其他来源的参考资料进行校核，提高遥感解译结果的精度。

(4)成果完善分析

根据遥感解译成果，进行不同类别水土保持措施的面积计算和统计工作。包括梯田、乔木林、灌木林、草地等水土保持措施面积，林草植被覆盖度等数据分析。

对遥感解译或提取成果，还可按不同流域、不同行政区、不同侵蚀类型等分别进行划分、汇总，获得不同监测区域的水土保持措施相关数据。

6.3.4　抽样调查法

抽样调查法是指从全部调查研究对象中，抽选一部分个体进行调查，并据此对全部调查研究对象做出估计和推断的一种调查方法。抽样调查虽然是非全面调查，但目的却在于取得反映总体情况的信息资料，因而，也可起到全面调查的作用。

在较大区域(全国、流域、跨省区等)开展水土保持措施监测，用统计上报方法资料精度不够，用遥感方法投资太大，用野外调查方法外业工作量大且周期长，因此，适宜采用抽样调查方法。

(1)抽样方法

①简单随机抽样　又称完全随机抽样，是指从总体中不加任何分组、划类、排序等的完全随机抽样，从总体 N 个单位中任意抽取 n 个单位作为样本，使每个可能的样本被抽中的概率相等的一种抽样方式。它的特点是每个样本单位被抽中的概率相等，样本中的每个单位完全独立，彼此间没有关联性和排斥性。抽样的具体方法有抽签法、随机号码法等。简单随机抽样是其他各种抽样法的基础。

②系统抽样　又称机械抽样、等距抽样，是将总体中各单位按一定顺序排列，根据样本容量要求确定抽选间隔，然后随机确定起点，每隔一定的间隔抽取一个单位的一种抽样方式。在已知总体有关信息条件下，能够保证样本单元在总体中均匀分布，因此，等距抽样取样本能提高样本对总体的代表性，比简单随机抽样更精确。系统抽样示意如图 6-1 所示。

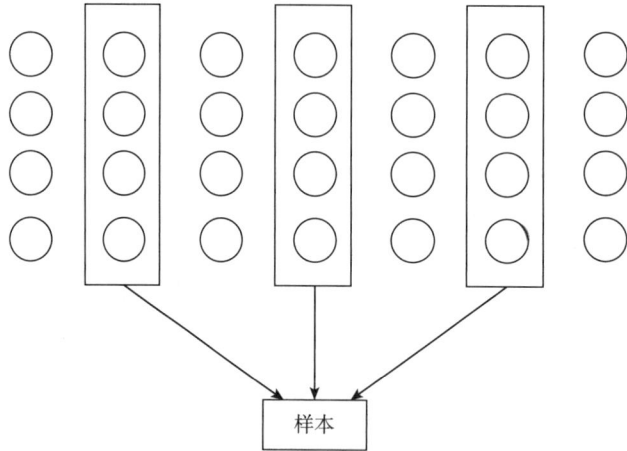

图 6-1　系统抽样示意

③分层抽样　又称类型抽样，是把总体单位按其属性特征，分成若干类型或层，使层间特征值差异较大，层内特征值差异较小，然后按一定的比例，从各层次独立地抽取一定数量的个体，将各层次中取出的个体合在一起作为样本。分层抽样的特点是由于对总体划分了类，各类中的单位之间共性增大，差异程度降低，因此，抽取的样本具有较强的代表性，是一种较好的抽样方法。分层抽样适用于总体情况比较复杂、总体各单位之间差异较大、总体单位数较多的情况。分层抽样示意如图 6-2 所示。

④整群抽样　又称集体抽样，是指从总体单位中成批(组)抽取样本，而不是一个一个地从总体中抽取样本。整群抽样可采用随机抽样法，而更多的是采用等距抽样法。在抽选出某一群或某一组的样本之后，对其中的每一单位逐一进行调查，并在此基础上得出调查结论。该方法优点是组织工作比较简单，容易抽取单位，可节省调查时间和调查费用；缺点是由于样本是以批(组)抽取的，被抽取的单位比较集中，样本单位往往在总体中的分布

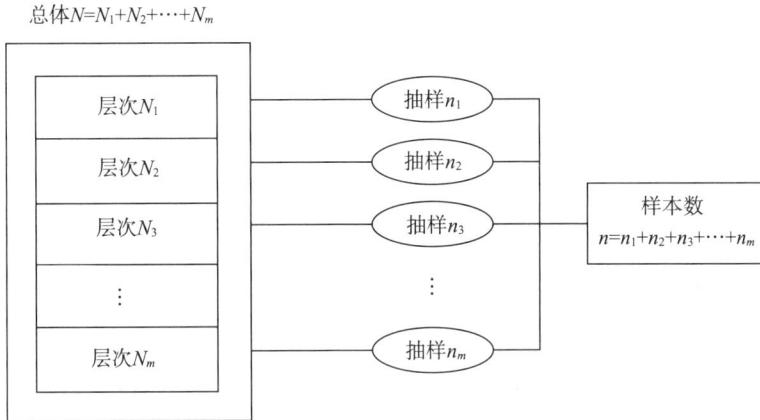

图 6-2　分层抽样示意

很不均匀。整群抽样示意如图 6-3 所示。

⑤多阶段抽样　是采取两个或多个连续阶段抽取样本的一种不等概率抽样。阶段抽样的单元是分级的，每个阶段的抽样单元在结构上也不同。多阶段抽样的样本分布集中，能够节省时间和经费。其调查的组织复杂，总体估计值的计算复杂。多阶段抽样示意如图 6-4 所示。

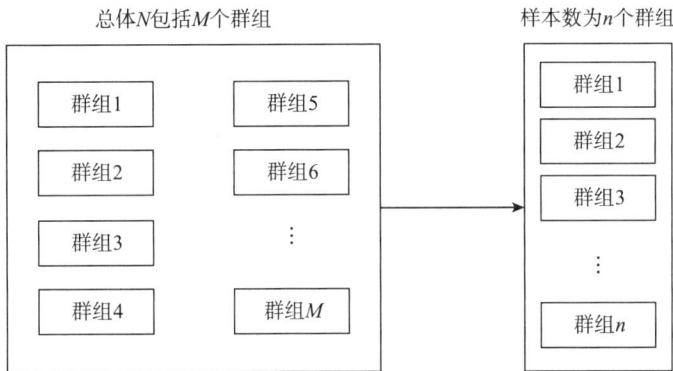

图 6-3　整群抽样示意

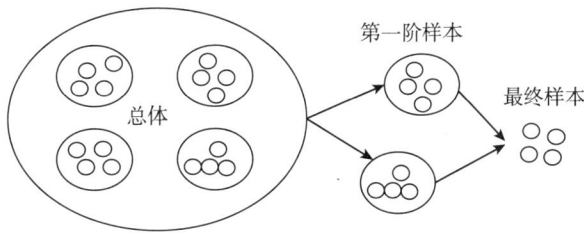

图 6-4　多阶段抽样示意

⑥典型抽样　典型抽样是从总体中选择若干个典型的单位进行深入调研，目的是通过典型单位来描述或揭示所研究问题的本质和规律，因此，选择的典型单位应该具有研究问题的本质或特征，且具有研究区的基础数据。

（2）样地调查

样地调查指对样地的基本情况、水土保持措施状况、土地利用状况等进行调查。

（3）总体推算

推算总体时，以各类水土保持措施在样地内的面积为标志值，分别不同抽样方法的推算原则进行总体特征值估算。调查总体中各类水土保持措施的数量或实施面积，通过样本中各类水土保持措施所占样本平均数比例乘以总体面积进行推算。

受自然条件和人为因素影响，不同区域水土保持措施差异很大。应用抽样调查法进行水土保持措施监测时，需有大量的样地数据来保证抽样调查的精度，而样地数过多则工作量大，实施难度高。实际工作中，可将抽样调查与其他调查方法结合应用。

常用抽样方法的特点及联系见表6-2。

思考题

1. 水土保持措施监测的目的和意义是什么？
2. 水土保持工程措施类型和监测指标主要有哪些？
3. 水土保持林草措施的监测主要有哪些方法？可获取哪些指标？
4. 水土保持耕作措施主要有哪些？可用什么方法进行监测？

参考文献

李智广，2018. 水土保持监测[M]. 北京：中国水利水电出版社.

刘宝元，刘瑛娜，张科利，等，2013. 中国水土保持措施分类[J]. 水土保持学报，27（2）：80-84.

王礼先，2000. 水土保持工程学[M]. 北京：中国林业出版社.

夏晨真，张月，2020. 基于厘米级无人机影像的水土保持措施精准识别[J]. 水土保持学报，34（5）：111-118，130.

杨勤科，2015. 区域水土流失监测与评价[M]. 郑州：黄河水利出版社.

张洪达，王保一，牛勇，等，2018. 奥维地图在区域水土流失监测野外调查工作中的应用[J]. 中国水土保持科学，16（5）：85-94.

张金池，2011. 水土保持与防护林学[M]. 北京：中国林业出版社.

中华人民共和国国家质量监督检验检疫总局，中国国家标准化管理委员会，2008. 水土保持综合治理技术规范 风沙治理技术：GB/T 16453.5—2008[S]. 北京：中国标准出版社.

中华人民共和国国家质量监督检验检疫总局，中国国家标准化管理委员会，2008. 水土保持综合治理技术规范 坡耕地治理技术：GB/T 16453.1—2008[S]. 北京：中国标准出版社.

中华人民共和国国家质量监督检验检疫总局，中国国家标准化管理委员会，2008. 水土保持综合治理技术规范 小型蓄排引水技术：GB/T 16453.4—2008[S]. 北京：中国标准出版社.

中华人民共和国水利部，2014. 北方土石山区水土流失综合治理技术标准：SL/T 665—2014[S]. 北京：中国水利水电出版社.

中华人民共和国水利部，2014. 南方红壤丘陵区水土流失综合治理技术标准：SL/T 657—2014[S]. 北京：中国水利水电出版社.

中华人民共和国住房和城乡建设部，中华人民共和国国家质量监督检验检疫总局，2014. 水土保持工程设计规范：GB 51018—2014[S]. 北京：中国计划出版社.

表 6-2　常用抽样方法的特点及联系

类型	简单随机抽样	分层抽样	系统抽样	整群抽样	多阶段抽样	典型抽样
特点	从总体中逐个抽取	将总体分成几层，分层进行抽取	将总体分为几部分，按预先制定的规则在各部分抽取	从总体单位中成批（组）抽取样本	采取两个或多个连续阶段抽取样本的一种不等概率抽样	根据已有数据总体特征，通过调查人员的主观经验进行样本选取
优点	操作简便易行	在一定程度上控制了抽样误差	抽样方法简便，抽样误差较小	组织工作比较简单，可节省调查时间和调查费用	多阶段抽样的样本分布集中，能够节省时间和经费	简便易行，符合调查目的和特殊需要，可以充分利用样本的已知资料
缺点	总体过大，不易实行	应尽量使层内差别小，层间差别大；事先了解各层的总体含量	仍需对每个观察单位编号，当观察单位按顺序有周期趋势或单调性趋势时，产生明显偏性	样本单位在任在总体中的分布很不均匀，抽样误差较大	调查的组织复杂，总体估计值的计算复杂	具有主观性
适用范围	总体中个体较少	总体由差异明显的几部分组成	总体中个体较多	总体分布较广，且抽群可大大降低数据收集费用	总体广泛且分散	总体的构成单位极不相同，同时设计调查者对本次特征，总体的有关特征有相当具体的了解
联系	—	各层抽样时采用随机抽样或者系统抽样	在起始部分时采用简单随机抽样	与分层抽样相反，整群抽样的分类原则是使群同异质性小，群内异质性大	与单简随机抽样，分层抽样、系统抽样、整群抽样等方法结合使用	可与随机抽样结合使用

第7章

生产建设项目水土保持监测

生产建设项目是指投资领域对按一个总体设计组织施工，建成后具有完整的系统，可以独立地形成生产能力或者使用价值的建设工程的统称。生产建设项目水土保持监测是对生产建设项目建设和生产过程中造成的水土流失及其防治措施与实施效果开展监测，是针对特定对象在一定时期内集中扰动可能带来的人为侵蚀开展的监测。监测内容包括水土流失影响因素、水土流失状况、水土流失危害和水土保持措施等。

7.1 生产建设项目与水土保持

7.1.1 生产建设项目分类

根据建设性质、立项要求、项目性质、项目布局、行业类别，以及对水土流失影响程度和水土保持敏感性的不同，生产建设项目有不同的分类体系。

(1)按建设性质分类

按建设性质的不同，生产建设项目可分为新建项目、扩建项目、迁建项目、恢复项目、改建或更新改造项目。

①新建项目 根据国民经济和社会发展的近远期规划，按照规定的程序立项，从无到有，新开始建设的项目。对原有的建设项目扩建，新增加的固定资产价值超过原有全部固定资本价值3倍的，也属于新建项目。

②扩建项目 原有企事业为扩大生产原有产品的能力和效益，或增加新产品的生产能力和效益而增建的生产车间、独立生产线；行政事业单位增建业务用房等。

③迁建项目 原有企事业单位根据自身生产经营和事业发展的需要，按照国家调整生产力布局的经济发展战略需要或出于环境保护等各种原因，迁移到另外的地方建设的项目。

④恢复项目 指原有企事业单位或行政单位，因自然灾害、战争或人为灾害等原因使原有固定资产遭受全部或部分报废，需要进行投资重建来恢复生产能力、业务工作条件和生活福利设施等的工程项目。

⑤改建或更新改造项目 列入基本建设计划的称为改建项目，列入更新改造措施计划的称为更新改造项目。

a. 改建项目：现有企事业单位，对现有设施、工艺条件进行技术改造或更新的项目。改建项目将扩大原有固定资产规模，但一般不增加主要产品的生产能力或效益。

b. 更新改造项目：指经国家或主管部门批准的具有独立设计文件的固定资产更新、技术改造措施工程项目，或企事业单位及其主管部门制订的具有独立发挥效益的更新改造措施计划方案内所包括的全部工程项目。

（2）按立项要求分类

按立项要求的不同，生产建设项目可分为审批制项目、核准制项目、备案制项目三大类。

①审批制项目　政府投资建设的项目，指全部或部分使用中央预算内资金、国债专项资金、省级预算内基本建设和更新改造资金投资建设的地方项目，主要包括社会公益事业、公共基础设施和国家机关建设等工程，一般由发展和改革委员会或财政部门审批。

②核准制项目　不使用政府资金的企业投资的列入国务院《政府核准的投资项目目录》中的重大项目和限制类项目，此类项目应向当地投资主管请求核准。

③备案制项目　企业投资的未列入国务院《政府核准的投资项目目录》中的项目，由企业自主决策，但需向有关政府部门提交备案申请，履行备案手续后方可办理其他手续。

（3）按项目性质分类

按项目性质的不同，生产建设项目可分为建设类项目、建设生产类项目两大类。

①建设类项目　工程竣工后，运营期没有开挖、取土(石、砂)、弃土(石、渣、灰、矸石、尾矿)等扰动地表活动的项目，如公路、铁路、机场、港口、码头、水电站、核电站、输变电、通信、管道、房地产等工程。

②建设生产类项目　工程竣工后，生产期仍存在开挖、取土(石、砂)、弃土(石、渣、灰、矸石、尾矿)等扰动地表活动的项目，如矿山开采、石油天然气开采及冶炼、农林开发等工程。

（4）按项目布局分类

按项目布局的不同，生产建设项目可分为线型工程和点型工程。

①线型工程　指布局跨度较大、呈线状分布的项目，如公路、铁路、输变电、堤防、城市管网等生产建设项目。

②点型工程　指布局相对集中、呈点状分布的项目，如火电、核电、采矿、房地产等生产建设项目。

（5）按行业类别分类

按行业类别的不同，生产建设项目可分为公路工程、铁路工程、涉水交通工程、机场工程、火电工程、核电工程、风电工程、输变电工程、其他电力工程、水利枢纽工程、灌区工程、引调水工程、堤防工程、蓄滞洪区工程、其他小型水利工程、水电枢纽工程、露天煤矿工程、露天金属矿工程、露天非金属矿工程、井采煤矿工程、井采金属矿工程、井采非金属矿工程、油气开采工程、油气管道工程、油气储存与加工工程、工业园区工程、城市轨道交通工程、城市管网工程、房地产工程、其他城建工程、林浆纸一体化工程、农林开发工程、加工制造类项目、社会事业类项目、信息产业类项目、其他类型项目36类。

（6）按水土流失影响程度和水土保持敏感性分类

水土保持管理级别划分为轻度、中度、重度三级，详见表7-1。

表 7-1　生产建设项目水土保持敏感性分类

管理影响级别	水土流失影响程度	行业类别名称	水土保持敏感性			
			敏感性	是否属于水土流失类型区	是否属于水土流失重点防治区	项目所在地是否敏感
重度（Ⅲ级）	极严重	公路行业铁路行业露天矿工程（包括露天金属矿、非金属矿和煤矿）林浆纸一体化工程	极敏感	北方土石山区、西南岩溶区、西南紫色土区、南方红壤区、青藏高原区	—	—
				西北黄土高原区、东北黑土区、北方风沙区	（或）是	（或）是
			敏感	西北黄土高原区、东北黑土区、北方风沙区	—	—
	严重	机场工程核电站工程水利枢纽工程水电站工程工业园区项目	极敏感	北方土石山区、西南岩溶区、西南紫色土区、南方红壤区、青藏高原区	—	—
				西北黄土高原区、东北黑土区、北方风沙区	（或）是	（或）是
			敏感	西北黄土高原区、东北黑土区、北方风沙区	—	—
中度（Ⅱ级）	一般	涉水交通行业风电行业引调水工程井采矿工程（包括井采金属矿、非金属矿和煤矿）油气开采工程油气管道工程轨道交通工程农林开发工程火电行业	极敏感	北方土石山区、西南岩溶区、西南紫色土区、南方红壤区、青藏高原区	（或）是	（或）是
				西北黄土高原区、东北黑土区、北方风沙区	是	是
			敏感	北方土石山区、西南岩溶区、西南紫色土区、南方红壤区、青藏高原区	—	—
				西北黄土高原区、东北黑土区、北方风沙区	（或）是	（或）是
			轻度敏感	西北黄土高原区、东北黑土区、北方风沙区	否	否
轻度（Ⅰ级）	较轻微	灌区工程堤防工程蓄滞洪区工程其他小型水利工程油气储存与加工工程管网工程加工制造行业输变电工程	极敏感	所有一级区	是	是
			敏感	所有一级区	（或）是	（或）是
			轻度敏感	所有一级区	—	—
	轻微	房地产工程其他类城建工程社会事业（教育、卫生、文化、广电、旅游等）信息产业（电信、邮政等）其他行业	极敏感	所有一级区	是	是
			敏感	所有一级区	（或）是	（或）是
			轻度敏感	所有一级区	—	—

7.1.2　生产建设项目水土流失特点

生产建设项目在建设和生产运行过程中造成的水土流失是一种典型的人为加速侵蚀，具有以下特点。

(1)流失地块零散，强度分布不均

生产建设项目扰动地表范围一般不是一个完整的行政区域、小流域或坡面等地域单元，一般涉及多个地块。地块与地块之间受地形地貌和扰动强度影响，水土流失强度分布不均，流失地块零散。

(2)地面组成物质复杂，流失类型多样

生产建设项目具有不同的性质、不同施工及运行方式等，导致了对地表的扰动及重塑过程复杂多样。这不仅使地表水土流失的物质组成发生变化，而且使原来的主要侵蚀营力及其组合发生变化，出现水蚀、风蚀、重力侵蚀等交错和复合。

(3)人为"再塑"地貌多样，灾害具有潜在性和突发性

再塑地貌中的挖损、堆垫形成了许多新的高陡边坡和松散堆积体，在诱发营力的作用下，极易造成突发性水土流失危害，如滑坡、泥石流等。危害可能是直接的，也可能是间接的。通常是在多种外营力共同作用下，最先显现其中一种或者几种所造成的危害。经过一段时间后，其余外营力造成的危害才慢慢显现出来，即水土流失危害存在潜伏期长、难预测的特点。

(4)受施工工艺和技术水平的影响大

生产建设项目的水土流失不同于自然条件下的水土流失，很大程度上受施工工艺和技术水平的影响。较为先进的施工工艺和技术手段可使生产建设活动对环境的破坏相对减少。如输变电工程，随着张力架线引绳施工专用遥控氢气飞艇及火箭、无人机等架线作业装置等先进施工技术投入生产建设中，大大减少了工程建设过程对地表、植被、水土保持设施的破坏，因此，工程建设造成的水土流失的量及其危害也显著减少。

7.1.3　生产建设项目水土流失防治措施

按照防治对象，生产建设项目水土流失防治措施分为表土保护措施、拦渣措施、边坡防护措施、截排水措施、降水蓄渗措施、土地整治措施、植物措施、防风固沙措施、临时防护措施 9 种。

(1)表土保护措施

表土保护措施指将生产建设项目用地中的表层土剥离出来，用于原地或异地土地复垦、土壤改良及其他用途的剥离、存放、搬运等一系列相关技术。主要工程包括表土剥离、表土保护。

(2)拦渣措施

拦渣措施指为专门存放生产建设项目在施工和生产运行中造成的大量弃土、弃石、弃渣、尾矿(沙)和其他废弃固体物修建的水土保持工程。主要工程包括挡渣坝、拦渣墙、拦渣堤、围渣堰等。

（3）边坡防护措施

边坡防护措施指为了稳定开挖地面或堆置固体废弃物所形成的不稳定高陡边坡，对局部非稳定自然边坡进行加固采取的水土保持护坡措施。主要工程包括工程护坡、植物护坡和综合护坡。

（4）截排水措施

截排水措施指为防害减灾，减轻工程建设中造成的水土流失和引发的洪水灾害，以及危害项目区本身或下游安全所修建的水土保持工程。主要工程包括截水沟、截水墙、排水沟、排洪渠（沟）等。

（5）降水蓄渗措施

降水蓄渗措施指针对建设屋顶、地面铺装，道路、广场等硬化地面导致区域内径流量增加，所采取的雨水就地收集、入渗、储存、利用等措施。主要工程包括蓄水池、渗井、渗沟、透水铺设、下凹式绿地、雨水回用系统等。

（6）土地整治措施

土地整治措施对因生产建设损毁的土地进行平整、改造、修复，使之达到开发利用状态的水土保持措施。主要工程包括场地清理、平整和覆土等。

（7）植物措施

建设项目水土保持中的植物措施包括对弃渣场、取土场、取石场及各类开挖破坏面的林草恢复工程，对项目建设区范围内的裸露地、闲置地、废弃地、各类边坡等一切能够用绿色植物覆盖的地面所进行的植被建设和绿化美化工程。主要工程包括乔、灌、草、藤植物种类选择及配置。

（8）防风固沙措施

在风沙区或易遭受风蚀的区域进行生产建设活动，因开挖地貌、破坏植被、加剧风蚀和风沙危害，采取防风固沙工程来控制其危害。主要工程包括沙障及植物工程、砾石压盖、化学固沙等。

（9）临时防护措施

临时防护措施是指在施工准备期和施工期，对施工扰动区域、裸露场地、临时堆土（料、渣）等采取非永久性防护措施。主要工程包括临时拦挡、临时排水和沉沙、临时苫盖、临时植草等。

①临时拦挡　加装彩钢板、编织袋装土、草袋装土、钢支架加编织布等。

②临时排水和沉沙　有临时排水沟、临时排水管、沉沙池或沉沙凼等。

③临时苫盖　加装塑料薄膜、防尘网、密目网、土工布等。

④临时植草　撒播草籽等。

7.1.4　生产建设项目水土保持监测任务及程序

生产建设项目水土保持监测是法律法规规定的法定职责。《中华人民共和国水土保持法》第四十一条：对可能造成严重水土流失的大中型生产建设项目，生产建设单位应当自行或者委托具备水土保持监测资质的机构，对生产建设活动造成的水土流失进行监测，并将监测情况定期上报当地水行政主管部门。

开展生产建设项目水土保持监测，就是对施工建设和生产过程中的水土流失实时监测和监控，掌握建设和生产过程中水土流失动态变化，分析存在的水土流失问题和隐患，为及时采取相应的防治措施、最大限度地减少水土流失提供支撑，也为进一步完善水土保持措施设计和水行政主管部门实施监督管理提供依据，以有效控制生产建设活动引起的人为水土流失，保护、改良和合理利用水土资源。

7.1.4.1　监测任务

生产建设项目水土保持监测的主要任务包括 4 个方面：

①及时、准确掌握生产建设项目水土流失状况和防治效果。充分利用卫星遥感、无人机航摄、信息管理系统分析评价等最先进的信息技术手段开展监测，定量掌握生产建设项目扰动状况、水土流失状况及变化情况、水土保持措施实施情况及防治效果，提出水土保持改进措施，减少人为水土流失。

②落实水土保持方案，加强水土保持设计和施工管理，协调水土保持工程与主体工程建设进度。对于水土保持措施没有实施到位的，通过监测督促其实施，并总结、改进和完善水土保持措施体系。

③及时发现重大水土流失危害隐患，提出防治对策建议。

④为水土保持监管提供技术支撑和服务保障。水土保持监测工作必须坚持问题导向，要精准及时发现生产建设活动对水土流失造成的影响，加强水土保持监测成果的应用，促进项目区生态环境的有效保护和及时恢复。

7.1.4.2　监测程序

生产建设项目水土保持监测工作程序一般分为监测准备、监测实施和监测总结 3 个阶段。

（1）监测准备阶段

监测准备阶段主要工作为编制监测实施方案、组建监测项目部、监测人员进场。

①编制监测实施方案　监测实施方案应在现场调查的基础上编制。主要内容包括项目及项目区概况、水土保持监测布局、监测内容和方法、预期成果及形式、监测工作组织与质量保证等。对于大型建设项目监测实施方案应开展专家咨询论证。建设单位应在主体工程开工 1 个月内向相关水行政主管部门报送水土保持监测实施方案。水利部批复水土保持方案的项目，由建设单位向项目所涉及各流域机构报送，同时报送项目所涉及各省级水行政主管部门，地方水行政主管部门批复水土保持方案的项目，由建设单位向批复方案的水行政主管部门报送。

②组建监测项目部　应在现场设立监测项目部，对于大型生产建设项目可以根据工作情况设立监测项目分部，主要职责包括负责项目的组织、协调和实施，负责监测进度、质量、设备配置和项目管理，负责与施工单位日常联络，收集主体工程进度、施工报表等资料，负责日常监测数据采集，做好原始记录，负责监测资料汇总、复核、成果编制与报送，开展施工现场突发性水土流失事件应急监测。监测项目部应设总监测工程师、监测工程师、监测员等岗位。

③监测人员进场　工程开工后，监测人员进场，建设单位应组织召开监测技术交底会议，水土保持监测单位、监理单位、工程设计单位、主体工程监理单位、施工单位的有关

负责人参加会议。会议介绍水土保持法等法律法规、生产建设项目水土保持管理的相关规定，介绍监测实施方案，包括水土保持监测技术路线、布局、内容和方法，监测工作组织与质量保证体系等，建立项目水土保持组织管理机构，明确监测单位在机构中的职责。监测人员进场后，根据监测实施方案和主体工程进度落实监测点位置和监测设施设备。

（2）监测实施阶段

主要工作包括全面开展监测，加强对重点区域如扰动土地、取土（石、料）、弃土（石、渣）等情况的监测；监测单位每次现场监测后，应向建设单位及时提出水土保持监测意见；编制与报送水土保持监测报告。

①全面开展监测　重点对扰动土地、取土（石、料）、弃土（石、渣）、水土流失及水土保持措施等情况的监测。指定专职人员开展定期监测或监测机构派人员驻点监测。扰动地表面积、弃土（石、渣）量、水土保持措施实施情况等监测以实地量测为主。线路长、取弃土（石、渣）量大的公路、铁路等大型生产建设项目，需结合卫星遥感和航空遥感等手段调查扰动地表面积和水土保持措施实施情况。根据项目建设特点，可以布设监测样地与卡口监测站、测钎监测点，开展水土流失量的监测。

②按照监测频次要求，逐次开展实地监测　建设类项目在整个建设期（含施工准备期）内必须全程开展监测；生产建设类项目要不间断监测。监测单位每次现场监测后，分析汇总监测结果，及时向建设单位提出水土保持监测意见，并编写监测季度和年度报告。

a. 扰动土地情况监测：根据水土保持方案，结合施工组织设计和平面布局图，实地界定生产建设项目防治责任范围；工程建设过程中，按照监测方法和频次监测各分区的扰动情况，填写记录表。

b. 取土（石、料）、弃土（石、渣）监测：根据水土保持方案报告书、初步设计等，结合遥感监测和实地调查，建立取土（石、料）场、弃土（石、渣）场的名录，主要包括位置、面积、方量和使用时间；现场记录取土（石、料）场、弃土（石、渣）场相关情况，采集影像资料；监测过程中发现取土（石、料）场、弃土（石、渣）场存在水土流失危害隐患，应补充调查有关情况，并及时告知建设单位；对比水土保持方案，取土（石、料）场、弃土（石、渣）场的位置、规模、数量发生变化的，应及时告知建设单位变化情况。

c. 水土流失情况监测：工程建设前，根据水土保持方案，监测防治责任范围内土壤流失面积；工程建设过程中，根据监测分区、监测点和设施布设情况，按照监测频次监测水土流失情况，采集影像资料，填写记录表；发现水土流失危害事件，应现场通知建设单位，并开展监测，填写水土流失危害监测记录表，5日内编制水土流失危害事件监测报告并提交给建设单位。

d. 水土保持措施监测：根据水土保持方案、施工组织设计、施工图等，建立水土保持措施名录，主要包括各类措施的数量、实施位置和实施进度等；工程建设过程中，应按监测方法和频次，开展水土保持措施监测，填写记录表。

③编制与报送水土保持监测报告　每季度第一个月底前向水土保持方案审批机关报送上一季度水土保持监测季度报告。工期3年以上的项目，应每年1月底前报送上一年度监测报告，监测年度报告宜与第四季度报告结合上报。水土流失危害事件发生后5日内报送水土流失危害事件报告。

（3）监测总结阶段

监测总结阶段主要工作为汇总、分析各阶段监测数据成果，分析评价防治效果，编制与报送水土保持监测总结报告。

在监测总结报告中，全面整理整个监测周期中各个阶段的全部资料，并汇编形成项目建设档案；全面总结分析监测点布局、监测指标及其数据采集方法、对应的监测设施设备，以及监测数据质量；全面分析水土流失的自然和人为因素，并与之对应地分析防治措施实施的时间、工程内容（措施类型）和工程量（措施数量），计算各类型各分区各时段的水土流失量、防治措施及其效益；分析总结全过程分阶段的监测工作组织管理、质量保证和质量控制体系，以及主要经验和存在问题等。

7.2　监测原则、范围与时段及分区

7.2.1　监测原则

根据生产建设项目的性质，确定水土保持临时性监测点和永久性监测点。

（1）监测点密度的合理性

监测点的布设密度的确定，一是要根据生产建设项目的水土流失防治责任范围大小及侵蚀类型的多少；二是选定的监测点要有一定的代表性。不同监测项目有不同的监测点密度，或同一监测点含有不同的监测项目。

（2）监测方案的针对性

监测工作开始前，应做较详细的监测方案。监测方案内容有监测点数目、监测方法和设施、监测时段和频率、监测组织和人员分工，以及保障措施等，这些内容应针对生产建设项目的实际情况可能导致水土流失的情况，避免不符合实际的"套用方案"。同时，在拟定好水土保持监测方案后，报相关部门批准后方可实施。

（3）监测方法的可操作性

根据监测目的要求确定监测方法。一般大、中型项目采用地面监测与调查监测相结合的方法，并有相对固定的监测设施；小型项目则以调查监测为主。一般水蚀和风蚀区域地面监测有径流场法、控制断面观测站法、测钎法、淤积物体积测量法等，以测定水土流失量和计算水土流失强度。调查监测则采用样方调查、普查和量测相结合的方法。无论何种监测方法，均要可靠、操作性强。这是因为工程建设进度快、变化大，不可能重复出现，因此监测需要紧跟工程，稳定可靠。

（4）监测时段的准确性

生产建设项目的监测时段分为两种情况：建设生产类项目监测时段分为施工期和生产运行期；建设类项目监测时段分为施工期和林草恢复期。施工期长短随工程建设期确定；生产运行期长短尚无具体规定，一般不少于 10 年。林草恢复期一般 2~3 年，最长不超过 5 年。南方水热条件较好的地方可以适当缩短年限，而在北方干冷区应适当延长年限。在同一监测时段内，监测频次不同，对于水蚀和风蚀区，根据雨季（或风季）施工情况和水土流失易发性等实际情况，应适当增加监测次数。

7.2.2 监测范围与时段

（1）监测范围

生产建设项目水土保持监测范围包括水土保持方案确定的水土流失防治责任范围，以及项目建设与生产过程中实际扰动与危害的其他区域。对水土保持监测范围的界定，是在全面分析生产建设项目水土保持方案及其后续设计文件的基础上，通过实地调查确定。

①依据水土流失防治责任范围界定的监测范围　包括项目永久征地、临时占地（含租赁土地）及其他使用与管辖区域。一般地，水土保持监测范围应该与生产建设项目水土保持方案报告书中确定的水土流失防治责任范围一致。水土保持监测范围一般不得小于水土保持方案确定的水土流失防治责任范围，也不得偏离水土流失防治责任范围。

②依据项目施工进度界定每个阶段的监测范围　水土保持监测范围的确定不仅要考虑空间范围，而且要考虑时间因素。在确定空间范围时，应充分考虑工程建设和（或）生产运行的进程（或建设阶段）的影响，分别确定不同阶段的监测范围，尤其是重点监测范围存在较大的差异。例如，对于临时用地，随着施工的时间进展和地点转移，可能在不断地征用、归还，在施工后期和投产使用后，临时用地得到治理、恢复，并陆续归还，监测范围也将相应变小或者不作为重点监测区域。

（2）监测时段

生产建设项目水土保持监测应对项目的地表扰动状况、水土流失状况及防治效果等开展全过程监测。

①建设类项目监测时段　水土保持监测从施工准备期开始至设计水平年结束。监测时段可分为施工准备期、施工期和试运行期。

②建设生产类项目监测时段　水土保持监测从施工准备期开始至运行期结束。监测时段可分为建设期和生产运行期两个阶段，其中，建设期可分为施工准备期、施工期和试运行期。

7.2.3 监测分区

监测分区是根据水土流失类型、成因及影响水土流失发生的主导因素，结合生产建设项目的工程布局和建设特点，将水土保持监测范围划分为若干相对独立的区域。分区目的是为不同区域布置有针对性的监测设施或采取相应的监测方法等提供主要依据，从而准确监测建设活动引发的水土流失及防治措施实施的效果。

（1）分区原则

水土保持监测分区要突出反映不同区水土流失特征的差异性和同一区水土流失特征的相似性，要求同一区自然营力、人为扰动，以及水土流失类型、防治措施基本相同，而不同区之间则有较大差别。

①不同区之间的显著差异性　不同监测区影响水土流失的主要自然因素和人为扰动条件（含侵蚀营力、扰动形式和强度等）具有明显差异，水土流失防治方向、治理措施具有明显差异。这些差异直接决定了监测方法和监测设施设备的差异，以及监测指标的不同。

②同一区内部的明显一致性　在同一监测区内部，影响水土流失的主要自然因素和人为扰动条件具有明显的一致性，水土流失防治方向、治理措施具有明显一致性。这些一致性直接决定了反映水土流失及其营力主要特征的监测指标的相似或相同，进而决定了监测方法及必须的监测设施设备的相似或相同。

③多级分区的系统性　监测分区应按照从总体到部分、从高级分区到低级分区进行；同一级别分区应有唯一的分区依据，不同级别具有不同的分区依据，且具有一定的关联性，形成层次分明的分区体系。一般是高级分区具有控制性和全局性。如以水土流失的主要营力、形态等为依据进行分区，同时以自然地理界线为分区的主要界线等。低级分区应结合工程布局和施工区特点进行分区。如结合工程功能布局、项目建设区和直接影响区等。

④兼顾行政区域的完整性　水土保持监测分区应照顾行政区域的完整性，以便按照行政区分析社会经济条件及项目建设对社会经济的影响，同时为主体工程建设顺利施工和安全建设服务、为水土保持行政监督服务。

（2）分区体系

生产建设项目水土保持监测分区是以水土保持方案确定的水土流失防治分区为基础，结合项目工程布局进行划分。

①监测范围较小的项目　依据项目功能单元及其空间布局进行分区。一般划分为主体工程施工区、取土场、弃渣场、施工生产生活区、施工道路及集中排水区周边等。

②跨度大、范围广的大型生产建设项目　依据侵蚀类型区、地貌类型区、项目功能区的顺序依次分区。

a. 一级监测分区：以主要侵蚀外营力为依据，划分为水力侵蚀、风力侵蚀、冻融侵蚀一级类型区，对于重力侵蚀和混合侵蚀不单独划分类型区。

b. 二级监测分区：按《土壤侵蚀分类分级标准》（SL 190—2007）划定的全国各级土壤侵蚀类型区的二级类型区划分，即水力侵蚀类型区划分为西北黄土高原区、东北黑土区、北方土石山区、南方红壤丘陵区和西南土石山区 5 个二级类型区；风力侵蚀类型区划分为三北戈壁沙漠及沙地风沙区、沿河环湖滨海平原风沙区两个二级类型区；冻融侵蚀类型区划分为北方冻融土侵蚀区、青藏高原冰川侵蚀区两个二级类型区。

c. 三级监测分区：在二级监测分区的基础上，结合生产建设项目功能单元空间布局进行划分。必要时，可在三级监测分区的基础上，根据水土流失及防治的重点区域（区段）进一步划分亚区。

部分行业生产建设项目水土保持监测区分类示例见表 7-2。

表 7-2　部分行业生产建设项目水土保持监测区分类示例

分区类型	分区名称
水土流失类型区	水力侵蚀区、风力侵蚀区、冻融侵蚀区、水力-风力复合侵蚀区、风力-冻融复合侵蚀区
地貌类型区	西北黄土高原区、东北黑土区、北方土石山区、南方红壤丘陵区、西南土石山区、三北戈壁沙漠及沙地风沙区、沿河环湖滨海平原风沙区、北方冻融土侵蚀区、青藏高原冰川侵蚀区

(续)

分区类型	分区名称	
功能单元分区	公路、铁路工程	主体工程区(路基、桥涵、站场、隧道)、取土(石、料)场、弃土(石、渣)场、临时周转场、施工生产生活区、施工道路区
	火力、核电工程	厂区、贮灰场、运输系统、水源及供水系统
	风电工程	厂区、集电线路、场内道路、施工生产生活区、取土(石、料)场、弃土(石、渣)场
	管道工程	管道敷设区、临时堆土区、施工作业带、堆料场、施工道路、弃土(石、渣)场
	城镇建设工程	建筑区、堆料场、弃土(石、渣)场、施工生产生活区、施工道路
	水利工程	主体工程区(堤防、河道、建筑物)、取土(石、料)场、弃土(石、渣)场、施工生产生活区、施工道路、移民安置区
	采掘类工程	开采区、工业场地、沉陷区、尾矿库、排土场、运输道路、污水处理厂、选矿厂

7.3 监测重点区域与重点监测对象

7.3.1 监测重点区域

水土保持监测重点区域为易发生水土流失、潜在流失量较大或发生水土流失后易造成严重影响的区域。不同类型项目、不同行业项目,监测的重点区域有差异。

(1)不同类型项目的监测重点区域

不同类型项目监测重点区域分为点型项目和线型项目。

①点型项目 主要为主体工程施工区、施工生产生活区、大型开挖(填筑)面、取土(石、料)场、弃土(石、渣)场、临时堆土(石、渣)场、施工道路和集中排水区周边。

②线型项目 主要为大型开挖(填筑)面、施工道路、取土(石、料)场、弃土(石、渣)场、穿(跨)越工程、土石料临时转运场和集中排水区周边。

(2)不同行业项目的监测重点区域

不同行业项目监测重点区域分为采掘类、铁路公路、冶炼、水利水电、火力发电、核电、输变电、风电、管道、城镇建设、农林开发建设工程和其他工程区域。

①采掘类工程 监测重点区域主要为露天矿的排土(石、渣)场、地下采矿的弃土(石、渣)场和地面沉陷区、施工道路和集中排水区周边。

②铁路公路工程 监测重点区域主要为弃土(石、渣)场、取土(石、料)场、大型开挖(填筑)面、土石料临时转运场,集中排水区下游和施工道路。

③冶炼工程 监测重点区域主要为弃土(石、渣)场、堆料场、尾矿(渣)场、施工和生产道路。

④水利水电工程 监测重点区域主要为弃土(石、渣)场、取土(石、料)场、施工道路、大型开挖(填筑)面、排水泄洪区下游、临时堆土(石、渣)场。

　　⑤火力发电工程　监测重点区域主要为弃土(石、渣)场、取土(石、料)场、临时堆土(石、渣)场、施工道路和贮灰场。

　　⑥核电工程　监测重点区域主要为主体工程施工区、弃土(石、渣)场、施工道路。

　　⑦输变电工程　监测重点区域主要为塔基、施工道路、施工场地。

　　⑧风电工程　监测重点区域主要为主体工程施工区、场内外道路。

　　⑨管道工程　监测重点区域主要为弃土(石、渣)场、伴行(临时)道路、穿(跨)越河(沟)道、坡面上的开挖沟道和临时堆土(石、渣)场。

　　⑩城镇建设工程　监测重点区域主要为地面开挖、弃土(石、渣)场和土石料临时堆放场。

　　⑪农林开发建设工程　监测重点区域主要为土地整治区、施工道路、集中排水区周边。

　　⑫其他工程　监测重点区域主要为施工或运行中易造成水土流失的部位和工作面。

7.3.2　重点监测对象

　　生产建设项目水土保持监测对象为工程建设及生产运行过程中扰动范围内的"再塑"地貌，或者说不同的侵蚀地貌单元。重点监测对象包括弃土(石、渣)场、取土(石、料)场、大型开挖(填筑)区、施工道路、临时堆土(石、渣)场。

　　(1)弃土(石、渣)场

　　弃土场是指工程建设中对不能利用的开挖土石方、拆除混凝土或其混合物所选择的处置或堆放场地的总称。按照弃渣堆放位置的地形条件及与其河(沟)的相对位置关系，将弃渣场分为沟道型、临河型、坡地型、平地型、库区型 5 种类型。各类型弃渣场特征及其适用条件见表 7-3。

表 7-3　各类型弃渣场特征及其适用条件

弃渣场类型	特征	适用条件
沟道型	弃渣堆放在沟道内，堆渣体将沟道全部或部分填埋	沟底平缓、肚大口小的沟谷
临河型	弃渣堆放在河流或沟道两岸较低台地、阶地和滩地上，堆渣体临河(沟)侧底部低于(河)道设防洪水位	河(沟)道两岸有较宽的台地、阶地及滩地
坡地型	弃渣堆放在缓坡地上、河流或沟道两侧较高台地上，堆渣体底部高程高于河(沟)设防洪水位	沿山坡堆放，坡度不大于25°、坡面稳定的山坡
平地型	弃渣堆放在平地上，堆渣体底部高程低于或高于弃渣场设防洪水位	地形平缓，场地较宽广的地区
库区型	弃渣堆放在未建成水库库区内河(沟)道、台地、阶地和滩地上，水库建成后堆渣体全部或部分淹没	工程区除未建成水库库区内无合适堆渣场地

　　生产建设项目建设中产生的土石方量，受挖填方的施工时段、材料质量、标段划分、运距等诸多因素的影响，很难实现在工程区内挖填平衡，不可避免地产生借方与弃方；生产类项目(燃煤电站、矿产、冶炼等)在运营期间仍将产生大量弃土(石、渣)、矸石、尾矿等，堆存在排土场、排矸场、尾矿库等各类弃渣场中。这些弃渣失去了原有土壤结构，且一般具有较陡的松散堆积面，土壤侵蚀严重。而且，弃渣中大量重金属元素及化学物质

会伴随水土流失污染弃渣场周围水体及土壤，使生态环境遭严重破坏，所以，因地制宜地防治弃渣场水土流失，减小其对周边生态环境的影响是生产建设项目水土保持的核心内容。

弃渣期间，重点监测扰动面积、弃渣量、土壤流失量，以及拦挡、排水和边坡防护措施等情况。弃渣结束后，重点监测土地整治、植被恢复或复耕等水土保持措施实施情况。小型渣场的弃渣量以调查监测为主，大型渣场(>50 万 m³)的弃渣量监测应以实测为主。

（2）取土(石、料)场

取土场是指生产建设项目为了满足建设或生产的需要设立专门用于取土、取石等的场地。可分为岗地取料场、切坡取料场和平地取料场。取料一般分台阶开采，控制开挖深度。

岗地取料是将局部凸出的岗地取平，不形成临空坡面，取土后开挖地面将形成基本与周边地表持平的裸露地面。切坡取土是延坡面向内开挖取土料，取土形成临空坡面。取料施工结束后，因坡地与周边地面基本水平，开采面将形成裸露的开挖面。平地取土料一般是在平地深挖取土，料场开采将形成垂直边坡，需要对其进行直线型削坡。

一般在取土取石期间，为了保障安全，都会设置预防措施或临时措施，水土流失被控制在一定的空间范围内，不会发生危害。在取料结束后，遗迹形成陡坡和缓坡两个不同坡度的地形状态。在形成初期，陡坡不稳定的部位会发生崩塌、滑坡、滑塌等，常常在坡脚形成堆积、泥流，如果不及时采取合理预防和治理措施，将会造成严重水土流失，随着时间的延续，会对紧靠其下方的缓坡土地造成严重影响。缓坡在取土取石刚刚结束后，植被稀少甚至没有植被，如果不及时采取合理预防和治理措施，在雨季常常发生水土流失，冲刷地表造成沟蚀。

取料期间，重点监测扰动面积、废弃料处置和土壤流失量。取料结束后，重点监测边坡防护、土地整治、植被恢复或复耕等水土保持措施实施情况。小型料场取料量以调查监测为主，大型料场(>10 万 m³)取料量监测以实测为主。

（3）大型开挖(填筑)区

大型开挖区包括开挖面和填筑形成的平台(坡面)。开挖面是指因为生产建设项目需要而开挖的、由风化壳或母质(母岩)构成的坡面。根据下垫面物质组成，一般可将开挖面分为土质、石质、土石混合 3 类。开挖面在表土剥离后，扰动的土一般是由风化壳或母质(母岩)构成，与土壤存在显著差异，因此，工程开挖面流失的土并非传统意义上的土壤，而是工程意义上的土，主要由风化壳或母质(母岩)构成，可能还有一定的土壤。开挖面产生的水土流失的形式主要为沟蚀，在有些情况下，还会发生崩塌、滑坡、坡面泥石流等严重侵蚀。

填筑平台一般是主体工程的一部分，是经机械碾压填筑而成的台状体，一般由平台和边坡构成。如填方路段的路基边坡、开山造地的边坡、城镇建设和房地产开发的建设工地，从材料构成来看，填筑区的用料多为碎石类土，砂土、爆破石渣及含水量符合压实要求的黏性土。填筑区在强降雨、大风和重力作用下除发生面蚀、沟蚀，还会发生砂砾化面蚀、沉陷、崩塌、滑坡、坡面泥石流等新的类型侵蚀，对生态环境影响极大。

大型开挖填筑区是指面积大于 2 000 m² 或开挖高度超过 30 m、高度超过 20 m 的开挖填筑区。

施工过程中，通过定期现场调查，重点记录开挖(填筑)面的面积、坡度，监测土壤流失量和水土保持措施实施情况。施工结束后，重点监测水土保持措施实施情况。

（4）施工道路

施工道路是指在项目施工准备期或施工期用于解决项目建设和运行的交通运输问题而修建的道路。公路、铁路工程建设过程中，多数要修建施工便道、临时便道；输水输油等管线工程在局部公路到达不了的地段需要修建少量施工临时便道；输气管道工程为了加强管道检修、维护和运营的需要，还修建伴行路；核电和水利水电工程由于地处偏远的区域，为了解决取料和弃渣的问题往往会修建施工道路。此外，井采矿还建有进场道路、运矸道路及铁路专运线等，农林开发项目也多修建作业道路。

施工道路工程属于为主体工程服务的辅助工程，等级低，一般不硬化，但长度大，所经地形复杂，有一定开挖填筑方量。施工期间，由于表土剥离、平整、堆垫等活动，扰动了原地表植被，形成了长距离疏松的土质裸露带，在大风、强降雨的作用下，产生风蚀、水蚀。同时，工程建设期间，运料车多是重型卡车，施工便道和临时道路的路面状况比较差，所以车辆运行时不仅对地面破坏严重，还会产生大量的粉尘和烟雾污染。

施工期间，通过定期现场调查，掌握扰动地表面积、弃土(石、渣)量、水土流失及其危害、拦挡和排水等水土保持措施的情况。施工结束后，重点监测扰动区域恢复情况及水土保持措施情况。

（5）临时堆土(石、渣)场

临时堆土场是用来存放、回填或转运土料的场地。一般临时堆土区坡面坡度控制在1∶1 或 1∶1.5，土方实际堆放高度不应超过 2 m。堆土形式与弃渣堆放形式相似。

堆土失去了原土壤结构，且一般具有较陡的松散堆积面，极易侵蚀，产生的水土流失量在整个工程中占有较大比例，对生产和周边环境容易造成影响。

临时堆土(石、渣)场重点监测临时(石、渣)场数量、面积及采取的临时防护措施实施情况。堆土使用完毕后，调查土料去向及场地恢复情况。

7.4　监测点布设

生产建设项目水土保持监测点是为定位、定量、动态采集水土流失及其影响因子、治理措施状况等指标而设立的具有确定位置和面积的样点。

7.4.1　监测点布设原则

（1）分类配置，代表性强

生产建设项目水土保持监测分区反映了不同区水土流失特征的差异性和同一区水土流失特征的相似性，因此，监测点首先应按照监测分区布设，并兼顾项目所涉及的行政区，每个监测分区都应布设监测点。其次，在各个监测分区内根据不同的施工扰动形式和水土保持措施类型分类布设监测点。

监测点应布设在重点监测地段，能够反映所在区域的施工特点、水土流失状况及其防治成效等，具有典型性和代表性。

（2）覆盖全面，突出重点

监测点布设应涵盖所有监测分区。在每个监测分区中，可以布设一个监测点，也可以布设多个监测点，以便反映每个监测分区的水土流失特征。

监测点布设应注重与项目区外围进行衔接，可在排水出口处布设监测点，反映项目区水土流失对周边产生的影响。

（3）综合布设，相对稳定

监测点布设应统筹考虑监测内容，尽量布设综合观测点，即能够同时反映监测区域的施工特点、水土流失状况、工程措施和植物措施实施情况和成效等。

生产建设项目施工进展快，对周边的影响变化大，对监测工作的干扰也比较强烈，容易造成监测实施设备的损坏，因此，监测点布设应注重稳定性，尽可能选取位置不变、不被后续施工扰动、靠近扰动中心、干扰相对较小、能够保持一定时间的地点，以保证监测工作持续性，使得监测点在整个监测时段内都能发挥作用。

7.4.2 监测点类型、数量及布局

根据监测对象及主要指标，监测点可分为植物措施监测点、工程措施监测点、土壤流失量监测点。

7.4.2.1 植物措施监测点

植物措施监测点数量可根据抽样设计确定，每个有植物措施的监测分区和县级行政区应至少布设一个监测点。

综合分析植物措施的立地条件、分布与特点，选择有代表性的地块作为监测点，在每个监测点内选择 3 个不同生长状况的样地进行监测。

乔木林监测样地的规格为 10 m×10 m 到 30 m×30 m，依据乔木规格选择合适的样方大小；灌木林监测样地的规格为 2 m×2 m 到 5 m×5 m；草地监测样地的规格为 1 m×1 m 到 2 m×2 m；绿篱、行道树、防护林带等植物措施样地长度不应小于 20 m。

7.4.2.2 工程措施监测点

工程措施监测点数量应综合分析工程特点合理确定。一般根据工程措施设计的数量、类型和分布情况，结合现场调查进行布设，以单位工程或分部工程作为工程措施监测点。每个重要单位工程都应布设监测点。

（1）点型项目

弃土（石、渣）场、取土（石、料）场、大型开挖（填筑）区、贮灰场等重点对象应各至少布设 1 个工程监测点。

（2）线型项目

线型项目应选取不低于 30% 的弃土（石、渣）场、取土（石、料）场、穿（跨）越大中河流两岸、隧道进出口工程布设工程措施监测点，对于施工道路应选取不低于 30% 的工程措施布设监测点。当某种类型的工程措施在多处分布时，应选择两处以上作为监测点。

7.4.2.3 土壤流失量监测点

土壤流失量监测点数量应按项目类型确定。对于点型项目，每个监测分区应至少布设

1 个监测点；对于线型项目，每个监测分区应至少布设 1 个监测点，且当一个监测分区中的项目长度超过 100 km 时，每 100 km 应增加 2 个监测点。

（1）水蚀监测点

根据监测设施，水蚀监测点可划分为径流小区、控制站、集沙池（沉沙池）、简易观测点（包括测钎、侵蚀沟）。监测点布设应符合下列要求。

①径流小区　布设坡面应具有代表性，且交通方便、观测便利。径流小区规格可根据具体情况确定，一般分为全坡面径流小区和简易小区。全坡面径流小区长度应为整个坡面长度，宽度不应小于 5 m；简易小区面积不应小于 10 m²，形状宜采用矩形。

②控制站　适用于地貌扰动程度大，弃土弃渣基本集中在一个或几个流域（或集水区）范围内的生产建设项目。与未扰动原地貌的流失状况对比时，可选择全国水土保持监测网络中邻近的小流域控制站作参考。

建设时，应根据沟道基流情况确定监测基准面。水尺应坚固耐用，便于观测和养护；所设最高、最低水尺应确保最高、最低水位的观测；应根据水尺断面测量结果，率定水位流量关系。断面设计时，应注意测流槽尾段堆积；结构设计和建筑材料选择应保证测流断面坚固耐用，防止弃土、弃渣的冲击破坏。

③集沙池（沉沙池）　宜修建在坡面下方、堆渣体坡脚的周边、排水沟出口等部位，或利用主体工程的沉沙池。集沙池规格应根据控制的集水面积、降水强度、泥沙颗粒和集沙时间确定。在土壤颗粒细小的地区，集沙池的容积应较大，以便有效收集泥沙。

集沙池的集水范围可大可小，坡度、形状不受限制，可以是任意边坡上的简易小区（10 m² 左右）、标准小区（100 m²），也可以是面积更大的集水区。

集沙池的大小需根据集水区的面积和一定的排水设计频率确定，保证集沙池能够收集一次或短期内连续数次降雨所形成的全部径流和泥沙。当集水区较大时，根据场地等条件设置集沙池的座数及格数，宜采取整流、分流措施，以减小集沙池的规格。根据集沙池的观测值和分流系数，推算集水区范围内的流失量。

④简易观测点　包括测钎监测点、侵蚀沟监测点。

a. 测钎监测点：选择有代表性、无较大干扰的坡面或地面布设测钎，选址应避免周边来水的影响。应根据坡面面积，将直径小于 0.5 cm、长 50~100 cm 类似钉子形状的测钎，按网格状等间距设置。测钎间距宜为 1~3 m，数量不应少于 9 根。测钎铅垂方向打入坡面，编号登记入册。

b. 侵蚀沟监测点：布设在具有代表性、能够保存一定时间的开挖面或填筑面上。长度为整个坡面长度，宽度不小于 5 m。监测断面宜均匀布设在侵蚀沟的上、中、下部。当侵蚀沟变化较大时，可加密布设监测断面。

（2）风蚀监测点

风蚀监测点应选择具有代表性、无较大干扰的地面，一般为长方形或正方形，面积不应小于 10 m×10 m，短边与主风向垂直。与未扰动原地貌的风力侵蚀状况对比时，可选择全国水土保持监测网络中临近的风力侵蚀观测场作参照。可布设测钎（标桩）、集沙仪、风蚀桥等设备中的一种或几种。

①测钎（标桩）　风力侵蚀观测点也可采用标桩代替测钎。标桩不少于 9 根，间距不宜

小于 2 m。标桩长度宜为 1.0~1.5 m，宜埋入地面下 0.6~0.8 m，宜出露地面 0.4~0.9 m。

②集沙仪　不宜少于 3 组，进沙口应正对主风向。根据监测区风向特征，可选择单路集沙仪或多路集沙仪。

③风蚀桥　宜多排布设，桥身应与主风向垂直，排距宜为 10~50 m。

7.5　监测内容、指标与方法

生产建设项目水土保持监测内容包括水土流失影响因素、水土流失状况、水土流失危害和水土保持措施等。

7.5.1　水土流失影响因素监测

7.5.1.1　监测内容

水土流失影响因素监测内容包括气象水文、地形地貌、地表组成物质、植被等自然影响因素；生产建设对原地表、水土保持设施、植被的占压和损毁情况，征占地和水土流失防治责任范围变化情况；弃土(石、渣)场的占地面积、弃土(石、渣)量及堆放方式；取土(石、料)的扰动面积及取料方式等。

7.5.1.2　监测指标、方法及频次

(1) 自然影响因素监测指标

自然影响因素监测包括气象水文、地形地貌、地面组成物质、植被等。

①气象水文

a. 监测指标：包括气候类型与分布、气温与地温、不小于 10℃ 积温、降水量、蒸发量、无霜期、干燥指数、太阳辐射与日照等。风蚀区还包括风速与风向、大风日数等。

b. 监测方法：可通过搜集监测范围内或附近条件类似的气象站、水文站等资料，或设置相关设施设备观测。

c. 监测频次：统计每月的降水量、平均风速和风向。对于日降水量超过 25 mm 或 1 h 降水量超过 8 mm 的降水应统计降水量和历时，风速大于 5 m/s 时应统计风速、风向、出现的次数和频率。

②地形地貌

a. 监测指标：包括地理位置、地貌形态类型与分区、海拔与相对高差、坡面特征(含坡度、坡长、坡向、坡形等)等指标。对于风蚀区还包括地表起伏度等指标。

b. 监测方法：可采用实地调查和查阅资料等方法获取。

c. 监测频次：整个监测期应监测 1 次。

③地面组成物质

a. 监测指标：包括土壤类型、土壤质地与组成、有效土层厚度等指标，或者地面物质的组分及其构成比例。

b. 监测方法：可采用实地调查和查阅资料的方法获取。

c. 监测频次：施工准备期前和试运行期各监测 1 次。

④植被

a. 监测指标：包括植被类型与植物种类组成、灌草盖度、林冠郁闭度、植被覆盖率等指标。

b. 监测方法：可采用实地调查的方法获取，主要确定植被类型和优势种。应按植被类型选择 3 到 5 个有代表性的样地。测定林地郁闭度和灌草地盖度，取其计算平均值作为植被郁闭度(或盖度)。

c. 监测频次：施工准备期前测定 1 次。

（2）地表扰动情况监测指标

①监测指标　包括建设项目永久占地和临时占地面积，占压原地貌面积，扰动土地位置、面积及其变化，损坏水土保持设施面积，植被占压面积，防治责任范围等。

②监测方法　可采用实地调查并结合查阅资料的方法进行监测。调查中，可采用实测法、填图法和遥感监测法。实测法宜采用测绳、测尺、全站仪、GPS 或其他设备量测；填图法宜应用大比例尺地形图现场勾绘，并进行室内量算；遥感监测法宜采用高分辨率遥感影像解译。

③监测频次　点型项目每月监测 1 次。线型项目全线巡查每季度不应少于 1 次，典型地段监测每月 1 次。

（3）弃土(石、渣)情况监测指标

①监测指标　包括弃土(石、渣)场的占地面积、弃土(石、渣)量及堆放方式等。弃土(石、渣)场弃渣期间，重点监测扰动面积、弃渣量、土壤流失量，以及拦挡、排水和边坡防护措施等情况。弃渣结束后，重点监测土地整治、植被恢复或复耕等水土保持措施情况。

②监测方法　在查阅资料的基础上，以实地量测为主进行监测。

③监测频次　对于点型项目正在使用的弃土弃渣场，应每 10 d 监测 1 次，其他时段应每季度监测不少于 1 次，弃土(石、渣)占地面积可采用实测法、填图法测量，有条件的可采用遥感监测。对于弃土(石、渣)量，应根据渣场面积，结合占地地形、堆渣体形状测算，有条件的可采用三维激光扫描仪进行量测。线型项目的大型和重要渣场的监测应按照点型项目的监测方法进行。其他渣场应每季度监测不少于 1 次。

（4）取土(石、料)情况监测指标

①监测指标　包括取土(石、料)场的位置、扰动面积、取土(石、料)量、废弃料量及处置情况等。取土(石、料)场取料期间，重点监测扰动面积、废弃料处置和土壤流失量。取料结束后，重点监测边坡防护、土地整治、植被恢复或复耕等水土保持措施实施情况。

②监测方法　在查阅资料的基础上，进行实地调查与量测，监测地表扰动面积。小型料场取料量监测以调查监测为主，大型料场(>10 万 m^3)取料量监测以实测为主。

③监测频次　对于点型项目正在使用的取土(石、料)场，应每 10 d 监测 1 次，其他时段应每月监测 1 次；线型项目正在使用的大型和重要料场应每 10 d 监测 1 次。

7.5.2 水土流失状况监测

7.5.2.1 监测内容

水土流失状况监测包括水土流失的类型、形式、面积、分布及强度，各监测分区及其重点对象的水土流失量。

7.5.2.2 监测指标、方法及频次

(1)监测指标

水土流失状况监测指标可按土壤侵蚀类型分为水蚀、风蚀、重力侵蚀、混合侵蚀(泥石流)、冻融侵蚀状况监测指标。

①水蚀状况监测指标　分为坡面和建设区(分区)水蚀状况监测指标。坡面水蚀监测指标包括土壤流失形式、坡面产流量、土壤流失量等，建设区(分区)水蚀监测指标包括水土流失面积、流失强度、流失量、侵蚀模数等。

②风蚀状况监测指标　包括风蚀面积、强度、降尘量等。

③重力侵蚀状况监测指标　包括侵蚀形式及其数量，侵蚀形式如崩塌、崩岗、滑坡、泻溜等，数量如撒落量、崩岗发生面积、滑坡规模、滑坡变形量等。

④混合侵蚀(泥石流)状况监测指标　包括泥石流特征、泥石流浆体总量、泥石流冲击物等。

⑤冻融侵蚀状况监测指标　包括冻土厚度、冻结期、热融位移量、冻融侵蚀面积等。

(2)监测方法

水土流失类型及形式应在综合分析相关资料的基础上，实地调查确定。点型项目水土流失面积监测应采用普查法；线型项目水土流失面积监测宜采用抽样调查法。土壤侵蚀强度应根据《土壤侵蚀分类分级标准》(SL 190—2007)，按照监测分区分别确定。重点区域和重点对象不同时段的土壤流失量应通过监测点观测获得，在综合分析的基础上，对项目建设过程中产生的土壤流失量进行计算[计算方法可参考《生产建设项目水土保持监测与评价标准》(GB/T 51240—2018)]。

①水力侵蚀土壤流失量监测　应根据监测区域的特点、条件和降雨情况，选择不同方法进行观测，统计每月的土壤流失量。方法包括径流小区法、测钎法、侵蚀沟量测法、集沙池法、控制站法、三维激光扫描测量法等。

a. 径流小区法：宜采用全坡面径流小区或简易小区，开挖或弃土弃渣形成的、以土质为主的稳定坡面土壤流失量监测可采用该方法。

b. 测钎法：可用于开挖、填筑和堆弃形成的、以土质为主的稳定坡面土壤流失量简易监测。

c. 侵蚀沟量测法：可用于暂不扰动的土质开挖面、土质或土与粒径较小的石砾混合物堆垫坡面的土壤流失量监测。

d. 集沙池法：可用于径流冲刷物颗粒较大、汇水面积不大、有集中出口汇水区的土壤流失量监测。按照设计频次观测集沙池中的泥沙厚度。宜在集沙池的4个角及中心点分别量测泥沙厚度，并测算泥沙密度。土壤流失量可采用式(7-1)计算。

$$S_T = \frac{h_1 + h_2 + h_3 + h_4 + h_5}{5} S\rho_s \times 10^4 \tag{7-1}$$

式中，S_T 为汇水区土壤流失量（g）；h_i（i = 1，2，3，4，5）为集沙池 4 个角和中心点的泥沙厚度（cm）；S 为集沙池底面面积（m^2）；ρ_s 为泥沙密度（g/cm^3）。

e. 控制站法：可用于边界明确、有集中出口的集水区内生产建设活动产生的土壤流失量监测。每次降雨产流时应观测泥沙量、计算土壤流失量。

f. 三维激光扫描测量法：可用于土质开挖面、土质或土石混合物及粒径较小的石质堆垫坡面的土壤流失量测定。采用非接触式高速激光测量方式，获取地形及物体表面的三维数据，通过前后对比，计算流失量。

②风力侵蚀强度监测　可采用测钎、集沙仪、风蚀桥等设备。监测时，可单独使用这些设备，也可组合使用。应每月统计 1 次。

③重力侵蚀、混合侵蚀及冻融侵蚀监测　可采用调查、实测等方法。

（3）监测频次

水土流失类型及形式每年不应少于 1 次；水土流失面积每季度不应少于 1 次；土壤侵蚀强度施工准备期前和监测期末各 1 次，施工期每年不应少于 1 次。风力侵蚀强度应每月 1 次。冻融侵蚀、重力侵蚀、混合侵蚀（泥石流）水土流失状况主要指标的监测频次，多随侵蚀发生而进行适时监测，然后统计出年值。

7.5.3　水土流失危害监测

7.5.3.1　监测内容

水土流失危害监测内容包括：水土流失对主体工程造成危害的方式、数量和程度；水土流失掩埋冲毁农田、道路、居民点等的数量、程度；对高等级公路、铁路、输变电、输油（气）管线等重大工程造成的危害；生产建设项目造成的沙化、崩塌、滑坡、泥石流等灾害；对水源地、生态保护区、江河湖泊、水库、塘坝、航道的危害，有可能直接进入江河湖泊或产生行洪安全影响的弃土（石、渣）情况。

7.5.3.2　监测指标、方法及频次

①监测指标　危害面积、受害对象的数量、受害对象的产出（或损失）与无害区域对应对象产出的比较等。

②监测方法　对于危害面积可采用实测法、填图法或遥感监测法进行监测；危害数量需要通过危害范围的普查（或抽样调查）取得；危害的其他指标和危害程度可采用实地调查、量测和询问等方法进行监测。

③监测频次　水土流失危害事件发生后 1 周内应完成监测工作。

7.5.4　水土保持措施监测

7.5.4.1　监测内容

生产建设项目水土保持措施监测内容包括：植物措施的种类、面积、分布、生长状况、成活率、保存率和林草覆盖率，工程措施的类型、数量、分布和完好程度，临时措施

的类型、数量和分布，主体工程和各项水土保持措施的实施进展情况，水土保持措施对主体工程安全建设和运行发挥的作用，水土保持措施对周边生态环境发挥的作用，水土保持效果及水土流失防治目标达标情况。

7.5.4.2 监测指标、方法及频次

（1）植物措施监测

①监测指标 主要包括植物措施的种类、面积、分布、生长状况、成活率、保存率和林草覆盖率等。

②监测方法 对于植物类型及面积，应在综合分析相关技术资料的基础上，实地调查确定；成活率、保存率及生长状况宜采用抽样调查的方法确定，其中，乔木的成活率与保存率应采用样地或样线调查法确定，灌木的成活率与保存率应采用样地调查法确定；郁闭度可采用样线法和照相法测定，盖度可采用针刺法、网格法和照相法测定；对于郁闭度与盖度，应按植被类型选择 3 至 5 个有代表性的样地测定，取其计算平均值；林草覆盖率应在统计林草地面积的基础上分析计算获得。

③监测频次 对于植物类型及面积应每季度调查 1 次；成活率应在栽植 6 个月后调查，保存率及生长状况每年调查 1 次；对于郁闭度与盖度，应每年在植被生长最茂盛的季节监测 1 次。

（2）工程措施监测

①监测指标 工程措施监测指标主要包括工程措施的类型、规格、数量、分布和完好程度。因各项水土保持工程措施施工工艺等的不同，不同水土保持工程措施水土保持监测指标不同。

②监测方法 对于措施的数量、分布和运行状况应在查阅工程设计、监理、施工等资料的基础上，结合实地勘测与全面巡查确定。实测时，可采用量测和目视检测的方式，对工程措施的外观质量和关键部位的几何尺寸进行核查。必要时，可采用 GPS、经纬仪或全站仪测量。对于措施运行状况，可设立监测点进行定期观测。

③监测频次 重点区域应每月监测 1 次，整体状况应每季度监测 1 次。

（3）临时措施监测

①监测指标 临时措施监测指标主要包括临时措施的类型、规格、数量和分布。

②监测方法 可在查阅工程施工、监理等资料的基础上实地调查，并拍摄照片或录像获取影像资料。

③监测频次 每月监测记录应不少于 1 次。

（4）主体工程和各项水土保持措施的实施进展情况监测

①监测指标 主体工程和各项水土保持措施的实施进展情况监测指标包括主体工程、各项水土保持措施实施时间。

②监测方法 可在查阅工程施工、监理等资料的基础上，结合调查询问与实地调查确定。

③监测频次 应每季度统计 1 次。

（5）水土保持措施对主体工程安全建设和运行发挥的作用监测

①监测方法 水土保持措施对主体工程安全建设和运行发挥的作用监测方法以巡查

为主。

②监测频次　每年汛期前后及大风、暴雨后进行调查。

（6）水土保持措施对周边生态环境发挥的作用监测

①监测方法　水土保持措施对周边生态环境发挥的作用监测方法以巡查为主。

②监测频次　每年汛期前后及大风、暴雨后应进行调查。

（7）水土保持效果及水土流失防治目标达标情况监测

①监测指标　水土保持效果及水土流失防治目标达标情况监测指标包括表土保护率、水流失治理度、渣土防护率、土壤流失控制比、林草植被恢复率、林草覆盖率。

②监测方法　施工期应按现行国家标准《生产建设项目水土流失防治标准》（GB/T 50434—2018）的规定分析渣土防护率、表土保护率与土壤流失控制比，并与水土保持方案确定的防治目标进行对比，评价达标情况。试运行期和生产运行期，应按现行国家标准《生产建设项目水土流失防治标准》（GB/T 50434—2018）的规定分析表土保护率、水流失治理度、渣土防护率、土壤流失控制比、林草植被恢复率和林草覆盖率，并与水土保持方案确定的防治目标进行对比，分析达标情况。

③监测频次　施工期，渣土防护率、表土保护率与土壤流失控制比应每季度评价 1 次；试运行期和生产运行期，表土保护率、水流失治理度、渣土防护率、土壤流失控制比、林草植被恢复率和林草覆盖率分析评价 1 次。

不同监测时段监测重点内容不同。施工准备期和施工期，应重点监测扰动地表面积、土壤流失量和水土保持措施实施情况；试运行期，应重点监测植被措施恢复、工程措施运行及其防治效果；建设生产类项目的生产运行期，应重点监测水土流失及其危害、水土保持措施运行情况及其防治效果。

7.6　监测成果

生产建设项目水土保持监测成果包括水土保持监测实施方案、监测报告及其他资料［图件、数据表（册）、影像资料等］。

（1）监测实施方案

在施工准备期开始之前应进行现场查勘和调查，且应根据相关技术标准和水土保持方案编制《生产建设项目水土保持监测实施方案》。监测实施方案主要内容应包括建设项目及项目区概况、水土保持监测的布局、内容、指标和方法、预期成果及形式、工作组织等。

（2）监测报告

水土保持监测报告包括季度报告表、年度报告、总结报告、水土流失危害事件报告等。

①水土保持监测季度报告表　在具体的监测过程中，每次监测都应形成具体的监测记录，每一季度应编报季度监测报表。反映监测过程中建设项目水土保持工作情况、水土保持措施实施建设情况（质量、进度），特别是因工程建设造成的水土流失情况及其防治建议。依据当季水土保持监测结果和数据分析，形成项目本季度水土保持监测"三色评价"结论。

②水土保持监测年度报告　工期 3 年以上的项目，应每年 1 月底前报送上一年度监测报告。监测年度报告宜与第四季度报告结合编报。根据实际监测数据及情况，编制水土保持监测年度报告，对该年度监测工作进行总结，对比分析监测结果，反映水土流失动态情况及水土流失危害。主要内容包括水土保持监测情况（水土流失因子监测、水土流失防治措施监测、水土流失动态变化监测、水土流失危害监测等）、监测结果分析、存在问题分析及建议。

③水土保持监测总结报告　水土保持监测任务完成后，整理分析监测季度报告和监测年度报告，分析评价水土流失情况和水土流失防治效果，编制监测总结报告。监测总结报告应有水土保持监测特性表、防治责任范围表、水土保持措施监测表、土壤流失量统计表、扰动土地整治率等 6 项指标计算及达标情况表。

④水土流失危害事件报告　发生严重水土流失灾害事件时，应于事件发生后一周内完成专项报告。在工程建设过程中，若发生重大水土流失危害事件，监测单位应及时进行现场踏勘，编制水土流失危害事件报告，分析事件原因、水土流失情况及水土流失危害。主要监测内容根据时间而定，通过真实的数据反映水土流失情况及水土流失危害。通过监测结果的分析，指出存在的问题，提出解决的建议。严重水土流失事件专项监测报告应及时送报工程建设单位、相关参建单位和当地水行政主管部门。

（3）其他资料

其他资料包括图件、数据表（册）、影像资料等。图件包括项目区地理位置图、扰动地表分布图、监测分区与监测点分布图、土壤侵蚀强度图、水土保持措施分布图，线型项目的还应附大型弃土（石、渣）场、大型取土（石、料）场和大型开挖（填筑）区的扰动地表分布图；数据表（册）包括原始记录表和汇总分析表；影像资料包括监测过程中拍摄的反映水土流失动态变化及其治理措施实施情况的照片、录像等。

思考题

1. 生产建设项目水土流失有哪些特点？采取的水土保持措施有哪些类型？
2. 开展生产建设项目监测的工作程序是什么？
3. 如何界定生产建设项目水土保持监测的范围？如何分区？
4. 生产建设项目水土保持监测点类型有哪些？如何布设？
5. 生产建设项目水土保持监测内容、指标包括哪些？
6. 生产建设项目水土保持监测成果如何体现？

参考文献

郭索彦，2010. 水土保持监测理论与方法［M］. 北京：中国水利水电出版社.

郭索彦，2014. 生产建设项目水土保持监测实务［M］. 北京：中国水利水电出版社.

李智广，2008. 开发建设项目水土保持监测［M］. 北京：中国水利水电出版社.

吕钊，王冬梅，徐志友，等，2013. 生产建设项目弃渣（土）场水土流失特征与防治措施［J］. 中国水土保持科学，11（3）：118-126.

生产建设项目水土保持分类管理名录研究课题组，2016. 生产建设项目水土保持分类管理研究［M］. 北京：中国水利水电出版社.

水利部办公厅，2018. 生产建设项目水土保持技术文件编写和印刷格式规定（试行）［Z］. 北京.

水利部办公厅，2015. 生产建设项目水土保持监测规程（试行）［Z］. 北京.

水利部办公厅，2020. 关于进一步加强生产建设项目水土保持监测工作的通知［Z］. 北京.

赵永军，2007. 开发建设项目水土保持方案编制技术［M］. 北京：中国大地出版社.

中国水土保持学会水土保持规划设计专业委员会，水利部水利水电规划设计总院，2018. 水土保持设计手册（生产建设项目卷）［M］. 北京：中国水利水电出版社.

中华人民共和国住房和城乡建设部，国家市场监督管理总局，2018. 生产建设项目水土保持技术标准：GB 50433—2018［S］. 北京：中国计划出版社.

中华人民共和国住房和城乡建设部，国家市场监督管理总局，2018. 生产建设项目水土保持监测与评价标准：GB/T 51240—2018［S］. 北京：中国计划出版社.

中华人民共和国住房和城乡建设部，中华人民共和国国家质量监督检验检疫总局，2014. 水土保持工程设计规范：GB 51018—2014［S］. 北京：中国计划出版社.

第8章

水土保持监测案例

本章重点介绍中国土壤流失方程(CSLE 模型)应用、暴雨水土流失灾害调查和线型生产建设项目水土保持监测案例。

8.1 中国土壤流失方程(CSLE 模型)应用

以沂蒙山泰山国家级水土流失重点治理区蒙阴县某年水土流失动态监测为例。

8.1.1 区域概况

蒙阴县隶属山东省临沂市,位于山东省中南部,泰沂山脉腹地、蒙山之阴,地理坐标为东经 117°45′~118°15′,北纬 35°27′~36°02′,土地面积 1 602 km²。

区域地势南北高,中间低,由西向东南逐渐倾斜。境内南有蒙山山脉,北有新甫山山脉,地貌以低山丘陵为主,是岱崮地貌的集中分布区。属暖温带季风大陆性气候,多年平均气温 12.8℃,多年平均降水量 820 mm,降水时空分布不均匀,年际变化大。岩石类型以石灰岩和页岩为主,土壤包括棕壤、褐土、潮土、粗骨土等类型。境内有梓河、东汶河、蒙河 3 条主要河流,属沂河水系。植被属暖温带落叶阔叶林区域,自然植被破坏严重,现多为人工植被。水土保持区划属北方土石山区—泰沂及胶东山地丘陵区—鲁中南低山丘陵土壤保持区。

8.1.2 数据源及处理

(1)遥感数据

①数据源 监测年 3~4 月 2 m 分辨率 GF-1 遥感影像,年际间遥感影像时相保持相对一致,用于土地利用、水土保持措施解译;监测年之前 3 年(如 2023 年为监测年,前 3 年指的是 2020—2022 年)250 m 分辨率 MODIS 产品 MOD13Q1,监测年之前 3 年每年不少于 3 期(至少包含 1 期夏季)的 30 m 分辨率 Landsat 多光谱影像,用于 NDVI、植被覆盖度计算与提取。

②数据处理 对获取的遥感影像,进行完整性和质量检查,包括完整性、时相、清晰度、云量、坐标系统、波段信息等。对 GF-1 影像进行几何精纠正、镶嵌、融合、匀色、裁剪等处理。对 Landsat 影像进行辐射定标、大气纠正、镶嵌、几何精纠正、裁剪等处理,纠正平均误差≤0.5 个像元,最大误差≤1 个像元。对 MODIS 影像进行 NDVI 层导出、投

影转换、裁剪等处理。

（2）地形数据

收集 1∶1 万地形图，经数字化后，生成 10 m 分辨率 DEM。

（3）降雨数据

收集沂蒙山区雨量站点≥30 年系列的逐日雨量数据，剔除观测年限不足的雨量站点，统计侵蚀性雨量（日雨量≥10 mm）。

（4）其他数据

收集土壤类型分布图、径流小区观测资料、水土保持重点工程资料、统计年鉴等。

8.1.3　模型参数提取及计算

8.1.3.1　土地利用和水土保持措施解译

按照水利部水土保持监测中心年度水土流失动态监测技术指南中土地利用和水土保持措施分类体系，依据 GF-1 影像色调、纹理、形状、阴影、位置、布局等特征，结合外业调查，建立蒙阴县土地利用和水土保持措施遥感解译标志。

根据解译标志，基于 ArcGIS 软件，采用人机交互解译方式，开展土地利用、水土保持措施解译（解译方法参见第 2 章相关内容）。

通过外业调查验证，进一步完善解译成果，统计各土地利用类型和水土保持措施类型的面积和空间分布。

8.1.3.2　植被覆盖度提取

根据遥感解译的土地利用矢量数据，转换生成 30 m 分辨率土地利用栅格数据。叠加 MODIS 影像，提取不同地类的 MODIS NDVI 纯像元，并生成各地类的 24 个半月 NDVI 序列。根据 Landsat 影像红波段和近红外波段，计算每年 3 期 NDVI 值。

融合 250 m 分辨率 MODIS 的 24 个半月 NDVI 和 30 m 分辨率 Landsat 的 NDVI，获得每年 24 个半月 30 m 分辨率的 NDVI 数据。根据 NDVI 数据，计算每年 24 个半月植被覆盖度（植被覆盖度提取方法参见第 2 章相关内容），平均计算得到 3 年平均 24 个半月植被覆盖度。

根据土地利用解译成果，统计园地、林地、草地各覆盖度、坡度等级数据和空间分布。

8.1.3.3　模型参数计算

（1）降雨侵蚀力因子

根据沂蒙山区各站点侵蚀性日降水量数据，采用逐日降水量计算公式计算各站点多年平均年降雨侵蚀力和多年平均 24 个半月降雨侵蚀力比例，采用普通 Kriging 插值方法生成 10 m 分辨率降雨侵蚀力 R 因子栅格数据和 24 个半月降雨侵蚀力比例栅格数据（以逐日降水量法计算降雨侵蚀力参见第 3 章相关内容）。

（2）土壤可蚀性因子

基于第一次全国水利普查水土保持情况普查的土壤可蚀性因子成果，通过蒙阴县标准径流小区观测数据进行土壤可蚀性因子更新（以径流小区法计算土壤可蚀性因子参见第 3 章相关内容）。经重采样，生成 10 m 空间分辨率的 K 因子栅格数据。

（3）坡度坡长因子

根据 DEM，通过北京师范大学开发的 LS 因子计算工具，生成 10 m 分辨率坡度 S 因子、坡长 L 因子栅格数据。

在此基础上，对于林地和草地，坡度因子采用 $S = 10.8\sin\theta + 0.03$ 进行计算。

（4）生物措施因子

基于土地利用解译成果，对于园地、林地和草地，依据 24 个半月植被覆盖度和 24 个半月降雨侵蚀力因子比例，结合野外调查，实测乔木林林下盖度，按照公式计算生物措施因子。对于其他土地利用类型，按照赋值表进行赋值（生物措施因子计算方法参见第 3 章相关内容）。经镶嵌，生成 10 m 空间分辨率的生物措施 B 因子栅格数据。

（5）工程措施因子

根据遥感解译获取的工程措施类型，按照水土保持工程措施因子赋值表进行赋值（工程措施赋值表参见第 3 章相关内容），生成 10 m 分辨率的工程措施 E 因子栅格数据。

（6）耕作措施因子

根据全国轮作区及耕作措施赋值表（耕作措施赋值表参见第 3 章相关内容），获取耕作措施因子值，生成 10 m 分辨率的耕作措施 T 因子栅格数据。

8.1.3.4　土壤侵蚀评价

在获取因子栅格数据的基础上，借助 ArcGIS 软件，利用 CSLE 模型估算各栅格土壤侵蚀模数，获取 10 m 分辨率的土壤侵蚀模数栅格数据。依据水利部颁布的《土壤侵蚀分类分级标准》（SL 190—2007），统计蒙阴县不同水蚀强度面积和空间分布，分析土壤侵蚀状况与土地利用、植被覆盖、地形地貌等影响因素的关系。

8.1.3.5　野外调查验证

采用无人机、植被覆盖度仪、相机、平板电脑等仪器设备，对土地利用、水土保持措施、园林草植被覆盖度、水土保持重点工程、土壤侵蚀等进行调查。

①调查区域选取原则　典型土地利用和水土保持措施、影像不清晰或解译过程存疑区域、路线容易到达等。

②野外调查验证内容　主要包括土地利用复核、水土保持措施复核、园林草植被覆盖度测量与拍照，水土保持重点工程实施状况、土壤侵蚀状况等。总体复核图斑比例原则上不低于总图斑数的 0.5%。对于解译中的疑难点，可根据需要适当提高复核图斑比例。

8.1.4　区域监测成果分析

8.1.4.1　土地利用

蒙阴县耕地面积占县域土地总面积的 28.07%，园地占 28.95%，林地占 19.42%，草地占 3.39%，建设用地占 11.10%，交通运输用地占 3.41%，水域及水利设施用地占 5.43%，其他土地占 0.23%。其中，耕地以旱地为主，占耕地面积的 96.48%，主要分布在县域中部和西部；梯田占 52.06%。不同坡度等级分布以 2°~6° 和 ≤2° 为主。园地均为果园园地，除南部县界山丘区均有分布。林地以有林地为主，占 93.63%，主要分布在中部和南部山丘区。建设用地以农村建设用地为主，占 59.64%，在全县范围内均有分布。

整体上，蒙阴县土地利用结构是以园地和耕地为主，其次为林地、建设用地，水域及水利设施用地、草地、交通运输用地和其他土地较少。耕地以梯田、2°～6°和≤2°的旱地为主，园地为果园园地，林地以有林地为主。

8.1.4.2　植被覆盖

蒙阴县园地、林地、草地植被面积占县域土地总面积的 51.76%。从覆盖度等级看，高覆盖植被面积占园地、林地、草地面积的 67.02%；中高覆盖植被面积占 26.90%，中覆盖植被面积占 4.34%，中低覆盖植被面积占 0.62%，低覆盖植被面积占 1.12%。其中，园地高覆盖植被面积占园地面积的 68.47%，中高覆盖植被面积占 25.50%；不同坡度等级分布以≤5°、8°～15°、5°～8°为主。林地高覆盖植被面积占林地面积的 68.95%，中高覆盖植被面积占 25.53%；不同坡度等级分布以≤5°、15°～25°、8°～15°为主。草地高覆盖植被面积占草地面积的 43.61%，中高覆盖植被面积占 46.67%；不同坡度等级分布以 8°～15°、15°～25°为主。

整体上，蒙阴县植被覆盖面积占 51.75%，覆盖度等级以高覆盖为主，其次为中覆盖、中高覆盖，低覆盖和中低覆盖占比较小。园地以≤15°高覆盖分布为主，林地以≤5°和 5°～25°高覆盖分布为主，草地以 8°～25°中高覆盖分布为主。

8.1.4.3　土壤侵蚀

蒙阴县水土流失面积占县域土地总面积的 30.96%。从不同侵蚀强度方面看，轻度侵蚀面积占水土流失面积的 96.64%，中度侵蚀面积占 2.82%，强烈侵蚀面积占 0.40%，极强烈侵蚀面积占 0.14%，剧烈侵蚀面积占 0.00%。其中，轻度侵蚀广泛分布，中度及以上侵蚀零星分布。

从不同土地利用类型水土流失方面看，水土流失主要分布在耕地、林地、园地。从不同坡度等级耕地方面看，水土流失主要集中在 2°～6°和 6°～15°的耕地上。从不同坡度等级植被覆盖方面看，高覆盖植被水土流失主要分布在 8°～15°、15°～25°的耕地上；中高覆盖植被水土流失主要分布在 8°～15°、15°～25°的耕地上；中覆盖植被水土流失主要分布在 8°～15°、15°～25°的耕地上；中低覆盖植被水土流失主要发生在 8°～15°、15°～25°的耕地上；低覆盖植被水土流失主要分布在<5°、5°～8°的耕地上。

整体上，蒙阴县水土流失面积占 30.96%，侵蚀强度以轻度侵蚀为主。水土流失主要分布于 2°～6°、6°～15°的耕地上，以及 8°～15°、15°～25°高覆盖、中高覆盖的园地和林地上。

8.1.4.4　水土保持措施

根据遥感解译和现场调查，蒙阴县水土保持措施主要为造林和梯田。造林面积占县域土地总面积的 47.51%，主要分布在北部和南部的林地和园地；梯田占 31.34%，主要分布在中部和南部的耕地和园地。

8.2　暴雨水土流失灾害调查

暴雨发生主要受到大气环流和天气、气候系统的影响，是一种自然现象。一次短历时的或连续的强降水过程，在地势低洼、地形闭塞的地区，雨水不能迅速宣泄造成积水和土壤水分过度饱和，会给农业带来灾害，甚至引起山洪暴发、江河泛滥、堤坝决口等，造成重大经济损失。能够产生洪涝灾害的暴雨被称为致洪暴雨。为区域(流域)水土流失综合治理及其成效评价、水土流失规律研究、行业部门宏观决策等提供技术支撑,水行政主管部门或有关科研机构会组织相关技术力量,对极端降雨事件所带来的水土流失灾害进行调查分析。

2021年7月,受台风"烟花"影响,郑州市20日8:00至21日8:00的24 h降水量达到624.1 mm,是特大暴雨标准的2.5倍。本次降水持续时间长,累计雨量大,降水范围广,强降水时段集中,具有极端性。为了解郑州"7·20"特大暴雨所引发的水土流失情况和水土保持工程防灾减灾情况,水利部水行政主管部门组织有关技术力量开展调查。

8.2.1 调查区域选择

调查区域选择时应考虑以下因素:

①郑州"7·20"特大暴雨涉及黄、淮、海三大流域,调查区域要有区位代表性。

②调查区域土地利用类型、水土保持措施多样,如有耕地、园地、林地、草地等多种土地利用类型,以及梯田、防护林等多种水土保持措施,且具有代表性。

③调查区域具有暴雨发生前的影像资料,便于开展灾前、灾后对比。

以地处淮河流域的大坡小流域为例。位于河南省郑州市新密市西南部的小流域面积为 0.81 km²。地势西北高、东南低,呈西北-东南走向,沟坡陡峭,汇水出口位于小流域东南侧。地处暖温带半湿润大陆性季风气候,多年平均降水量650 mm。土壤以褐土为主,植被属暖温带落叶阔叶林区域。水土保持区划为北方土石山区—豫西南山地丘陵区—伏牛山山地丘陵保土水源涵养区。

居民点主要分布在小流域东西两侧分水岭高地上,共计89户267人,隶属两个行政村,人均可支配收入约为2.3万元/年。土地利用类型以林地、耕地为主。耕地类型以梯田为主,主要农作物有小麦、玉米、花生。

8.2.2 调查内容与方法

调查过程包括前期组织与资料收集、土地利用和水土保持措施解译、按调查对象分专项开展外业工作、室内调查数据分析、形成调查报告。

8.2.2.1 前期组织与资料收集

(1)前期组织

调查开始前组建调查组,分为走访调查组(1组)、野外调查组(2组)、后勤保障组(1组),人员主要来自水行政主管部门和科研院校,具有地理信息、水土保持等专业背景。调查组配备无人机、5 m和100 m钢卷尺、平板电脑、激光测距仪、笔记本工作站、相机、越野车等。

(2)资料收集

调查开始前收集小流域土壤类型、数字地形图、灾前遥感影像(分辨率2 m,2020年4月24日)、灾后无人机高分辨率航摄影像(分辨率0.05 m,2021年8月16日)、周边雨量站降雨数据、水土保持工程设计报告等基础资料,并利用无人机开展近地倾斜摄影,获得小流域高清下垫面视频资料。

8.2.2.2　土地利用和水土保持措施解译方法

基于灾后无人机航摄影像，参考前述的土地利用、水土保持措施分类，采用人机交互解译方法，开展小流域土地利用和水土保持措施解译，并统计各类型土地利用面积及比例、各工程措施面积及比例。

8.2.2.3　暴雨洪水调查方法

由于流域内没有水文观测站点，在调查小流域出口位置选择合适水断面，采用洪水痕迹(以下简称"洪痕")确定洪峰通过时对应的水位、洪峰流量等指标，估算本次特大暴雨形成的洪峰流量。

（1）调查断面选取及洪痕确定

在流域出口选取顺直河段，顺直段长度一般是调查断面宽度的5~10倍，河床/沟床稳定，无壅水、回水、分流或较大支流汇入。利用洪水过后植被上的水印、泥印与树干上挂的枯落物等判断洪痕，过水断面两侧均需要有明显的洪痕，要记录洪痕高程。

（2）绘制洪峰过流断面形状与尺寸

基于洪痕调查结果，测量相关数据，绘制调查断面的洪峰经过时的过流断面形状和尺寸。

（3）计算沟道比降

利用带有测量坡度功能的激光测距仪测量顺直段的沟道平均坡度，测量 3 次，取平均值，然后计算平均坡度的正切值，得到沟道比降。

（4）确定沟道糙率

根据河/沟床物质组成和植被覆盖情况，查询当地水文手册确定河道糙率。

（5）估算洪峰流量

采用明渠均匀流公式估算洪峰流量。

8.2.2.4　土壤侵蚀调查方法

根据土壤侵蚀类型、侵蚀形式，确定相应的调查方法。

（1）面蚀调查方法

采用 CSLE 模型计算小流域面蚀量，对于土地利用数据和水土保持措施数据采用高分航摄解译成果，降雨侵蚀力因子按照本次暴雨降水量计算，其他相关因子参数采用该区域2021 年水土流失动态监测成果。

（2）浅沟、切沟侵蚀调查方法

调查前，依据无人机航摄影像，进行侵蚀沟解译。按照侵蚀沟、地形和道路情况，设计侵蚀沟调查路线。针对调查路线上遇到的侵蚀沟，走到沟头或者沟尾，然后从沟头或者沟尾开始测量，测量结束后返回调查路线，继续前行，遇新沟再开始测量，重复上述步骤，直至本路线结束。

每条侵蚀沟测量方法如下：从沟头或沟尾开始，依次测量 3~5 个横断面的宽度和深度。沟长≤50 m，分别测量沟头、沟尾、沟中间 3 个断面；沟长>50 m，或沟长≤50 m 且深度或宽度变化较大时，除上述 3 个点外，增加沟中上部和沟中下部两个点，测量 5 个断面，或者更多，但间距必须相等；如果沟长>200 m，适当加密断面。浅沟(沟宽 0.2~0.5 m)

断面按矩形断面处理，每个断面上需测量 1 个浅沟宽度和 3 个深度；切沟（沟宽>0.5 m）断面按梯形断面处理，每个断面测量上宽、下宽 2 个宽度。根据断面形状和断面间距估算浅沟、切沟侵蚀量。

（3）重力侵蚀调查方法

调查对象主要包括滑坡、崩塌等。调查前，根据无人机影像，对小流域重力侵蚀发生位置进行定位。在重力侵蚀发生位置进行随机抽样，抽取 10%左右数量的发生位置（不少于 10 处），进行野外调查，拍摄照片，定性描述其类型、发生原因，并根据周边地形和堆积体的尺寸估算侵蚀量。

（4）道路侵蚀调查方法

只针对宽度在 2 m 以上的非硬化生产道路进行调查。现场调查只记录道路沟蚀情况，面蚀由 CSLE 模型估算获得，不单独计列在道路侵蚀量内。

野外调查前，依据无人机影像，解译道路分布情况。布设道路侵蚀调查横断面，横断面间距设为 100 m，若两断面间路面侵蚀变化较大，可适当加密。每条调查道路抽取 3~5 个不同路段开展道路土壤容重测定。道路侵蚀调查时，沿设定好的调查断面逐个开展。每个断面记录路面宽度、起终点定位点位号/经纬度、损毁等级、照片、有无排洪渠、是否道路拐弯处、坡度、两侧主要土地利用类型与措施。如出现沟蚀，记录至少 3 个沟道断面的宽度、深度（每条沟道至少按上中下记录 3 条沟道断面的宽度、深度），并记录其他的相关相关情况，如该路段是否发生滑坡、泥石流，是否已经进行了维修等。

对于通过累加计算调查到的调查道路侵蚀沟侵蚀量，按照调查道路占全部非硬化道路的比例，估算道路侵蚀沟侵蚀量。

（5）梯田侵蚀调查方法

调查前，根据无人机航摄影像进行梯田田坎线状要素解译。一条连续的田坎作为一条线段，并赋编号。调查时，按设计的调查路线逐条或随机开展梯田侵蚀调查，记录每条田坎的梯田尺寸、田坎类型、梯田受损类型，如切沟、田坎垮塌、滑坡、泥石流、其他。统计田坎损毁长度、沟道侵蚀量等。梯田面蚀由 CSLE 模型估算获得，不单独计列在梯田侵蚀量内。

8.2.3　调查成果分析

8.2.3.1　土地利用和水土保持措施调查成果

调查小流域耕地面积 0.18 km²，占小流域面积的 21.96%。其中，梯田 0.17 km²，占耕地总面积的 98.0%；园地 0.02 km²，占小流域面积的 2.77%；林地 0.49 km²，占小流域面积的 59.84%；草地 0.01 km²，占小流域面积的 0.92%；农村建设用地 0.081 km²，占小流域面积的 10.02%；人为扰动用地 0.01 km²，占小流域面积的 1.03%；交通运输用地 0.03 km²，占小流域面积的 3.23%；水域 0.002 km²，占小流域面积的 0.19%。

小流域土地利用结构中以林地和耕地为主，梯田和造林是主要水土保持措施。

8.2.3.2　暴雨洪水调查成果

（1）洪痕调查

调查流域下游汇水口位于流域南部，汇水口处沟道两侧均为交通道路，路面较高。其中，东侧有少量玉米播种在沟道滩地上，调查根据洪峰通过时在作物茎秆上留下的泥沙痕迹大体确定洪峰水面线高度，并通过走访当地村民对该洪峰水面高度进行校核，如图 8-1、图 8-2 所示。

图 8-1　调查小流域出口沟道(2021 年 9 月 11 日)

（a）流域汇水口　　　　　　（b）洪峰经过时在作物茎秆留下的泥沙痕迹

图 8-2　洪痕调查

（2）洪峰流量推算

在调查流域下游出口处选取过流断面 1 处，用于计算洪峰流量。根据确定的洪峰过境时留下的洪痕，确定出口断面尺寸，如图 8-3 所示。经计算该过水断面面积为 39.4 m²，

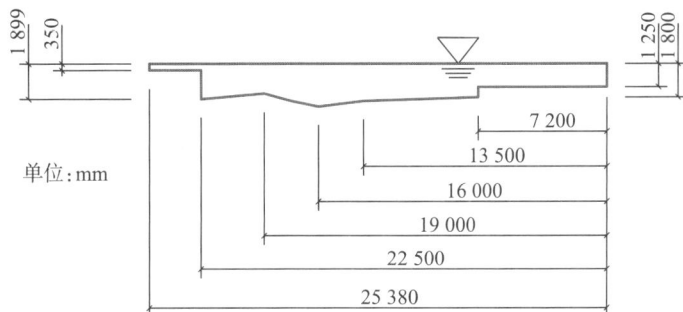

图 8-3　流域出口沟道过水断面尺寸

洪峰过境湿周为29.2 m，水力半径为1.35 m，糙率取0.04，河道比降为0.008 5，洪峰流速为2.81 m/s，洪峰流量为110.94 m³/s。

8.2.3.3 浅沟与切沟侵蚀调查成果

（1）浅沟侵蚀

浅沟侵蚀主要出现在崩塌体或滑坡体发生位置的裸露面上，且无法判断浅沟是否为本次"7·20"降雨所致。因此，将坡面浅沟侵蚀归为重力侵蚀，不单独计量。

（2）切沟侵蚀

通过对比暴雨前、后两期影像，人工识别出流域内近期新形成的侵蚀沟31条。实地调查（图8-4）切沟8条，切沟长度合计为82.03 m，切沟体积为292.50 m³，切沟侵蚀量为424.13 t。实地调查的切沟侵蚀模数为523.62 t/km²。侵蚀沟现场测量数据见填写的调查表8-1。

（a）侵蚀沟航摄　　　　　　　　　　　　（b）侵蚀沟实地测量

图8-4 侵蚀沟调查

表8-1 沟蚀野外调查数据（部分）

调查人：×××　　　调查日期：××××年×月×日　　　流域名称：调查小流域

1 沟编号	2 侵蚀沟类型	3 宽度/cm		4 深度/cm			5 耕作方向		6 治沟措施			7 沟形成时间	8 备注
		3.1 上宽	3.2 下宽				5.1 类型	5.2 代码	6.1 类型	6.2 代码	6.3 质量		
2-1		389	166	173	182	179	横坡平播	2020	无	0	无	新	
2-2	切沟	538	282	253	323	271	横坡平播	2020	无	0	无	新	6.45 m（长度）
2-3		611	344	326	422	354	横坡平播	2020	无	0	无	新	

注：1 沟编号：调查的切沟和浅沟顺序编号。

2 侵蚀沟类型：填写调查侵蚀沟的类型，如浅沟、切沟、冲沟。

3 宽度：侵蚀沟的宽度。浅沟只量上宽，切沟量上宽和下宽，单位为cm，保留整数位。

4 深度：沟沿所在平面到沟底的垂直距离，分别为最大深度、最大深度点与沟壁垂直距离的中点各量取一个深度，合计3个深度，单位为cm。

5 耕作方向：只针对耕地，行播作物的行向，或起垄种植的垄向。

6 治沟措施：只针对治沟措施，如石谷坊、土谷坊、柳谷坊、柳跌水、草水路、堡带等。

6.3 质量：填写目前治沟措施的好坏程度，分为"好""中""差"三级，按照标准选择填写。谷坊等淤积型工程措施按其淤积程度划分，淤积程度在25%以下，认定其质量为"好"；淤积程度在25%~50%，认定其质量为"中"；淤积程度在 50% 以上，认定其质量为"差"。草水路等生物措施，按照沟底土壤裸露程度划分，裸露程度在 25% 以下，认定其质量为"好"；裸露程度在 25%~50%，认定其质量为"中"；裸露程度在 50% 以上，认定其质量为"差"。

　　7 沟形成时间：暴雨前已经存在，填写"旧"；暴雨新生成，填写"新"。询问当地人或者观察沟内植物特征判断。

　　8 备注：其他需要说明或细化的内容。

　　未实地调查的侵蚀沟 23 条。结合小流域 DSM 数据，测量未实地调查侵蚀沟的尺寸，并估算其侵蚀量。结果表明，未实地调查的 23 条侵蚀沟总沟长为 445.15 m，切沟体积为 1 523.29 m³，侵蚀量为 2 208.77 t，侵蚀模数为 2 726.877 t/km²。

　　累加实地调查侵蚀沟和未实地调查侵蚀沟的侵蚀量为 2 632.9 t，合计侵蚀模数为 3 250.49 t/km²。

8.2.3.4　道路侵蚀调查成果

　　小流域路宽在 2 m 以上的生产道路长度为 1 140.88 m，密度为 1.407 km/km²。生产道路出现细沟及以上侵蚀现象(图 8-5、图 8-6)的损毁长度为 540 m，损毁比例为 47.33%。损毁等级为 2、3、4 的生产道路长度占损毁道路的比例分别为 22.22%、38.89%、38.89%。道路侵蚀现场测量填写的数据见表 8-2。

（a）浅沟　　　　　　　　　　　　　　（b）细沟

图 8-5　道路侵蚀调查

图 8-6　道路现场调查

表 8-2　道路侵蚀野外调查数据(部分)

调查人：×××　　　　调查日期：××××年×月×日　　　　流域名称：调查小流域

1 子路段-断面编号	2 路面宽度/m	3 损毁等级	4 侵蚀沟宽/m	5 侵蚀沟深/m	6 排洪渠	7 是否拐弯	8 坡度/°	9 土地利用	10 措施	11 路面状况	12 备注
2-1-1	2.12	2	0	0	0	0	5.46	3	1	1	右侧有冲沟
2-1-2	2.18	2	0.37	0.15	0	0	6.11	3	1	4	—
2-1-3	2.23	2	0	0	0	0	8.54	3	1	4	—

注：1 子路段-路段单元编号：填写编号，其中，子路段编号同道路矢量文件中的"子路段编号"字段一一对应，路段单元编号按行进顺序依次编号，如 1-2。

2 路面宽度：填写整个路面的宽度名称和代码。单位为 m，保留 2 位小数。

3 损毁等级：按《生产道路侵蚀等级划分表》判断对应的等级并填写代码。1 代表无细沟，不明显；2 代表出现细沟，轻度；3 代表出现浅沟，中度；4 代表出现切沟，强烈。

4 侵蚀沟宽：填写出现的侵蚀沟的宽度。此单元格需填写 3 个数字，对应沟的上、中、下游，单位为 m，保留 2 位小数。如出现多条侵蚀沟，则记录多行。

5 侵蚀沟深：填写出现的侵蚀沟的深度。此单元格需填写 3 个数字，对应沟的上、中、下游，并上侵蚀宽一一对应，单位为 m，保留 2 位小数。如出现多条侵蚀沟，则记录多行。

6 排洪渠：路段单元有排洪渠，则记录为 1，否则为 0。

7 是否拐弯：路段单元处在道路拐变处记为 1，否则为 0。

8 坡度：填写路段单元坡度，需现场测量，单位为°，保留 2 位小数。此单元格需填写 3 个数字，对应路段单元 1/4、1/2、3/4 处地坡度。

9 土地利用：填写道路两侧汇水范围内主要土地利用类型，如两侧土地利用不一致，则以主要汇水区一侧为准。1 代表梯田坡地，2 代表坡耕地，3 代表林地，4 代表草地，5 代表其他。

10 措施：填写道路两侧汇水范围内主要水土保持措施，如两侧不一致，则以高程高于道路的一侧/主要汇水区一侧为准。仅赋 1 代表梯田，2 代表鱼鳞坑，5 代表其他。

11 路面状况：该调查断面沿行进方向 10 m 内道路覆盖情况。1 代表土，2 代表石子，3 代表土、石子混合，4 代表草被覆盖，5 代表其他。

12 备注：填写一些现场特殊情况，如是否已经整修，有无侧方汇水，有无滑坡、泥石流发生等。

小流域生产道路细沟长度为 120 m，细沟长度比为 10.52%(调查路段长度内的细沟长度与调查路段长度之比)，侵蚀量为 1.84 t，侵蚀模数为 2.27 t/km²；浅沟长度为 210 m，浅沟长度比为 18.41%，侵蚀量为 12.38 t，侵蚀模数为 15.28 t/km²；切沟长度为 210 m，切沟长度比为 18.41%，侵蚀量 163.56 t，侵蚀模数为 201.93 t/km²。

流域内生产道路土壤侵蚀总量为 177.78t，道路总侵蚀模数为 219.48 t/km²。

8.2.3.5　重力侵蚀调查成果

流域内发生重力侵蚀 39 处，对其中 11 处实地调查。重力侵蚀形式主要以滑坡(图 8-7)和崩塌为主(图 8-8、图 8-9)，其余 28 处借助小流域 DSM 和 DOM 数据估算侵蚀量。小流域重力侵蚀量为 6 110 t，发生重力侵蚀密度为 49 处/km²，重力侵蚀模数为 7 540 t/km²。发生的重力侵蚀中有崩塌 30 处，滑坡 9 处，侵蚀量分别占重力侵蚀总量的 43.86%、56.14%。发生重力侵蚀的面积为 20 090.19 m²，占流域面积的 2.44%。重力侵蚀现场测量填写的数据见表 8-3。

图 8-7　滑坡重力侵蚀现场

图 8-8　崩塌重力侵蚀现场

图 8-9　崩塌重力侵蚀现场测量

表 8-3　重力侵蚀野外调查表（部分）

调查人：×××　　　调查日期：××××年×月×日　　　流域名称：调查小流域

1 重力侵蚀编号	2 定位点号	3 类型	4 现场描述	5 发生原因	6 备注
1	113°18′—″ 34°27′—″	3	沟道边坡冲塌，数块巨石裸露，高差约 13 m	坡度陡	230 m³
2	113°18′—″ 34°27′—″	3	沟道边坡冲塌，损毁农田，高差约 15 m	坡度陡	180 m³
3	113°18′—″ 34°28′—″	1	坡度 60°，有植被（灌草），滑坡土层厚度为 45 cm，宽 15 m，长 27 m，岩石有出露	降雨	605 m³

注：1 重力侵蚀编号：填写重力侵蚀编号，与"重力侵蚀"矢量数据 ID 一致。

2 定位点号：奥维等软件/GPS 点号，如 12，代表为 12 号点。

3 类型：填写重力侵蚀类型，1 代表滑坡，2 代表泥石流，3 代表崩塌，4 代表其他（并备注）。

4 现场描述：填写现场成灾情况，如损毁了房屋，掩埋道路等，影响范围大概有多大等。

5 发生原因：填写现场分析的发生原因，如上方汇水大，坡度陡，上方植被覆盖度低，是原来的尾矿等原因。

6 备注：填写侵蚀量估计值和一些现场特殊情况，如已经整修等。

8.2.3.6 梯田损毁调查成果

以无人机航摄影像为基础，通过遥感解译得到小流域梯田分布和田坎分布。通过抽取6块梯田样地、18条田坎进行梯田损毁野外调查，梯田损毁现场测量填写的内容见表8-4。

表8-4 梯田损毁野外调查表(部分)

调查人：×××　　　调查日期：××××年×月×日　　　流域名称：调查小流域

1 田坎编号	2 田面宽/m	3 田坎高/m	4 有无田埂	5 田坎类型	6 田坎坡度/°	7 有无排水	8 土地利用	9 梯田类型	10 受损类型	11 损毁长度/m	12 备注
T0203	35.05	1.21	0	1	2.11	0	1	2	2	12.33	—
T0301	31.75	1.15	0	3	0.55	0	1	2	2	16.34	—

注：1 田坎编号：填写田坎编号，TXXNN形式，XX为田块编号，NN为田坎编号，从上到下依次增大。

2 田面宽：填写田坎上方田面宽度，单位为m，保留2位小数。

3 田坎宽：填写田坎上下方田面高差，单位为m，保留2位小数。

4 有无田埂：有田埂记录为1，否则为0。

5 田坎类型：填写田坎状况，1代表植物田坎，2代表石质田坎，3代表土质田坎，4代表生物结皮田坎，5代表其他(并备注)。

6 田坎坡度：填写田坎坡度，单位为°，保留2位小数。

7 有无排水：有排水设施记录为1，否则为0。

8 土地利用：填写田面主要土地利用类型，1代表耕地，2代表园地，3代表草地，4代表林地，5代表其他。

9 梯田类型：填写梯田类型，1代表机修梯田，2代表老式水平梯田，3代表坡式梯田，4代表其他。

10 受损类型：填写受损类型，1代表切沟，2代表田坎垮塌，3代表滑坡，4代表泥石流，5代表其他。如某田坎多处受损，受损类型以占长度比例最大的为准。

11 受损长度：填写受损部位田坎长度，单位为m，保留2位小数，如某田坎多处受损，则受损长度累加填入。

12 备注：填写一些现场特殊情况，如全部冲毁、已经整修、损毁原因等。

调查结果显示，所调查田坎总长为1 234.46 m，损毁长度为435.26 m，按田坎损毁长度统计的流域样地梯田平均损毁率为35.25%。样地内损毁率在5%以下的梯田占比最大，为33.33%；损毁率为5%～20%的梯田占比为27.78%；损毁率为20%～60%的占比为22.22%；损毁率为大于60%的占比为16.67%。

经调查，小流域内主要梯田的损毁形式为切沟和田坎垮塌。在同一田坎上，可常发现切沟和田坎垮塌同时存在。梯田损毁情况受土地利用类型、田面宽度、田坎有无保护的影响较大。经对小流域335条梯田田坎受损情况的统计，该流域内部分梯田存在反坡措施，田面宽度和田坎高度与损毁率未发现有显著相关关系；有土质田坎的梯田损毁率为43.55%，有植物防护的田坎的梯田损毁率为10.11%。没有植物防护的田坎平均受损率是有植物防护田坎平均受损率的4.3倍。

8.2.3.7 小流域侵蚀量估算成果

采用CSLE模型估算小流域面蚀量，其中，降雨侵蚀力数据采用水行政主管部门提供的数据，即12 101.0 MJ·mm/(hm²·h)。经计算，小流域面蚀总量为1 314.9 t，平均面蚀土壤侵蚀模数为1 477.44 t/km²，空间分布如图8-10所示。

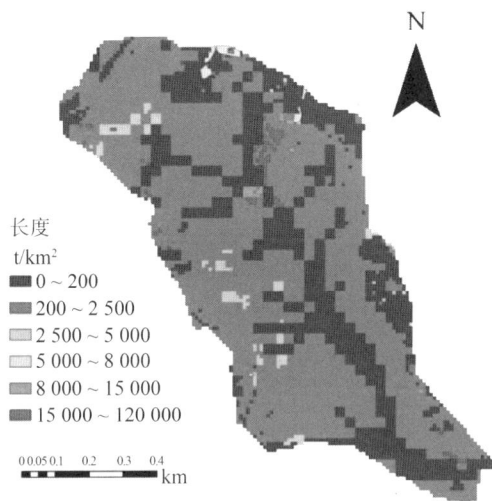

图 8-10 调查小流域面蚀空间分布

因重力侵蚀和梯田田坎损毁产生的绝大部分物质仍在滑塌或损毁部位附近,此次调查将上述两部分不计入总侵蚀模数,所以本次暴雨引发的小流域土壤侵蚀量确定为沟蚀量(含梯田上的沟蚀量)、道路侵蚀量(道路浅沟、切沟侵蚀量)、小流域面蚀量之和(表 8-5)。据此,估算小流域本次暴雨总侵蚀模数为 4 945.14 t/km²(不含重力侵蚀和梯田损毁侵蚀),是其多年平均土壤侵蚀模数的 28.6 倍。

表 8-5 小流域土壤侵蚀模数测算成果   t/km²

流域名称	道路浅沟侵蚀	道路切沟侵蚀	其他沟蚀	面蚀
调查小流域	15.28	201.93	3 250.49	1 477.44

通过调查得到以下主要结论:虽然本次暴雨历史罕见,但由于调查小流域大面积退耕还林,林草覆盖率较高,加上实施了有效的水土保持措施,因此水土流失并不十分严重。根据《土壤侵蚀分类分级标准》(SL 190—2007),本次暴雨造成的土壤侵蚀强度达到中度级别。所实施的梯田、林草等水土保持措施没有受到严重损毁,并且充分发挥了水土保持防灾减灾作用。

8.3 线型生产建设项目水土保持监测案例

以安徽龙源宣城白马风电场项目为主,利用铁路、水利等项目的监测成果进行补充,重点介绍新设备、新技术在生产建设项目水土保持监测中的应用。

8.3.1 风电场项目水土保持监测

8.3.1.1 项目及项目区概况

龙源宣城白马风电场项目属于新建建设类项目。总装机容量为 48.3 MW。建设内容包括新建 21 台单机容量为 2 200 kW 的风力发电机组，1 台单机容量为 2 100 kW 的风力发电机组，集电线路 19.6 km，场内道路 16.6 km。工程于 2016 年 9 月开工，2017 年 8 月主体工程完工，其他附属工程于 2019 年 7 月完工，总工期 34 个月。

项目区位于宣城市宣州区狸桥镇，地处长江中下游平原，为皖南丘陵地貌，地面高程 150~326 m。属北亚热带季风气候区，多年平均降水量 1 400 mm。土壤以黄棕壤和红壤为主，植被属北亚热带常绿落叶阔叶林带，林草覆盖率达 60% 以上。项目区不属于国家及省级水土流失重点防治区，宣州区属浙皖低山丘陵生态水质维护区。土壤侵蚀类型以水力侵蚀为主，侵蚀形式主要为面蚀，容许土壤流失量为 500 t/(km²·a)。

8.3.1.2 监测范围、时段及分区

在分析风电场水土保持方案及设计文件的基础上，结合实地调查，确定该项目水土保持监测范围为水土保持方案中的水土流失防治责任范围 36.44 hm²，包括项目建设区 19.76 hm²、直接影响区 16.68 hm²。

监测时段为施工准备期（2015 年 9 月至 2016 年 9 月）、施工期（2016 年 9 月至 2018 年 7 月）和试运行期（2018 年 8 月至 2019 年 7 月）。

依据项目功能单元及其空间布局划分 3 个监测分区：风电机组及箱变区、场内道路区、集电线路区。

监测重点对象为场内道路（施工道路）、机位开挖填筑坡面。

8.3.1.3 监测点布设

根据风电场监测分区，结合实地调查，布设 6 个监测点（表 8-6、图 8-11、图 8-12）。其中，植物措施监测点 1 个，布设于风机平台处；工程措施监测点 1 个，布设于集电线路处（地埋电缆）；综合监测点 4 个，分别布设于机位堆垫边坡、场内道路挖填边坡和集电线路塔基下方，用于观测工程措施、植物措施、土壤流失量。

表 8-6 监测点布设情况

编号	监测分区	监测点位置	监测点类型	监测点措施	监测样地及观测设施
1	风电机组及箱变区	风机平台	植物措施监测点	栽植香樟、撒播草籽	乔木林样方 10 m×10 m，3 个 草地样方 1 m×1 m，3 个
2		边坡	综合监测点	挡墙，栽植灌木，撒播草籽	挡墙、土地整治 灌草地样方 2 m×2 m，3 个 简易观测点（测钎）
3	场内道路区	开挖边坡	综合监测点	挡墙，排水，植生袋护坡	挡墙、排水、土地整治 草地样方 1 m×1 m，3 个 简易观测点（侵蚀沟量测）
4		填方边坡	综合监测点	挡墙，撒播草籽	挡墙、土地整治 草地样方 1 m×1 m，3 个
5	集电线路区	地埋电缆	工程措施监测点	土地整治，自然恢复	土地整治
6		塔基	综合监测点	撒播草籽	草地样方 1 m×1 m，3 个 简易观测点（侵蚀沟量测）

图 8-11　水土保持监测点分布

（a）监测点 1 号林地样方（10 m×10 m，水平投影）

（b）监测点 3 号单位工程（挡墙、排水）、
草地样方（水平投影 1 m×1 m）

（c）监测点 4 号工程措施（排水沟开挖深度）量测

（d）监测点 5 号工程措施（表土回覆厚度）量测

图 8-12　监测点现场照片

8.3.1.4 监测成果分析

（1）水土流失影响因素

①降水量　通过搜集距离项目区约 20 km 的泾县云岭坡面径流观测场观测数据，获取降水量数据。2016—2019 年年均降水量在 1 500 mm 左右，其中，2017 年降水量为 1 395 mm，2018 年降水量 1 558 mm，主要集中在 6~9 月。降水量详见表 8-7、图 8-13。

表 8-7　降水量情况　　　　　　　　　　　　　　　　　　　　　　　　mm

年度	1 月	2 月	3 月	4 月	5 月	6 月	7 月	8 月	9 月	10 月	11 月	12 月
2016	—	—	—	—	—	—	—	—	246.5	150.5	51.5	57
2017	81.5	50	168	76	145	191	122.5	262.5	166	52.5	45	34.5
2018	67	90.5	116.5	130.5	183	213.5	256	151.5	111.5	16	65.5	156
2019	74	167.5	99.5	164	239	204.5	—	—	—	—	—	—

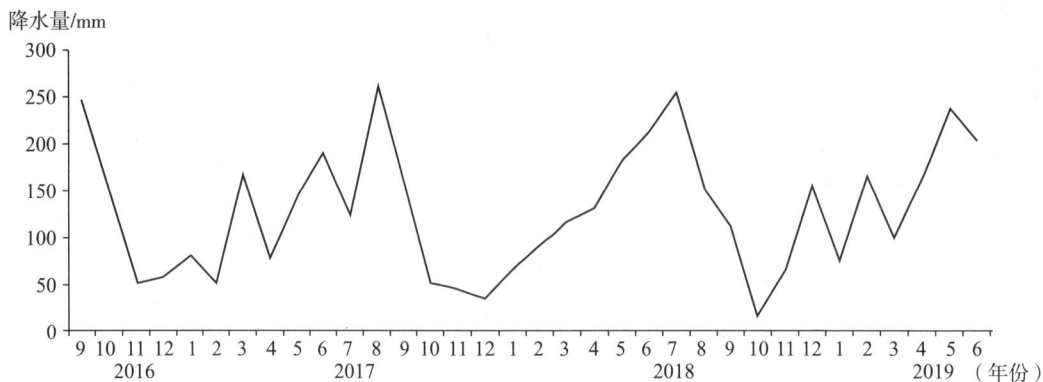

图 8-13　项目区月降水量分布

②地表扰动情况　根据用地批复和临时征地协议，结合实地调查，统计工程永久占地和临时占地面积。永久占地包括风机及箱变、场内道路、塔基占地，临时占地为风机平台吊装场地、场内道路两侧边坡、地埋线路和塔基占地。

通过搜集多期遥感影像，结合实地调查、无人机航摄和查阅资料，获取原地貌、扰动土地面积及其变化和防治责任范围。项目区原地貌为丘陵，土地利用类型以林地为主。本项目于 2016 年 9 月开工，进行"三通一平"，首先进行风机平台和场内道路清表，剥离表土堆置于临时堆土场。随后开始风电机组、集电线路工程施工。在土建工程全部开展后，扰动面积达到最大，截至工程完工，地表扰动范围基本不变。施工期地表扰动情况详见表 8-8、图 8-14、图 8-15。

表 8-8　施工期地表扰动情况　　　　　　　　　　　　　　　　　　　　hm²

时间	风电机组及箱变区	场内道路区	集电线路区	合计
2016 年 9 月	0.67	3.12	0.40	4.19
2016 年 10 月	1.42	6.60	0.85	8.87
2016 年 11 月	2.37	11.00	1.41	14.78

（续）

时间	风电机组及箱变区	场内道路区	集电线路区	合计
2016 年 12 月	3.38	15.71	2.02	21.11
2017 年 1 月	4.23	19.64	2.52	26.39
2017 年 2 月	4.70	21.82	2.80	29.32
2017 年 3 月	4.70	21.82	2.80	29.32

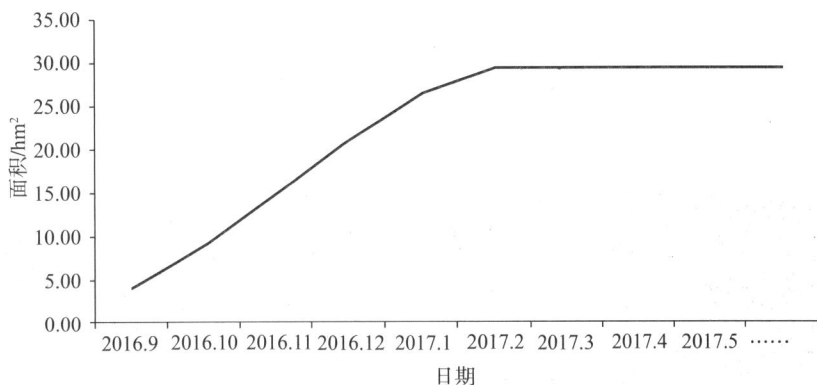

图 8-14　施工期地表扰动变化

③弃土(石、渣)情况　工程弃方量为 8.91 万 m³。弃方主要为剥离表土，风机平台、集电线路、场内道路处开挖多余土方。工程剥离的表土后期作为绿化覆土回填，风机平台、集成线路开挖多余土方就地摊平，场内道路开挖多余土石方用作挡墙、排水沟砌筑和挡墙后方堆填。弃渣均综合利用，未设置永久弃渣场。

④取土(石、料)情况　工程外购土方 3.0 万 m³，进行回填和植被恢复。外购土方为宣州区狸桥开发区新建道路开挖土方，未设置取土场。

（2）水土流失状况

①水土流失面积　工程从 2016 年 9 月开始施工，由于先进行"三通一平"，风机、场内道路等基础开挖，扰动范围较为集中；2017 年 2 月，各项建设活动全部开工，工程进入全面建设阶段，地表扰动范围和水土流失面积达到最大；2017 年 8 月，主体工程基本完工，地表扰动范围基本不变，但随着建筑物及硬化面积增加，水土流失面积减小；2018 年 11 月，建挡墙、建排水沟、整治土地、栽植乔灌木、撒播草籽等水土保持措施开始施工；2019 年 6 月，水土保持措施施工结束，逐步发挥效益。施工期不同防治分区的水土流失面积详见表 8-9、图 8-16。

表 8-9　施工期水土流失面积动态变化　　　　　　　　　　　　　　　hm²

防治分区	2016 年 12 月	2017 年 3 月	2017 年 6 月	2017 年 9 月	2017 年 12 月
风电机组及箱变区	3.30	4.12	4.07	4.01	4.01
场内道路区	10.83	13.54	13.36	11.88	11.88
集电线路区	2.22	2.77	2.73	2.75	2.75
合计	16.34	20.43	20.16	18.64	18.64

（a）原地貌为林地（2016年11月）及风机和场内道路主体工程基本完工（2017年7月）后航拍图

（b）场内道路区水土保持措施（挡墙）实施前后

（c）风电机组无人机航拍图

图 8-15　地表扰动变化

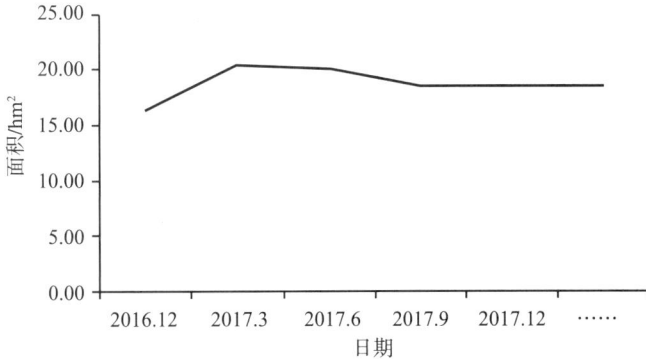

图 8-16　施工期水土流失面积季度变化情况

②土壤流失量　通过水土流失监测点观测，采用测钎法、侵蚀沟量测法计算土壤流失量，2016 年 9 月至 2019 年 6 月，项目产生水土流失量 2 892 t，其中，原地貌产生水土流失量 207 t，扰动地表新增水土流失量为 2 685 t，详见表 8-10。

表 8-10　不同监测时段水土流失量统计　　　　　　　　　　　　　　　　　　t

防治分区	2016 年 9 月 至 2017 年 4 月	2017 年 5 月 至 2017 年 8 月	2017 年 9 月 至 2018 年 10 月	2018 年 11 月 至 2019 年 6 月
风电机组及箱变区	226	126	136	12
场内道路区	925	536	778	39
集电线路区	46	27	32	8
合计	1 197	689	946	59

从不同监测时段不同监测分区水土流失占比方面来看，场内道路区是水土流失主要区域，占比为 67%~82%；其次是风电机组及箱变区，水土流失量占总水土流失量的 14%~19%，实施水土保持措施后水土流失量明显减小。不同监测时段不同监测分区水土流失量占比如图 8-17 所示。

从不同监测时段水土流失来看，2016 年 9 月至 2017 年 4 月，随着工程全面施工，监测分区土壤侵蚀模数普遍增大，尤其是场内道路开挖填筑坡面裸露，平均侵蚀强度较大，该阶段水土流失量占比最大；2017 年 5 月至 2017 年 8 月，工程进入施工后期，未硬化区域地表裸露，且降水量大，土壤侵蚀模数最大；2017 年 9 月至 2018 年 10 月，相继实施相关配套工程，裸露区域以自然恢复为主，各监测分区土壤侵蚀模数皆略有降低；2018 年 11 月至 2019 年 6 月，试运行期工程实施水土保持措施，植物措施与自然恢复植被全面发挥保土减蚀作用，各监测分区土壤侵蚀模数大幅下降，综合土壤侵蚀模数降至项目区容许值以下，为 473 $t/(km^2 \cdot a)$。

（3）水土流失危害

通过现场监测，本工程在施工及试运行期间无重大水土流失危害事件。

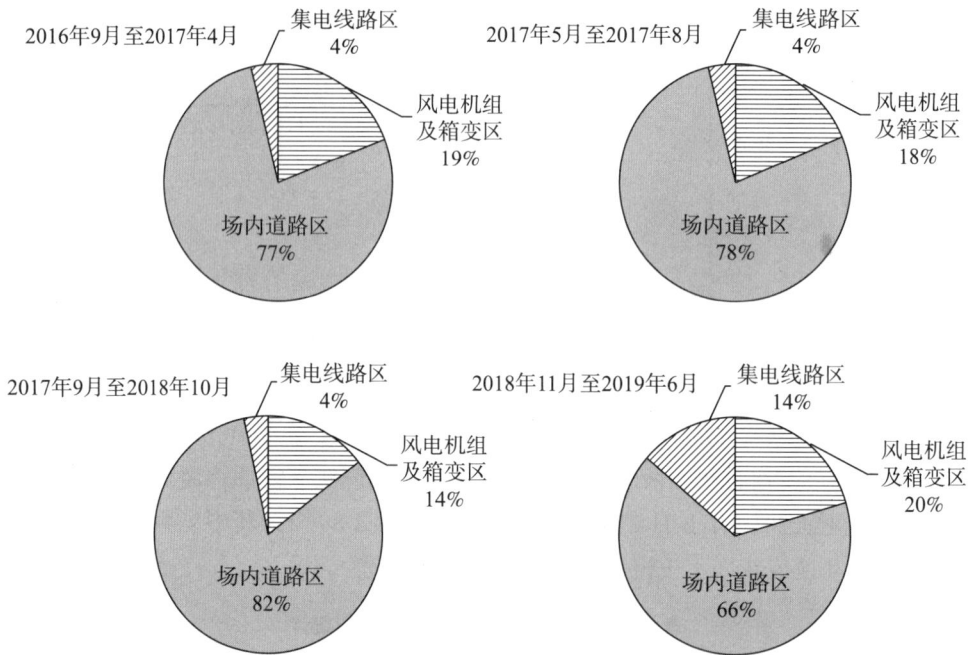

（a）不同监测分区不同时段水土流失量占比

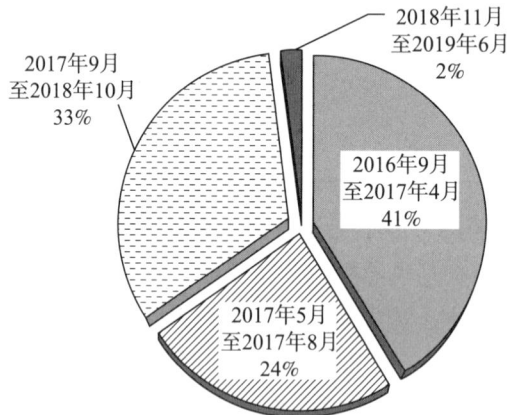

（b）监测区各监测时段水土流失量占比

图 8-17　水土流失量占比

（4）水土保持措施

通过实地调查、无人机航摄、查阅资料，结合遥感影像，分析工程水土保持措施布局合理性，统计实施的水土保持措施类型和工程量。

①水土保持措施体系　本项目水土流失防治措施体系划分为风电机组及箱变区、场内道路区、集电线路区 3 个监测分区。水土保持措施体系如图 8-18 所示。

②工程措施　经实际调查、查阅施工资料，本项目实施的水土保持工程措施主要有挡墙、排水沟、土地整治等。各项水土保持工程措施实际完成情况见表 8-11。

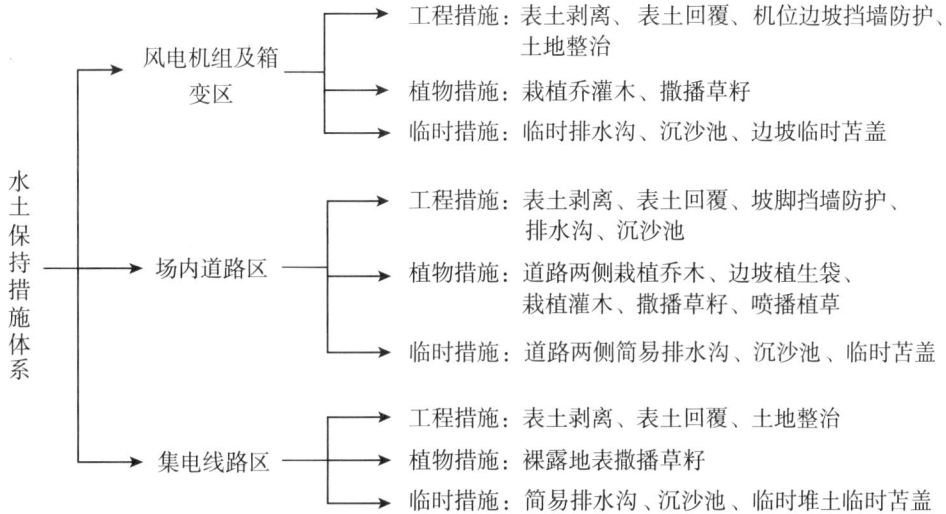

图 8-18　水土保持措施体系

表 8-11　水土保持工程措施监测结果

防治分区	措施类型	单位	完成工程量	实施时间
风电机组及箱变区	表土剥离	万 m³	0.42	2016.9—2016.11(11~19#风机表土剥离时间为 2013.7—2013.9)
	表土回覆	万 m³	0.62	2018.11—2019.1
	土地整治	hm²	3.20	2018.11—2019.4
	挡墙	m	1 930	2018.11—2019.7
	浆砌石排水沟	m	520	2018.12—2019.6
场内道路区	表土剥离	万 m³	1.28	2016.9—2016.11(11~19#风机道路表土剥离时间为 2013.7—2013.9)
	表土回覆	万 m³	2.06	2018.11—2019.1
	挡墙	m	5 800	2018.12—2019.6
	截排水沟	m	11 179	2018.12—2019.6
	建沉沙池	座	26	2018.12—2019.6
	建过路涵	座	20	2018.12—2019.6
集电线路区	表土剥离	万 m³	0.25	2016.11—2016.12
	表土回覆	万 m³	0.25	2018.11—2019.1
	土地整治	hm²	2.54	2018.11—2019.3

　　③植物措施　经实际调查、查阅施工资料，本项目实施的水土保持植物措施主要为主体工程区裸露地表、大型临时设施拆除后植被恢复等。各项水土保持植物措施实际完成情况见表 8-12。

表 8-12 水土保持植物措施量统计

防治分区	措施类型	单位	完成措施量	实施时间
风电机组及箱变区	乔木	株	644	2019.4—2019.7
	灌木	万株	3.68	2019.4—2019.7
	植草	hm²	6.48	2019.4—2019.7
场内道路区	乔木	株	12 971	2019.4—2019.7
	灌木	万株	2.32	2019.4—2019.7
	生态袋	m	7 019	2018.11—2018.12
		m²	14 040	
	喷播植草	m	840	2019.4—2019.7
		m²	2 380	
	植草	hm²	3.8	2019.4—2019.7
集电线路区	灌木	万株	0.09	2019.4—2019.7
	植草	hm²	0.19	2019.4—2019.7

④临时措施　经实际调查、查阅施工资料，本项目实施的水土保持临时防护措施主要有临时排水沟、临时编织袋挡土墙、彩条布苫盖、彩钢板拦挡、表土剥离等。各项水土保持临时措施实际完成情况见表 8-13。

表 8-13 水土保持临时措施量统计

防治分区	措施类型	单位	完成措施量	实施时间
风电机组及箱变区	简易排水沟	m	780	2016.9—2017.5
	沉沙池	座	22	2016.9—2017.5
	临时苫盖	m²	4 000	2016.9—2019.5
场内道路区	临时苫盖	m²	8 200	2016.9—2019.5
	简易排水沟	m	12 000	2016.9—2017.5
集电线路区	简易排水沟	m	623	2016.9—2017.5
	沉沙池	座	18	2016.9—2017.5
	临时苫盖	m²	1 000	2016.9—2017.5

8.3.2 其他线型项目水土流失监测点布设

8.3.2.1 降雨监测点布设

在新建铁路青岛至荣成城际铁路项目，铁路沿线选择易于固定安装、方便采集、较少遮蔽物影响、人为扰动较少的区域布设自记雨量计，15 min 自动记录一次，每季度进行一次数据采集。自记雨量计布设如图 8-19 所示。

图 8-19　自记雨量计布设

8.3.2.2　水土流失监测点布设

（1）集沙池水土流失监测点

在新建铁路青岛至荣成城际铁路项目某弃渣场，采用集沙池法监测水土流失量。集沙池布设如图 8-20 所示。

图 8-20　集沙池布设

（2）简易径流小区综合监测点

根据新建铁路青岛至荣成城际铁路工程特性，按照对比实验设计，保证两个对照小区相距不远，而且为较少人为扰动区域，方便观测。在路基边坡处布设简易径流小区，同时监测工程措施、植物措施、土壤流失量状况。简易径流小区布设如图8-21所示。

（a）DK90+000路堤1号、2号径流小区

（b）DK124+200路堤3号、4号径流小区

（c）DK211+800路堑5号、6号径流小区

图8-21　简易径流小区布设

（3）测钎与侵蚀沟测量监测点

根据航道工程、水利工程特点，在开挖边坡、填方边坡布设简易观测点，采用测钎法、侵蚀沟量测法进行土壤流失量监测。水土流失观测点布设如图8-22所示。

（a）测钎法　　　　　　　　　　（b）侵蚀沟量测法

图 8-22　水土流失观测点布设

8.3.3　新技术在生产建设项目监测中的应用

目前，生产建设项目新技术主要有高分辨率遥感影像、无人机航摄、三维激光扫描仪等，可快速获取水土保持监测数据。

8.3.3.1　高分辨率遥感影像

基于高分辨率遥感影像，利用 Google Earth Pro 进行长度、面积的测量，可获取项目区、弃渣场等扰动土地范围（图 8-23）与水土保持措施类型和部分工程量（图 8-24）。同时，根据多期影像，可以查看各项指标动态变化情况。从图 8-25 中可看出，弃渣场原地貌土地利用类型以耕地为主，至 2016 年 5 月，采取了部分拦挡措施，尚未进行土地整治。

图 8-23　某点状项目扰动土地面积测量

图 8-24　水土保持措施类型和工程量查看

（a）2011年10月影像　　　　　　　　　　（b）2016年5月影像

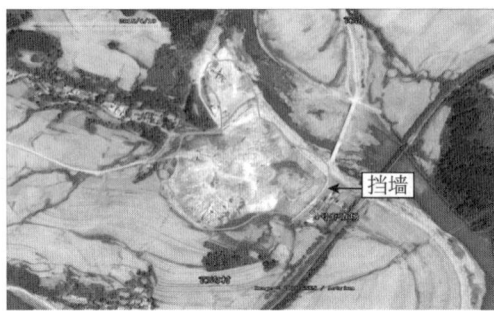

图 8-25　某弃渣场不同时期影像

8.3.3.2　无人机航摄

与卫星遥感监测手段相比，无人机航摄很好地解决了卫星影像固定时空分辨率影响监测精度的问题。通过设置航迹、飞行高度等参数，无人机航摄可以获取满足精度要求的厘米级分辨率影像；同时，根据实际需求，设定飞行频次，实现对生产建设项目动态监测。

通过无人机航摄，软件处理后生成高精度正射影像和数字地面模型，可以测量长度、面积、体积等，获取防治责任范围（图 8-26）、地表扰动面积（图 8-27）、水土保持措施布局（图 8-28）、弃渣量（图 8-29）等。

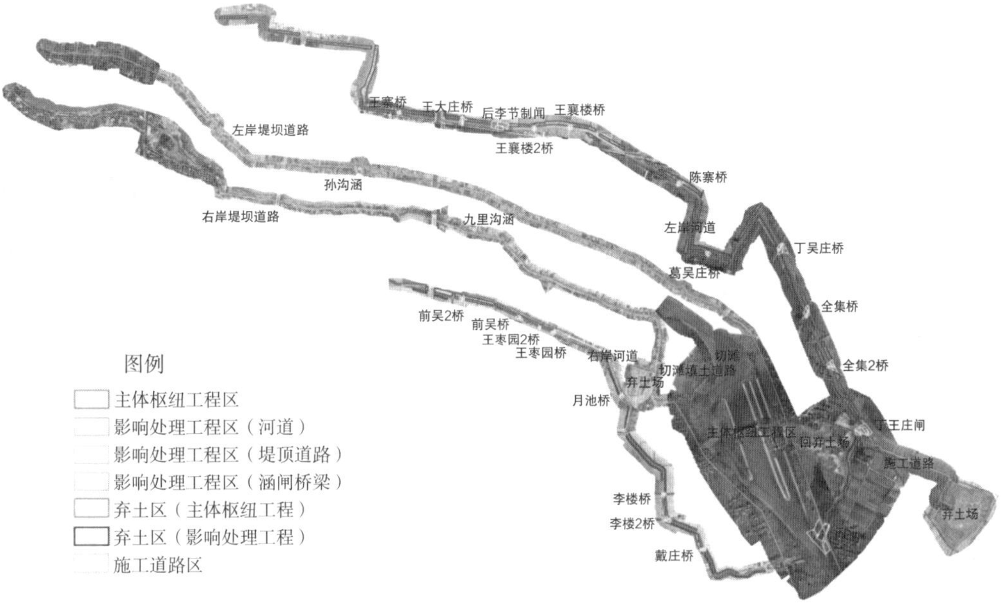

图例
- 主体枢纽工程区
- 影响处理工程区（河道）
- 影响处理工程区（堤顶道路）
- 影响处理工程区（涵闸桥梁）
- 弃土区（主体枢纽工程）
- 弃土区（影响处理工程）
- 施工道路区

图8-26　通过无人机航射影像勾绘防治责任范围(涡河蒙城枢纽建设工程)

图8-27　通过无人机航摄影像测量地表扰动面积

两排乔木

草皮护坡

临时排水

土地整治

空心砖护坡

图 8-28　通过无人机航摄影像查看水土保持措施布局

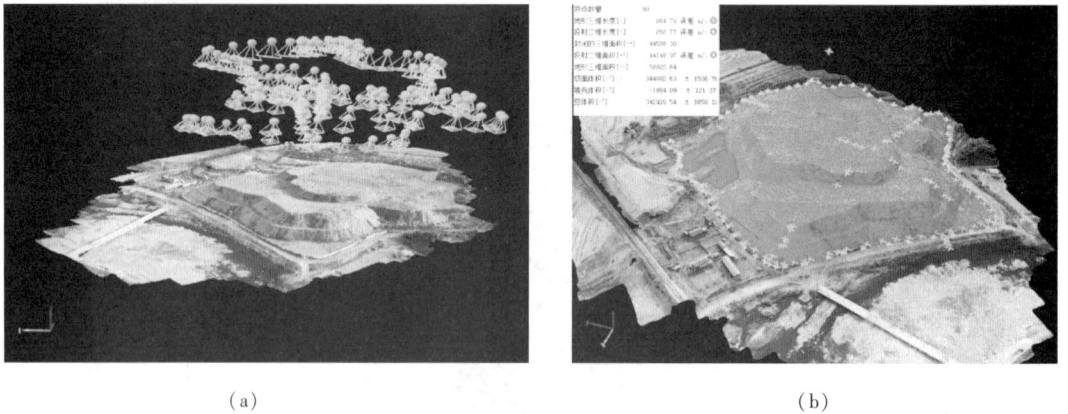

（a）　　　　　　　　　　　　　　　　（b）

图 8-29　通过无人机航摄数字地表模型分析弃渣量

8.3.3.3　三维激光扫描仪

三维激光扫描仪通过远距离精确测定生产建设项目水土流失对象特征点的三维坐标，进行快速的数据计算，获取水土流失范围、面积与强度（图 8-30）、土地扰动土石方量（挖损、占压、填筑）（图 8-31、图 8-32）、水土保持措施面积等的动态变化情况。

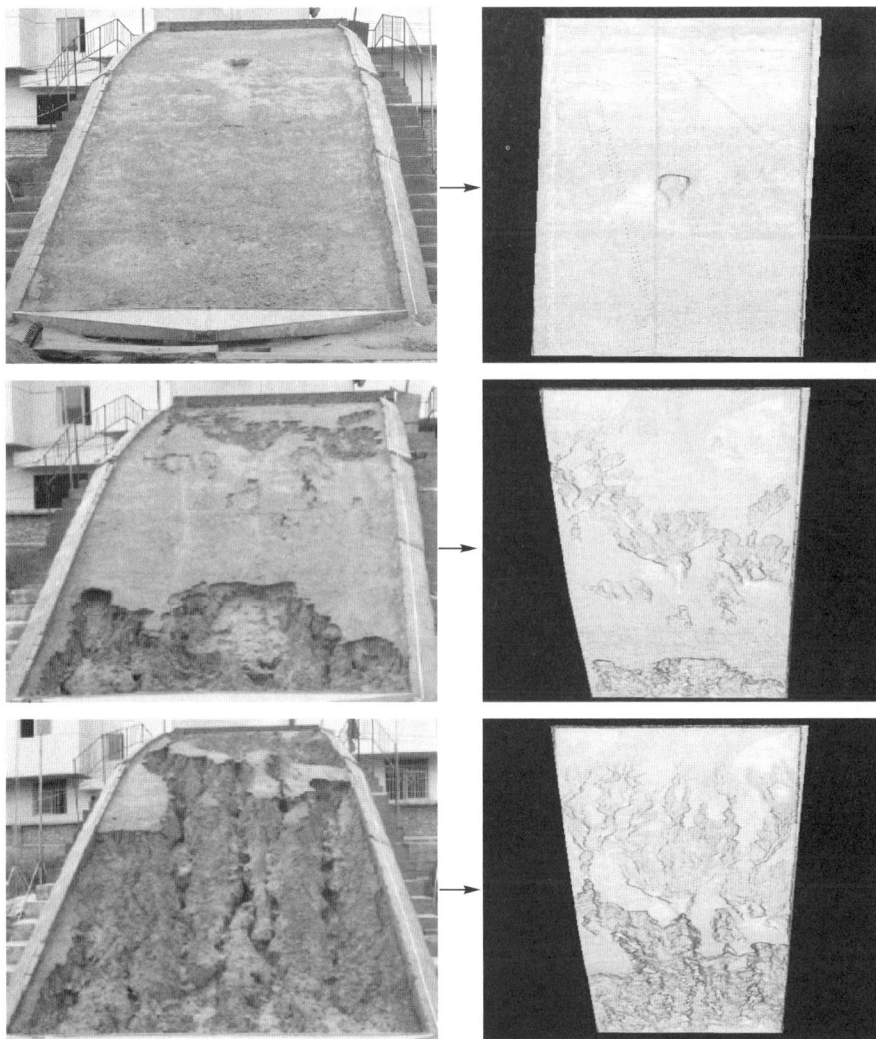

图 8-30　三维激光扫描仪建模分析坡面水土流失

图 8-31　三维激光扫描仪建模计算坡面留渣量

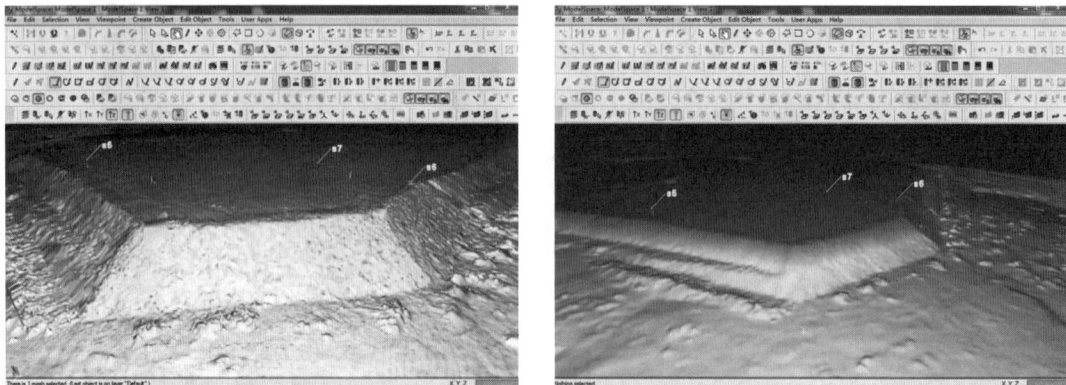

图 8-32　三维激光扫描仪扫描弃渣场成果

思考题

1. 结合案例，思考如何开展区域水土流失动态监测？
2. 结合案例，思考如何开展暴雨水土流失灾害调查？
3. 结合案例，思考如何开展生产建设项目水土保持监测？

参考文献

杨勤科，2015. 区域水土流失监测与评价[M]. 郑州：黄河水利出版社.

林祚顶，刘宝元，丛佩娟，等，2021. 山东临朐 2019 年"8·10"特大暴雨水土保持调查[J]. 水土保持学报，35(1)：149-153.

中华人民共和国水利部，2008. 土壤侵蚀分类分级标准：SL 190—2007[S]. 北京：中国水利水电出版社.

中华人民共和国住房和城乡建设部，国家市场监督管理总局，2018. 生产建设项目水土保持监测与评价标准：GB/T 51240—2018 [S]. 北京：中国计划出版社.

扫码查看本章彩色配图

附表 1 风速风向自动观测原始记录表

观测场地		地理坐标		地面高程/m	
坡度/°		坡向		坡位	
植被类型		盖度/%		植物高度/m	
风速仪器		风向仪器		观测时段		观测间隔	

年 月 日 时	离地高度/m	风向	风速/(m/s)

观测人员：　　　　　观测日期：

附表 2 风向自动观测数据逐日汇总表

观测场地		地理坐标		地面高程/m	
坡度/°		坡向		坡位	
植被类型		盖度/%		植物高度/m	
风速仪器		风向仪器		观测时段		观测间隔	

年月日	各风向发生的频率/%																
	N	NNE	NE	ENE	E	ESE	SE	SSE	S	SSW	SW	WSW	W	WNW	NW	NNW	C
平均																	

观测人员：　　　　　数据汇总人员：　　　　　汇总日期：

附表 3 风速自动观测数据逐日汇总表

观测场地		地理坐标		地面高程/m	
坡度/°		坡向		坡位	
植被类型		盖度/%		植物高度/m	
风速仪器		风向仪器		观测时段		观测间隔	

（续）

年月日	平均风速/(m/s)	最大风速/(m/s)					
		瞬时	风向	2 min	风向	10 min	风向
平均风速/(m/s)							
最大风速/(m/s)							
最小风速/(m/s)							

观测人员：　　　　数据汇总人员：　　　　汇总日期：

附表4　乔木样方调查表

调查日期：　　　调查人：

样地名称		地点		海拔/m		地理坐标	
样地面积/m²		土壤类型		植被类型			
树木编号	胸径/cm	树高/m	冠幅/m	枝下高/m	树木编号	胸径/cm	树高/m	冠幅/m	枝下高/m

树木编号	胸径/cm	树高/m	冠幅/m	枝下高/m	树木编号	胸径/cm	树高/m	冠幅/m	枝下高/m
平均树高/m		平均胸径/cm		平均冠幅/m		平均枝下高/m	

生物量	胸径/cm	树高/m	叶重		枝条重		树干重		树根重		单株生物量	
			鲜重/g	干重/g	鲜重/g	干重/g	鲜重/g	干重/g	鲜重/g	干重/g	鲜重/g	干重/g
标准木1												
标准木2												
标准木3												
生物量/(t/hm²)				地上生物量/(t/hm²)			

附表5　灌木样方调查表

调查日期：　　　调查人：

样地名称		地点		海拔/m		地理坐标	
样地面积/m²		坡向		坡位		坡度/°	
土壤类型		土壤厚度/m		母质		基岩	
植被类型		群落名称		盖度/%		密度/(株/hm²)	
灌丛编号	地径/cm	株高/m	丛幅	株数	灌丛编号	地径/cm	株高/m	丛幅	株数

（续）

平均丛高/m			平均地径/cm			平均灌丛幅/cm				平均株数	
生物量	地径/cm	株高/m	株数	丛幅	地上部分		地下部分		单丛生物量		
					鲜重/g	干重/g	鲜重/g	干重/g	鲜重/g	干重/g	
标准丛1											
标准丛2											
标准丛3											
生物量/(t/hm²)											

附表6　草本植物样方调查表

调查日期：　　　　调查人：

样地名称		地点		海拔/m		地理坐标	
样地面积/m²		坡向		坡位		坡度/°	
土壤类型		土壤厚度/cm		母质		基岩	
植被类型		群落名称		盖度/%		密度/(株/hm²)	
地上生物量							
植物名称	株高/cm	地上生物量		植物名称	株高/cm	地上生物量		植物名称	株高/cm	地上生物量	
		鲜重/g	干重/g			鲜重/g	干重/g			鲜重/g	干重/g

地上生物量合计/(t/hm²)							
层次/cm							
根茎长≤1 mm	鲜重/g						
	干重/g						
根茎长1~2 mm	鲜重/g						
	干重/g						
根茎长≥2 mm	鲜重/g						
	干重/g						
小计(干重)/g							
地下生物量合计/(t/hm²)							
草地生物量合计/(t/hm²)							

附表7 枯落物现存量调查表

调查日期： 　　　调查人：

样地名称		地点		海拔/m		地理坐标	
样方面积/m²		坡向		坡位		坡度/°	
土壤类型		土壤厚度/m		母质		基岩	
植被类型		群落名称		盖度/%		密度/(株/hm²)	

样方编号	枯落物厚度/cm	地上生物量									
		枝条		叶片		花果		树皮		苔藓地衣	
		鲜重/g	干重/g	鲜重/g	干重/g	鲜重/g	干重/g	鲜重/g	干重/g	鲜重/g	干重/g
平均											
现存量/(t/hm²)											

附表8 枯落物回收量调查表

调查日期： 　　　调查人：

样地名称		地点		海拔/m		地理坐标	
回收框面积/m²		坡向		坡位		坡度/°	
土壤类型		土壤厚度/cm		母质		基岩	
植被类型		群落名称		郁闭度		密度/(株/hm²)	

回收框编号	枝		叶		花和果		皮		苔藓和地衣	
	鲜重/g	干重/g	鲜重/g	干重/g	鲜重/g	干重/g	鲜重/g	干重/g	鲜重/g	干重/g
平均										
回收量/(t/hm²)										

附表9 枯落物分解率调查表

布设日期： 　　　调查日期： 　　　调查人：

样地名称		地点		海拔/m		地理坐标	
样地面积/m²		坡向		坡位		坡度/°	
土壤类型		土壤厚度/m		母质		基岩	
植被类型		群落名称		郁闭度		密度/(株/hm²)	

（续）

网袋编号	1	2	3	4	5	6	7	8	9	10
GPS 坐标										
布设时枯落物干重/g										
布设后枯落物干重/g										
分解率/%										
平均分解率/%										

附表 10　洒水法测定枯落物持水量记录表

调查日期：　　　　调查人：

样地名称		地点		海拔/m		地理坐标		
样地面积/m²		坡向		坡位		坡度/°		
土壤类型		土壤厚度/cm		母质		基岩		
植被类型		群落名称		郁闭度		密度/（株/hm²）		
样品编号	1	2	3	4	5	6	7	8	9	10
枯落物干重 W_0/g										
洒水量 V_1/m³										
容器中的水量 V_2/m³										
吸水量/m³										
持水率/%										
平均持水率/%										

附表 11　浸泡法测定枯落物持水量记录表

调查日期：　　　　调查人：

样地名称		地点		海拔/m		地理坐标		
样地面积/m²		坡向		坡位		坡度/°		
土壤类型		土壤厚度/cm		母质		基岩		
植被类型		群落名称		郁闭度		密度/（株/hm²）		
样品编号	1	2	3	4	5	6	7	8	9	10
枯落物干重 W_0/g										
吸水后枯落物质量 W_1/g										
持水率/%										
平均持水率/%										

附表 12 叶面积指数测定记录表

调查日期：　　　　　调查人：

样地名称		地点			海拔/m			地理坐标		
样地面积/m²		坡向			坡位			坡度/°		
土壤类型		土壤厚度/cm			母质			基岩		
植被类型		群落名称			郁闭度			密度/(株/hm²)		
树种	1	2	3	4	5	6	7	8	9	10
株树										
标准木叶总重 $W_总$/g										
W_{50}/g										
S_{50}/m²										
$S_单$/m²										
$S_标$/m²										
样地叶面积指数										

附表 13 利用冠层分析仪测定叶面积指数记录表

调查日期：　　　　　调查人：

样地名称		地点			海拔/m			地理坐标		
样地面积/m²		坡向			坡位			坡度/°		
土壤类型		土壤厚度/cm			母质			基岩		
植被类型		群落名称			郁闭度			密度/(株/hm²)		
观测点	1	2	3	4	5	6	7	8	9	10
LAI_0										
LAI_1										
LAI										
平均										

附表 14 2 m 高度不同风向大于起沙风的风速年均持续时间统计

风向	大于起沙风的风速/(m/s)									合计
	5.0~5.9	6.0~6.9	7.0~7.9	8.0~8.9	9.0~9.9	10.0~10.9	11.0~11.9	12.0~12.9	…	
N										
NNE										
NE										
ENE										
E										
ESE										

（续）

风向	大于起沙风的风速/(m/s)									合计
	5.0~5.9	6.0~6.9	7.0~7.9	8.0~8.9	9.0~9.9	10.0~10.9	11.0~11.9	12.0~12.9	…	
SE										
SSE										
S										
SSW										
SW										
WSW										
W										
WNW										
NW										
NNW										
合计										

注：表中内容应根据实际监测区域的起沙风速与最大风速进行调整。

附表 15　测钎法风蚀监测记录表

监测场名称		地理坐标		地点		海拔/m	
监测场面积/m²		监测场长度/m		监测场宽度/m		样地形状	
坡度/°		坡向		坡位		地面糙度/μm	
土壤类型		土层厚度/cm		土壤质地		容重/(t/m³)	
植被类型		物种组成		覆盖度/%		生物量/(t/hm²)	
植株高度/m		(胸径/地径)/cm		密度/(株/hm²)		枯落物量/g	

测钎编号	测钎初始位置到地面的距离/cm						
	调查日期 1	调查日期 2	调查日期 3	调查日期 4	调查日期 5	调查日期 6	调查日期 7
1							
2							
3							
…							
n							
平均值							
平均风蚀厚度/cm							
最大风蚀厚度/cm							
最小风蚀厚度/cm							
风蚀量/kg							
风蚀强度/(cm/d)							
风蚀模数/[kg/(m²·d)]							

附表16 风蚀桥法风蚀监测记录表　　　　测定人：

样地名称		地理坐标		地点		海拔/m	
样地面积/m²		样地长度/m		样地宽度/m		样地形状	
坡度/°		坡向		坡位		地面糙度/μm	
土壤类型		土层厚度/cm		土壤质地		容重/(t/m³)	
植被类型		物种组成		覆盖度/%		生物量/(t/hm²)	
植株高度/m		(胸径/地径)/cm		密度/(株/hm²)		枯落物量/g	

风蚀桥各观测标记到地面距离(10个观测标记)/cm																					
风蚀桥编号	1		2		3		4		5		6		7		8		9		10		平均变化量
	前次	本次	前次	本次	前次	本次	前次	本次	前次	本次	前次	本次	前次	本次	前次	本次	前次	本次	前次	本次	
1																					
2																					
3																					
…																					
n																					
平均风蚀厚度/cm																					
最大风蚀厚度/cm																					
最小风蚀厚度/cm																					
样地风蚀量/kg																					
风蚀强度/(cm/d)																					
风蚀模数/[kg/(m²·d)]																					

附表17 输沙量监测法测定风蚀记录表　　　　测定人：

观测开始时间		观测结束时间		场地名称	
场地大小		地理坐标		地面高程	
坡度/°		坡向		坡位	
植被类型		盖度/%		高度/m	
10 min 最大风速和风向		主要风向及频率			
平均风速/(m/s)		集沙仪进风口面积/m²		集沙仪类型	

进入边					
集沙仪1		集沙仪2		集沙仪3	
进风口离地高度/m	集沙量/kg	进风口离地高度/m	集沙量/kg	进风口离地高度/m	集沙量/kg
风沙输移量/kg		风沙输移量/kg		风沙输移量/kg	
风沙输移强度/[g/(cm·s)]		风沙输移强度/[g/(cm·s)]		风沙输移强度/[g/(cm·s)]	
空气中的含沙量/(kg/m³)		空气中的含沙量/(kg/m³)		空气中的含沙量/(kg/m³)	

（续）

进入边平均风沙输移量/kg	
进入边平均输移强度/[g/(cm·s)]	
进入边平均空气中的含沙量/(kg/m³)	

离开边					
集沙仪 4		集沙仪 5		集沙仪 6	
进风口离地高度/m	集沙量/kg	进风口离地高度/m	集沙量/kg	进风口离地高度/m	集沙量/kg
风沙输移量/kg		风沙输移量/kg		风沙输移量/kg	
风沙输移强度/[g/(cm·s)]		风沙输移强度/[g/(cm·s)]		风沙输移强度/[g/(cm·s)]	
空气中的含沙量/(kg/m³)		空气中的含沙量/(kg/m³)		空气中的含沙量/(kg/m³)	
离开边平均风沙输移量/kg					
离开边平均输移强度/[g/(cm·s)]					
离开边平均空气中的含沙量/(kg/m³)					

附表 18　滑坡信息调查表

滑坡变化及名称：　　　　　　地理位置：　省　　县　　镇　　村
地理坐标：
1∶1万或1∶5 000地形图分幅编号及名称滑坡发生地的坐标：

形成条件	地形地貌				
	地质构造				
	水文地质				
	滑坡体组成与结构				
	土地利用				
诱发原因	降水情况				
	滑体前缘水流冲刷				
	滑体前的地震征兆				
	人为活动				
滑坡几何数据	滑壁最高点高程/m		滑舌高程/m		
	后壁高差/m		滑体中轴线长度/m		
	宽度/m		滑体最大厚度/m		
	体积/×10m³				
滑坡发生时间	新滑坡发生时间		老滑坡发生推测时间		
危害及经济损失					
防治情况					
滑坡形态及稳定性评价					
备注					

调查人：　　　　填表人：　　　　核查人：　　　　填写日期：

附表19 崩岗信息调查

崩岗名称： 地理位置： 省 县 镇 村

地理坐标：

崩岗发生地的坐标：

编号		崩岗面积/m²		平均深度/m		沟口宽度/m	
崩岗类型							
崩岗形态							
危害情况							
治理情况							

调查人： 填表人： 核查人： 填写日期：

附表20 崩岗侵蚀针法观测表

崩岗编号	观测时间	插钎1刻度/cm	插钎2刻度/cm	插钎3刻度/cm	…

附表21 崩岗三维激光扫描测量记录表

站点编号	测量时间	测量参数设置	崩岗信息
1			
2			
3			
…			
崩岗、扫描仪及标靶位置草图			

附表22 崩岗测量数据统计表

崩岗编号	设站数量/个	单站采样间隔/min	总耗时/min	总采样点数量/个	有效采样点数量/个	投影面积/m²	采样密度/(点/cm²)
1							
2							
3							
…							